计算机专业"十四五"精品教材

软件工程

主　编　蔡静颖　王振峰　张　海
副主编　周　锋　范贤坤　李　娜

哈尔滨工程大学出版社
Harbin Engineering University Press

内容简介

软件工程作为计算机类专业的基础课程,是软件分析、开发及维护的重要指导。本书共 9 章,主要包括绪论、软件的定义、软件的系统设计、软件编码与界面设计、软件测试、软件维护、面向对象设计方法、软件管理和 UML 建模。

本书既可以作为应用型本科、职业院校计算机类专业的教材,也可以作为软件开发、维护人员的参考用书。

图书在版编目(CIP)数据

软件工程 / 蔡静颖,王振峰,张海主编. —哈尔滨:
哈尔滨工程大学出版社,2021.9(2023.8 重印)

ISBN 978-7-5661-3277-2

I. ①软… II. ①蔡… ②王… ③张… III. ①软件工程 IV. ①TP311.5

中国版本图书馆 CIP 数据核字(2021)第 184413 号

软件工程
RUANJIAN GONGCHENG

责任编辑 张林峰
封面设计 赵俊红

出版发行 哈尔滨工程大学出版社
社　　址 哈尔滨市南岗区南通大街 145 号
邮政编码 150001
发行电话 0451-82519328
传　　真 0451-82519699
经　　销 新华书店
印　　刷 唐山唐文印刷有限公司
开　　本 787 mm×1 092 mm　1/16
印　　张 17
字　　数 435 千字
版　　次 2021 年 9 月第 1 版
印　　次 2023 年 8 月第 2 次印刷
定　　价 58.00 元
http://www.hrbeupress.com
E-mail: heupress@hrbeu.edu.cn

前　言

当今，软件业是社会经济发展的先导性和战略性产业，它已成为信息产业和国民经济新的增长点和重要支柱。软件工程在软件开发中起着重要的作用，对软件产业的形成及发展起着决定性的推动作用。采用先进的工程化方法进行软件开发和生产是实现软件产业化的关键技术手段。与其他产业相比，软件产业具有自己的特殊性。软件产业的发展更加依赖于人力资源，因此软件产业的竞争越来越集中到对人才的竞争上来。然而，刚毕业的大学生往往要经过半年到一年的培训才能适应软件企业的工作状态。长期以来，我国软件人才的现状远远不能满足软件产业发展的要求。因此，软件工程人员队伍的成长，特别是高级软件工程人员队伍的成长显得更为紧迫。

软件工程是研究软件开发和软件管理的一门工程科学，是计算机应用、软件工程相关专业的主干课，着重培养学生软件开发与应用、系统分析、解决复杂软件工程问题的能力。

本书结合作者多年的教学经验，针对学生的认知特点，对软件工程的基本概念、理论、技术进行系统梳理后编写的。书中对软件工程的主要内容进行了通俗易懂的讲解，在内容安排上循序渐进，从结构化方法和面向对象方法两方面深入浅出地讲述了软件工程的基本概念、原理和方法，并介绍了目前广泛使用的相关软件工程技术。本书理论适度、突出实用、注重素质培养。本书在编写中力图遵循以下原则。

（1）既要强调和突出基本概念、基本方法，又要尽可能使材料内容的组织符合读者的认识规律，在讲解概念、方法的过程中尽量结合实例，并且注重软件工程方法、技术和工具的综合应用，避免只是抽象和枯燥地讲解。

（2）在介绍传统的结构化方法和面向对象方法的同时，兼顾当前广为采用的流行方法，如面向服务的方法和面向数据的方法，以突出教材的实用性以及学科当前的发展趋势。

（3）既要充分重视技术性内容，使初学者掌握必要的工程知识和方法，同时也应兼顾软件工程实践中必不可少的管理知识。

本书共 9 章，主要包括绪论、软件的定义、软件的系统设计、软件编码与界面设计、软件测试、软件维护、面向对象设计方法、软件管理和 UML 建模。

本书由蔡静颖（广东茂名幼儿师范专科学校）、王振峰（西安城市交通技师学院）和张海（四川水利职业技术学院）担任主编，由周锋（贵州轻工职业技术学院）、范贤坤（四川隆昌城关职业技术学校）和李娜（伊犁技师培训学院）担任副主编。本书的相关资料和售后服务可扫封底微信二维码或登录 www.bjzzwh.com 下载获得。

本书既可以作为应用型本科、职业院校计算机类专业教材，也可以作为软件开发、维护人员的参考用书。

由于编者水平有限，书中难免有疏漏之处，恳请广大读者批评指正。

编 者

目　　录

第1章 绪 论

◇**教学目标**

1. 理解：程序、软件、软件工程的概念，软件生存周期各阶段的特点和内容，软件危机产生的原因。

2. 应用：软件生存周期模型，包括快速原型法、螺旋模型、构件组装模型等。

3. 了解：软件生产发展的 4 个阶段及各阶段的特点；软件危机的产生及其表现形式。

4. 关注：软件工程的开发方法。

1.1 软件工程简述

1.1.1 软件的发展

1. 软件发展的 4 个阶段

1946 年，世界第一台通用计算机 ENIAC 核对诞生以后，就有了程序的概念，可以认为程序是软件的前身。经历了七十多年的发展，人们对软件有了更为深刻的认识。在这几十年中，计算机软件经历了 4 个发展阶段，如表 1-1 所示。

表 1-1　软件的发展阶段

	程序设计阶段	程序系统阶段	软件工程阶段	现代软件工程阶段
年代	20 世纪 50 至 60 年代	20 世纪 60 至 70 年代	20 世纪 70 年代以后	20 世纪 90 年代后
软件的范畴	程序	程序及说明书	产品软件（项目软件）	项目工程
主要程序设计语言	汇编及机器语言	高级语言	高级语言系统、程序设计语言	面向对象可视化设计语言
软件工作范围	程序编写	包括设计和测试	软件生存期	整个软件生存期
需求者	程序设计者本人	少数用户	市场用户	面向所有用户

2. 人们对软件的认识

从 20 世纪 50 年代到 60 年代，人们曾经把程序设计看做是一种任人发挥创造才能的技术领域。当时一般认为，写出的程序只要能在计算机上得出正确的结果，程序的写法可以不受任何约束，且只有那些通篇充满了程序技巧的程序才是高水平的好程序，尽管这些程序很难被别人看懂。然而随着计算机的广泛使用，人们逐渐抛弃了这种观点。因为对于小的程序，仅供极小范围使用（例如只是程序设计者本人或只有几个人）。而对于那些稍大的且需要较长时间为许多人使用的程序，情况就完全不同了。人们要求这些程序容易看懂、容易使用，并且容易修改和扩充。于是，程序便从个人按自己意愿创造的"艺术品"转变为能为广大用户接受的工程化产品。这时程序中难以理解的技巧就成了有害的东西。

3. 软件的定义

程序是计算机为完成特定任务而执行的指令的有序集合。站在应用的角度可以更通俗理解为

面向过程的程序=算法+数据结构

面向对象的程序=对象+消息

面向构件的程序=构件+构架

通常，软件可以定义为

软件=程序+数据+文档

4. 软件分类

按软件的功能划分，可分为系统软件、支撑软件、应用软件。

按软件的规模划分，可分为微型、小型、中型、大型、超大型软件。

按软件的工作方式划分，可分为实时、分时、交互式、批处理软件。

按软件服务对象的范围划分，可分为项目软件、产品软件。

1.1.2　软件危机

在软件技术发展的第二阶段，随着计算机硬件技术的进步，计算机的存储容量、速度和可靠性有明显提高，生产硬件的成本降低了。计算机价格的下跌为它的广泛应用创造了极好的条件。在这一形势下，要求软件能与之相适应。一些开发复杂的、大型的软件项目被提了出来。然而软件技术的进步一直未能满足形势发展的要求。在软件开发中遇到的问题找不到解决的方法，致使问题积累起来，形成了日益尖锐的矛盾。

1. 软件危机

软件危机是指在计算机软件的开发和维护过程中所遇到的一系列严重问题。这些问题绝不仅仅是不能正常运行的软件才具有的，实际上，几乎所有软件都不同程度地存在这些问题。

鉴于软件危机的长期性和症状不明显的特征，近年来有人建议把软件危机更名为"软件萧条"（depression）或"软件困扰"（affliction）。不过"软件危机"这个词强调了问题的严重性，而且也已为绝大多数软件工作者所熟悉，所以本书仍将沿用它。

具体来说，软件危机主要有以下表现。

（1）软件开发无计划性

由于缺乏软件开发的经验和有关开发数据的积累，使得开发工作的计划很难制订。主观盲目地制订计划，执行起来和实际情况有很大差距，致使常常突破经费预算。对于工作量估计不准确，进度计划无法遵循，开发工作完成的期限一拖再拖。已经拖延了的项目，为了加快进度而增加人力，结果适得其反，不仅未加快，反而更加延误了。在这种情况下，软件开发的投资者和软件的用户对软件开发工作既不满意，也不信任。

（2）软件需求不充分

用户对"已完成的"软件系统不满意的现象经常发生。软件开发人员常常对用户要求只有模糊的了解，甚至对所要解决的问题还没有确切认识的情况下，就匆忙着手编写程序。软件开发人员和用户之间的信息交流往往很不充分，"闭门造车"必然导致最终的产品不符合用户的实际需要。

（3）软件开发过程无规范

软件开发过程没有统一的、公认的方法论和规范指导，参加的人员各行其是。加之不重视文字资料工作，使设计和实现过程的资料很不完整；或是忽视了每个人与其他人工作的接口部分，发现了问题就修修补补，这样的软件很难维护。

软件通常没有适当的文档资料。计算机软件不仅仅是程序，还应该有一整套文档资料。这些文档资料应该是在软件开发过程中产生出来的，而且应该是"最新式的"（即和程序代码完全一致的）。软件开发组织的管理人员可以使用这些文档资料作为"里程碑"，来管理和评价软件开发工程的进展状况；软件开发人员可以利用它们作为通信工具在软件开发过程中准确地交流信息；对于软件维护人员而言，这些文档资料更是至关重要、必不可少的。缺乏必要的文档资料或者文档资料不合格，必然给软件开发和维护带来许多严重的困难和问题。

（4）软件产品无测评手段

未能在测试阶段充分做好检测工作，提交给用户的软件质量差，在运行中暴露出大量的问题。不可靠的软件轻者影响系统的正常工作，重者发生事故。

这些矛盾表现在具体的软件开发项目上，突出的一个实例是"千年虫"问题。在 20 世纪末的最后几年，全世界的各类计算机硬件系统、软件系统和应用系统都为"千年虫问题"而付出了巨大的代价。

20 世纪 70 年代，由于当时所使用的计算机内存空间很小，一位负责开发公司工资系统的程序员，被迫在程序设计时要考虑节省每一个字节，以减少对系统内存的占用。其中节约内存的措施之一就是把表示年份的 4 位数，例如 1973，缩减为 2 位，即 73。因为工资系统极度依赖数据处理，会有大量的数据占用内存空间，所以节约每一个字节的意义很大，该程序员的这一方法确实节省了可观的存储空间。他采用这一措施的出发点主要是认为到了 2000 年时，程序早已不用或者修改升级了。1995 年，这位程序员退休了，但他所编制的程序仍在使用，没有谁会想到进入程序去检查 2000 年兼容的问题，更不用说去做修改了。计算机系统在处理 2000 年的年份问题（以及与此年份相关的其他问题）时软、硬件系统中存在的问题隐患被业界称为"千年虫"问题。

据不完全统计，从 1998 年初全球就开始进行"千年虫"问题的大检查，特别是金融、保险、军事、科学、商务等领域，花费了大量的人力、物力对现有的各种各样的程序进行检查、修改和更正，据有关资料统计，仅此项费用就超过了数百亿美元。

以上这些矛盾多少描绘了软件危机的某些侧面，还可能包括如软件开发速度跟不上计算机发展速度等，这正是这门课程需要来研究和解决的。

2. 消除软件危机的途径

必须充分认识到软件开发不是某种个体劳动的神秘技巧，而应该是一种组织良好、管理严密、各类人员协同配合、共同完成的工程项目。必须充分吸取和借鉴人类长期以来从事各种工程项目所积累的行之有效的原理、技术和方法，特别要吸取几十年来人类从事计算机硬件研究和开发的经验教训。

应该开发和使用更好的工具软件。正如机械工具可以"放大"人类的体力一样，软件工具可以"放大"人类的智力。在软件开发的每个阶段都有许多烦琐重复的工作需要做，在适当的软件工具辅助下，开发人员可以把这类工作做得既快又好。如果把各个阶段使用的软件工具有机地集合成一个整体，支持软件开发的全过程，则称为软件工程支撑环境。

总之，为了消除软件危机，既要有技术措施（方法和工具），又要有必要的组织管理措施。软件工程正是从管理和技术两方面研究如何更好地开发和维护计算机软件的一门新兴学科。

1.1.3 软件工程

1. 什么是软件工程

概括地说，软件工程是指导计算机软件开发和维护的工程学科。采用工程的概念、原理、技术和方法来开发与维护软件，把经过时间考验而证明正确的管理技术和当前能够得到的最好的技术方法结合起来，以便经济地开发出高质量的软件并有效地维护它，这就是软件工程。

下面给出软件工程的几个定义。

1983 年，电气与电子工程师协会（简称 IEEE）给软件工程下的定义是："软件工程是开发、运行、维护和修复软件的系统方法。"这个定义相当概括，它主要强调软件工程是系统方法而不是某种神秘的个人技巧。

Fairly 认为："软件工程学是为了在成本限额以内按时完成开发和修改软件产品所需要的系统生产和维护技术及管理学科。"这个定义明确指出了软件工程的目标是在成本限额内按时完成开发和修改软件的工作，同时也指出了软件工程包含技术和管理两方面的内容。

Fritz Bauer 给出了下述定义："软件工程是为了经济地获得可靠的且能在实际机器上有效地运行的软件，而建立和使用的完善的工程化原则。"这个定义不仅指出软件工程的目标是经济地开发出高质量的软件，而且强调了软件工程是一门工程学科，这应该建立并使用完善的工程化原则。

1993 年，IEEE 进一步给出了一个更全面的定义。

软件工程是：①把系统化的、规范的、可度量的途径应用于软件开发、运行和维护的过程，也就是把工程化应用于软件中；②研究①中提到的途径。

现代软件工程是指采用项目化的思想，利用现代化的分析开发测试等辅助工具来进行软件工程活动。

认真研究上述这些关于软件工程的定义，有助于建立起对软件工程这门工程学科的全面的整体认识。

2. 软件工程的基本原理

自从 1968 年在联邦德国召开的国际会议上正式提出并使用了"软件工程"这个术语以来，研究软件工程的专家学者们陆续提出了一百多条关于软件工程的准则或"信条"。著名的软件工程专家 B.W.Boehm 综合这些学者们的意见并总结了 TRW 公司多年开发软件的经验，于 1983 年在一篇论文中提出了软件工程的 7 条基本原理。他认为这 7 条原理是确保软件产品质量和开发效率的最小集合。这 7 条原理是互相独立的，其中任意 6 条原理的组合都不能代替另一条原理，因此它们是缺一不可的最小集合。然而这 7 条原理又是相当完备的，人们虽然不能用数学方法严格证明它们是一个完备的集合，但是可以证明在此之前已经提出的一百多条软件工程原理都可以由这 7 条原理的任意组合蕴含或派生。

下面简要介绍软件工程的 7 条基本原理。

（1）用分阶段的生命周期计划严格管理

有人经统计发现，在不成功的软件项目中有一半左右是由于计划不周造成的，可见把建立完善的计划作为第一条基本原理是吸取了前人的经验教训而提出来的。

在软件开发与维护的漫长的生命周期中，需要完成许多性质各异的工作。这条基本原理意味着，应该把软件生命周期划分成若干个阶段，并相应地制订出切实可行的计划，然后严格按照计划对软件的开发与维护工作进行管理。Boehm 认为，在软件的整个生命周期中应该制订并严格执行六类计划，它们是项目概要计划、里程碑计划、项目控制计划、产品控制计划、验证计划和运行维护计划。

不同层次的管理人员都必须严格按照计划各尽其职地管理软件开发与维护工作，绝不能受客户或上级人员的影响而擅自背离预定计划。

（2）坚持进行阶段评审

当时已经认识到，软件的质量保证工作不能等到编码阶段结束之后再进行。这样认为至少有两个理由：第一，大部分错误是在编码之前造成的，例如根据 Boehm 等人的统计，设计错误占软件错误的 63%，编码错误仅占 37%；第二，错误发现与改正得越晚所需付出的代价也越高。因此，在每个阶段都进行严格的评审，以便尽早发现在软件开发过程中所犯的错误，这是一条必须遵循的重要原则。

（3）实行严格的产品控制

在软件开发过程中不应随意改变需求，因为改变一项需求往往需要付出较高的代价。但在软件开发过程中改变需求又是难免的，由于外部环境的变化，相应地改变用户需求是一种客观需要。显然不能硬性禁止客户提出改变需求的要求，而只能采用科学的产品控制技术来顺应这种要求。也就是说，当改变需求时，为了保持软件各个配置的一致性，必须实行严格的产品控制，其中主要是实行基准配置管理。所谓基准配置又称为基线配置，是经过阶段评审后的软件配置成分（各个阶段产生的文档或程序代码）。基准配置管理也称为变动控制：一切有关个性软件的建议，特别是涉及对基准配置的修改建议，都必须按照严格的规程进行评审，获得批准以后才能实施修改。绝对不能谁想修改软件（包括尚在开发过程中的软件），就随意进行修改。

（4）采用现代程序设计技术

从提出软件工程的概念开始，人们就一直把主要精力用于研究各种新的程序设计技术。20 世纪 60 年代末提出的结构程序设计技术，已经成为绝大多数人公认的先进的程序设计技术。此后又进一步发展出各种结构分析（SA）与结构设计（SD）技术。近年来，面向对象技术已经在许多领域迅速取代了传统的结构化开发方法。实践表明，采用先进的技术不仅可以提高软件开发和维护的效率，而且可以提高软件产品的质量。

（5）结果应能清楚地审查

软件产品不同于一般的物理产品，是看不见摸不着的逻辑产品。软件开发人员（或开发小组）的工作进展情况可见性差，难以准确度量，从而使得软件产品的开发过程比平时一般产品的开发过程更难以评价和管理。为了提高软件开发过程的可见性，更好地进行管理，应该根据软件开发项目的总目标及完成期限，规定开发组织的责任和产品标准，从而使得到的结果能够被清楚地审查。

（6）开发小组的人员应该少而精

这条基本原理的含义是，软件开发小组的组成人员的素质应该高，而人数则不宜过多。开发小组人员的素质和数量是影响软件产品质量和开发效率的重要因素。素质高的人员的开发效率比素质低的人员的开发效率可能高几倍至几十倍，而且素质高的人员所开发的软件中的错误明显少于素质低的人员所开发的软件中的错误。此外，随着开发小组人员数目的增加，因为交流情况讨论问题而造成的通信开销也急剧增加。当开发小组人员数为 N 时，可能的通信路径有 $N(N-1)/2$ 条，可见随着人数 N 的增大，通信开销将急剧增加。因此，组成少而精的开发小组是软件工程的一条基本原理。

（7）承认不断改进软件工程实践的必要性

遵循上述六条基本原理，就能够按照当代软件工程基本原理实现软件的工程化生产。但是，仅有上述六条原理并不能保证软件开发与维护的过程能赶上时代前进的步伐，能跟上技术的不断进步。因此，Boehm 提出应把承认不断改进软件工程实践的必要性作为软件工程的第七条基本原理。按照这条原理，不仅要积极主动地采纳新的软件技术，而且要注意不断总结经验，例如，收集进度和资源耗费数据，收集出错类型和问题报告数据等。这些数据不仅可以用来评价新的软件技术的效果，还可以用来指明必须着重开发的软件工具和应该优先研究的技术。

1.2　软件的生存周期及其开发模型

1.2.1　软件生存周期

软件生存周期是借用工程中产品生存周期的概念而得来的。引入软件生存周期概念对于软件生产的管理、进度控制有着非常重要的意义，使得软件开发有相应的模式、流程、工序和步骤。

软件生存周期是指一个软件从提出开发要求开始直到该软件报废为止的整个时期。把整个生存周期划分为若干阶段，使得每个阶段有明确的任务，使规模大、结构和管理复杂的软件开发变得容易控制和管理。

软件生存周期的各阶段有不同的划分。软件规模、种类、开发方式、开发环境以及开发使用方法都影响软件周期的划分。在划分软件生存周期阶段时，应遵循的一条基本原则是：各阶段的任务应尽可能相对独立，同一阶段各项任务的性质尽可能相同，从而降低每个阶段任务的复杂程度，简化不同阶段之间的联系，有利于软件项目开发的组织管理。通常，软件生存周期包括问题定义、可行性分析和项目开发计划、需求分析、概要设计、详细设计、编码、测试、维护等活动，可以将这些活动以适当方式分配到不同阶段去完成。

1. 可行性分析和项目开发计划

这个阶段必须要回答的问题是：要解决的问题是什么？该问题有可行的解决办法吗？若有解决问题的办法，需要多少费用？需要多少资源？需要多少时间？要回答这些问题，就要进行问题定义、可行性分析，制订项目开发计划。

可行性分析的任务：首先需要进行概要的分析研究，初步确定项目的规模和目标，确定项目的约束和限制，把它们清楚地列举出来。然后，分析员进行简要的需求分析，抽象出该项目的逻辑结构，建立逻辑模型。从逻辑模型出发，经过压缩的设计，探索出若干种可供选择的主要解决办法，对每种解决方法都要研究它的可行性。可从技术可行性、经济可行性、社会可行性分析研究每种解决方法的可行性（具体内容见第 2 章）。

2. 需求分析

需求分析阶段的任务不是具体地解决问题，而是准确地确定软件系统必须做什么，确定软件系统必须具备哪些功能。

用户了解他们所面对的问题，知道必须做什么，但是通常不能完整、准确地表达出来，也不知道怎样用计算机解决他们的问题。软件开发人员知道怎样用软件完成人们提出的各种功能要求，但是，对用户的具体业务和需求不完全清楚，这是需求分析阶段的困难所在。

系统分析员要和用户密切配合，充分交流各自的想法，充分理解用户的业务流程，完整地、全面地收集、分析用户业务中的信息，从中分析出用户要求的功能和性能，并完整地、准确地表达出来。这一阶段要给出软件需求规格说明书。

3. 概要设计

在概要设计阶段，开发人员要把确定的各项功能需求转换成需要的体系结构。该体系结构中，每个成分都是意义明确的模块，即每个模块都和某些功能需求相对应，因此概要设计就是设计软件的结构，明确该结构由哪些模块组成，这些模块的层次结构是怎样的，这些模块的调用关系是怎样的，每个模块的功能是什么。同时还要设计该项目的应用系统的总体数据结构和数据库结构，即应用系统要存储什么数据，这些数据是什么样的结构，它们之间有什么关系。

4. 详细设计

详细设计阶段就是为每个模块完成的功能进行具体描述，即把功能描述转变为精确的结构化的过程描述。即该模块的控制结构是怎样的，先做什么，后做什么，有什么样的条件判定，有些什么重复处理等，并用相应的表示工具把这些控制结构表示出来。

5. 编码

编码阶段就是把每个模块的控制结构转换成计算机可接受的程序代码，即写成以某种特定程序设计语言表示的"源程序清单"。这样写出的程序应是结构好，清晰易读，并且与设计相一致的。

6. 测试

测试是保证软件质量的重要手段，其主要方式是在设计测试用例的基础上检验软件的各个组成部分。测试的目的是发现软件中的问题。测试分为单元测试、确认测试、集成测试。单元测试是查找各模块在功能和结构上存在的问题。确认测试是将各模块按一定顺序组装起来进行测试，主要是查找各模块之间存在的问题。集成测试是按需求说明书上的功能逐项测试，发现不满足用户需求的问题，此测试决定开发的软件是否合格，能否交付用户使用。

7. 维护

软件维护是软件生存周期中时间最长的阶段。已交付的软件投入正式使用后，便进入软件维护阶段，它可以持续几年甚至几十年。软件运行过程中可能由于各方面的原因，需要对它进行修改。其原因可能是运行中发现了软件隐含的错误而需要修改；可能是为了适应变化了的软件工作环境而需要做适当变更；也可能是因为用户业务发生变化而需要扩充和增强软件的功能等。

1.2.2　软件开发模型

根据软件生产工程化的需要，生存周期的划分也有不同，从而形成了不同的软件生存周期模型（Life Cycle Model，LCM），或称软件开发模型。软件开发模型总体来说有传统的瀑布模型和后来兴起的快速原型法，具体可分为瀑布模型、快速原型法和螺旋模型等，以下分别加以介绍。

1. 瀑布模型（Waterfall Model，WM）

瀑布模型遵循软件生存周期的划分，明确规定每个阶段的任务，各个阶段的工作按顺序展开，恰如奔流不息拾级而下的瀑布。

瀑布模型把软件生存周期分为软件定义、软件开发、软件运行维护三个时期。这三个时期又可细分为若干阶段：软件定义可分为问题定义、可行性分析、需求分析三个阶段，软件开发分为概要设计、详细设计、编码、测试等阶段，软件运行维护为运行维护阶段（图 1-1）。

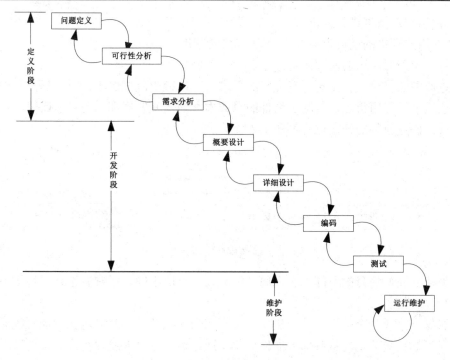

图 1-1　典型的瀑布模型

瀑布模型的优点：

● 通过设置里程碑，明确每阶段的任务与目标；

● 可为每阶段制订开发计划，进行成本预算，组织开发力量；

● 通过阶段评审，将开发过程纳入正确轨道；

● 严格的计划性保证软件产品的按时交付。

瀑布模型的缺点：

● 缺乏灵活性，不能适应用户需求的改变；

● 开始阶段的小错误被逐级放大，可能导致软件产品报废；

● 返回上一级的开发需要十分高昂的代价；

● 随着软件规模和复杂性的增加，软件产品成功的概率大幅下降；

● 主要适用小规模的软件开发。

2. 快速原型法（Rapid Prototype Model，RPM）

原型：一个具体的可执行模型，它实现了系统的若干功能。

原型法：不断地运行系统"原型"来进行启发、揭示和判断的系统开发方法。正确的需求定义是系统成功的关键。但是许多用户在开始时往往不能准确地叙述他们的需要，软件开发人员需要反复多次和用户交流信息，才能全面、准确地了解用户的要求。当用户实际使用了目标系统以后，也常常会改变原来的某些想法，对系统提出新的需求。

原型模型的主要思路：

● 根据用户的需求迅速构造一个低成本的用于演示及评价的试验系统（原型）；

- 由用户对原型进行评价；
- 在用户评价的基础上对原型进行修改或重构。

目标：用户对所用的原型满意。

快速原型法能尽早获得更正确完整的需求，可以减少测试的工作量，提高软件质量。因此快速原型法使用得当，能减少软件的总成本，缩短开发周期，是目前比较流行的实用开发模式。快速原型的开发过程如图1-2所示。

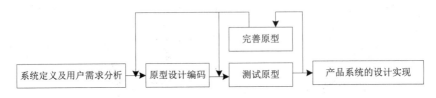

图1-2 快速原型法的开发过程

根据建立原型的目的不同，实现原型的途径也有所不同，通常有下述三种类型。

（1）渐增型

先选择一个或几个关键功能，建立一个不完全的系统，此时只包含目标系统的一部分功能或对目标系统的功能从某些方面作简化，通过运行这个系统取得经验，加深对软件需求的理解，逐步使系统扩充和完善。如此反复进行，直到软件人员和用户对所设计的软件系统满意为止。

渐增型开发的软件系统是逐渐增长和完善的，因此从整体结构上不如瀑布模型那样清晰。但是，由于渐增型开发过程自始至终都有用户参与，因而可以及时发现问题加以修改，可以更好地满足用户需求。

（2）用于验证软件需求的原型

系统分析人员在确定了软件需求之后，从中选出某些应验证的功能，用适当的工具快速构造出可运行的原型系统，由用户试用和评价。这类原型往往用后就丢弃，因此构造它们的生产环境不必与目标系统的生产环境一致，通常使用简洁而易于修改的高级语言对原型进行编码。

（3）用于验证设计方案

为了保证软件产品的质量，在总体设计和详细设计过程中，用原型来验证总体结构或某些关键算法。如果设计方案验证完成后就将原型丢弃，那么构造原型的工具不必与目标系统的生产环境一致。如果想把原型作为最终产品的一部分，那么原型和目标系统可使用同样的程序设计语言。

快速原型法的特点：

- 有直观的系统开发过程；
- 用户参与系统开发的全过程；
- 可以逐步明确用户需求；
- 用户直接掌握系统的开发进度；
- 用户接受程度高。

快速原型法的不足：

- 不适用于拥有大量计算或控制功能的系统；
- 不适用于大型或复杂的系统；
- 容易掩盖需求、分析、设计等方面的问题；
- 结果不确定——随原型构造评价过程而定；
- 整体考虑较少。

快速原型法的主要适用范围：

- 适用于解决有不确定因素的问题；
- 适用于对用户界面要求高的系统；
- 适用于决策支持方面的应用；
- 适用于中型系统。

3. 螺旋模型（Spiral Model，SM）

瀑布模型要求在软件开发的初期就完全确定软件的需求，这在很多情况下往往是做不到的。1986 年由 B.W.Boehm 提出了螺旋模型。它在原型基础上，进行多次原型反复并增加风险评估，形成螺旋模型（图 1-3）。

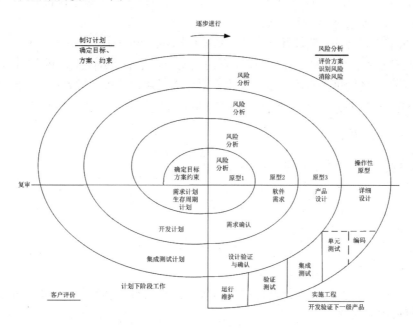

图 1-3　螺旋模型

（1）确定任务目标

根据初始需求分析项目计划，确定任务目标、可选方案和限制。

（2）选择对象

对各种软硬件设备、开发方法、技术、开发工具、人员、开发管理等对象进行选择，并决定软件是进行研制、购买还是利用现有的。

（3）分析约束条件

分析软件开发的时间、经费等限制条件。

（4）风险分析

评估目标、对象、约束条件三者之间的联系，列出可能出现的问题及问题的严重程度等，把重要的问题作为尚未解决的关键问题的风险。

（5）制订消除风险的方法

应有详尽的说明和周密的计划，并估计可能产生的后果。依此来开发软件，为制订下一周期的计划打下基础。

（6）制订下一周期的工作计划

在第一螺旋周期，确定目标、选择对象、分析约束，通过风险分析制定消除风险的方法，初步开发原型 1，制订系统生存周期计划。

在第二个螺旋周期，进一步明确系统的目标、开发方案及约束条件，进行风险分析、制订进一步消除风险的方法，在原型 1 的基础上开发原型 2，进一步明确软件需求，进行需求确认修改开发计划。

在第三个螺旋周期，再进一步确认系统目标、开发方案及约束条件，进行风险分析，制订消除风险的方法，在原型 2 的基础上开发原型 3。此时可进行产品设计，再对设计进行验证和确认，制定集成测试计划。

在第四个螺旋周期，软件开发方案、系统目标和约束条件得到确定，在风险分析的基础上，开发具有实用价值的可操作性原型，此时可对产品进行详细设计，进入编码、单元测试、集成测试阶段，最后进入验收测试，验收合格后交付用户使用，进入运行、维护阶段。

螺旋模型一般只适应于内部的大规模软件的开发，不太适合合同软件。

4. 构件组装模型

（1）构件组装模型的特征（图 1- 4）

特征如下：

- 应用软件可用预先编好的、功能明确的产品部件定制而成，并可用不同版本的部件实现应用的扩展和更新；
- 利用模块化方法，将复杂的难以维护的系统分解为互相独立、协同工作的部件，并努力使这些部件可反复重用；
- 突破时间、空间及不同硬件设备的限制，利用客户和软件之间统一的接口实现跨平台的互操作。

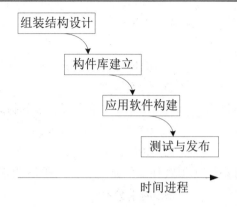

图 1-4　构件组装模型

（2）构件组装模型的优点和缺点

优点如下：

● 构件组装模型导致了软件的复用，提高了软件开发的效率，面向对象技术是软件工程的构件组装模型的基础；
● 构件可由一方定义其规格说明，被另一方实现，然后供给第三方使用；
● 构件组装模型允许多个项目同时开发，降低了费用，提高了可维护性；
● 可实现分步提交软件产品。

缺点如下：

● 可重用性和软件高效性不易协调；
● 缺乏通用的组装结构标准，而自定义的组装结构标准引入较大的风险；
● 需要精干的有经验的分析和开发人员，一般的开发人员插不上手；
● 客户的满意度低。

构件组装模型主要用于面向对象方法中。

习题 1

一、填空题

1. 软件工程是一门_____学科，计算机科学着重于_____，软件工程着重于_____。

2. 软件开发划分的各阶段任务尽可能_____，同一阶段任务性质尽可能_____。

二、选择题

1. 软件是一种_____产品。

  A. 物质　　　　　　　　　B. 逻辑

  C. 工具　　　　　　　　　D. 文档

2. 软件工程是一门_____学科。

  A. 理论性　　　　　　　　B. 原理性

C. 工程性   D. 心理性

3. 软件工程着重于_____。

    A. 理论研究   B. 原理探讨

    C. 建造软件系统   D. 原理的理论

4. 软件开发中大约要付出_____的工作量进行测试和排错。

    A. 20%   B. 30%

    C. 40%   D. 50%

5. 准确地解决"软件系统必须做什么"是_____阶段的任务。

    A. 可行性研究   B. 需求分析

    C. 详细设计   D. 编码

6. 软件生存周期中时间最长的是_____阶段。

    A. 需求分析   B. 概要设计

    C. 测试   D. 维护

7. 下列不属于软件工程三要素的是_____。

    A. 工具   B. 过程

    C. 方法   D. 环境

8. 下列描述中正确的是_____。

    A. 软件工程只是解决软件项目的问题

    B. 软件工程主要解决软件产品的生产率问题

    C. 软件工程的主要思想是强调在软件开发过程中需要运用工程化的原则

    D. 软件工程主是解决软件开发中的技术问题

9. 下列描述中正确的是_____。

    A. 程序就是软件   B. 软件开发不受计算机系统的限制

    C. 软件既是逻辑实体，又是物理实体   D. 软件是程序、数据与相关文档的集合

三、简答题

1. 软件危机产生的原因是什么？

2. 软件工程的目标和内容是什么？

3. 软件生存周期有哪几个阶段？

4. 软件生存周期模型有哪些主要模型？

第 2 章 软件的定义

◇**教学目标**
1. 理解：可行性分析的意义、过程，需求分析的任务。
2. 应用：结构化分析方法、数据流图、数据库概念设计。
3. 了解：数据字典。
4. 关注：可行性分析报告书，需求规格说明书。

2.1 项目可行性分析

2.1.1 可行性分析的意义和任务

可行性分析是软件工程过程中非常重要的一个阶段，在这个阶段要对系统中许多问题提出可行的解法。如果不对系统做充分的可行性分析，可能会严重影响到软件工程过程中各阶段的工作，花费更多的时间、资源、人力和经费，甚至使整个系统以失败告终。可以说可行性分析决定了整个软件系统是否能朝着正确的方向前进。

可行性分析决定"做还是不做"，它分析是客观的、科学的，它研究的目的就是用最小的代价在尽可能短的时间内确定问题是否能够得到解决。需要明确的是，我们所做的可行性分析的研究主要是确定问题是否值得去解，而不是在此阶段就要去解决问题，得到确切的解。因此在此阶段需要考虑整个项目在既定的条件下，原定的系统目标和规模大小是否能够得到实现；比较项目系统的实际经济效益是否值得进行投资，如果投资此项目系统成本／效益比过高，那么就需要考虑停止投资，或者改用其他实际可行的方案了。

可行性分析研究的实质是整理出整个系统的主干部分，大大压缩简化系统分析和设计的过程，为以后的工作打下基础。

在可行性分析过程中首先应该进行问题的定义，问题定义是最简短的阶段，通常在一天或更少的时间内完成。它主要是提出整个系统的问题，并通过对系统的实际用户和相关业务部门深入了解沟通，理清整个问题的过去、现在和将来，便于以后系统分析的需要。

在进行完问题定义之后，就是要根据实际的条件导出目标系统的逻辑模型，从目标系统的逻辑模型出发提出系统实现方案。系统分析员根据可行性分析的要素逐一分析各个系统实现方案，筛选出实际可行的系统实现方案。如果整个系统没有实际可行的实现方案，那么系统分析员就应该马上建议停止该系统的开发，以避免各项资源的浪费；如果有可行的方案，则应对每个方案制订一个粗略的进度计划，并对以后的开发提出建议，同时应该推荐一个最佳的可行方案。

2.1.2 可行性分析的要素

在做可行性分析时既不能以偏概全，也不可能什么鸡毛蒜皮的细节都要加以权衡，而是通过可行性分析为决策提供有价值的证据。一般软件工程领域的可行性分析主要考虑 4 个要素：经济、技术、社会环境和操作。

1. 经济可行性

经济可行性主要是通过对项目开发成本的估算和取得收益的评估，确定要开发的项目是否值得投资开发。

计算机系统的成本由 4 个部分组成：购置并安装软硬件及有关设备的费用；系统开发费用；系统安装、运行和维护费用；人员培训的费用。在系统分析和设计阶段只能得到上述 4 种费用的预算，即为估算成本。在系统开发完毕并交付用户运行后，上述 4 种费用的统计结果就是实际成本。

软件的开发成本是以一次性开发过程所花费的代价来计算的。对于一个大型的软件项目，由于项目的复杂性，开发成本的估算不是一件简单的事，要进行一系列的估算处理，其中最主要靠分解和类推。成本估算方法分为三类：自顶向下的估算方法、自底向上的估算方法和差别估算方法。

软件取得的收益主要和投资回收期及纯收入有关。投资回收期就是使累计的经济效益等于最初投资所需要的时间，投资回收期越短就越能获得利润。纯收入是衡量工程价值的另一项经济指标，也就是在整个生命周期之内系统的累计经济效益（折合成现在值）与投资之差。

经济可行性分析主要包括："成本—收益"分析和"短期—长远利益"分析。

（1）成本—收益分析

基于计算机系统的成本—收益分析是可行性研究的重要内容，用于评估基于计算机系统的经济合理性，给出系统开发的成本论证，并将估算的成本与预期的利润进行对比，从而得出项目在经济上是否确实可行。

系统收益包括经济收益和社会收益两部分。经济收益指应用系统为用户增加的收入，可以通过直接的或统计的方法估算；而社会收益只能用定性的方法估算，不能直接得出精确的结果。

（2）短期—长远利益分析

短期利益和长远利益兼得是每一个项目开发者梦寐以求的事，但在商业上却常难以兼顾。短期利益容易把握，风险较低；长远利益难以把握，风险较大。一般要求在项目启动时就要定位项目的目标市场，清楚在这个市场中的所有用户及他们的特点，并且清楚大部分目标用户当前所采用的解决方案，从而掌握产品竞争形势和趋势，在获得项目的短期利益时尽可能兼顾项目的长远利益。

2. 技术可行性

技术可行性是在技术方面，软件公司是否能达到规定的要求。它至少应该考虑以下几方面因素。

（1）在给定的时间内能否实现需求说明中的功能。如果在项目开发过程中遇到难以克服的技术问题，那么麻烦就大了：轻则拖延进度，重则项目不能完成。

（2）软件的质量是否能达到要求。有些应用对实时性要求很高，如果软件运行慢如蜗牛，即便功能具备也毫无实用价值。有些高风险的应用对软件的正确性与精确性要求极高，如果软件出了差错而造成客户利益损失，那么软件开发方可能就要承担很大的责任了。

（3）软件的生产率能否得到提高。如果生产率低下，创造的利润就少，并且会逐渐丧失竞争力。在统计软件总的开发时间时，不能漏掉用于维护的时间。软件维护是非常耗时间和资金的事，它能把前期拿到的利润慢慢地消耗光。如果软件的质量不好，将会导致维护的代价很高，企图通过偷工减料而提高生产率，将是得不偿失的事。

技术可行性分析可以简单地表述为：做得了吗？做得好吗？做得快吗？

3. 社会环境可行性

社会环境是可行性分析里另一个需要考虑的要素，它至少包括两种因素：市场与法律。市场又分为未成熟的市场、成熟的市场和将要消亡的市场。

涉足未成熟的市场要冒很大的风险，要尽可能准确地估计潜在的市场有多大，自己能占多少份额、多长时间能实现，最终的报偿是否能表明所冒的开发风险是值得的。对于成熟的市场，虽然风险不高，但能创造的利润将比较少。

在法律方面的考虑就是，这种配置是否会引入违法的责任风险？对责任问题是否给了足够的保护？是否存在潜在的破坏问题？最好咨询知识产权和相关方面的法律顾问，避免给企业带来不必要的损失。

2.1.3　可行性分析的过程

在进行可行性分析时如果遵循一定的研究过程，那么工作将会更加的规范化、合理化。下面便是一般可行性研究过程。

1. 复查系统规模和目标

这个过程的工作实质是为了确保分析员所解决的问题确实是要求他解决的问题，不要因为对所解决的问题理解有偏差而浪费人力、物力、资金和时间等宝贵的资源。在这个过程中分析员应该访问一些关键的人员，咨询一些相关业务方面的专家，并仔细阅读和分析相关的材料。分析员应对问题定义阶段书写的关于规模和目标的报告书进一步地复查，对其中含糊不清或不确切的地方加以改正，以便能清晰地描述目标系统的所有限制和约束。

2. 研究目前正在使用的系统

研究目前正在使用的系统，很显然能够对新系统的开发起到很大的帮助。由于现有系统处于正在使用的状态中，那么该系统就必定能完成一些基本的工作，这些工作根据实际情况进行取舍之后，实际需要的基本工作在目标系统里也应该能完成。另外，用户由于对现有的系统感到不满意才会提出新系统的开发，那么新系统就必须要能很好地解决在旧系统中存在的问题。

此外，另一个重要的指标便是费用问题，所开发的新系统与旧系统相比要能增加收入，减少使用费用或者有效提高工作效率，否则新系统的开发就失去了意义。

那么怎样来研究现有系统呢？首先，分析员应该仔细阅读和分析现有系统的文档资料和使用手册，以便了解系统的基本功能和使用代价。接下来便是实地考察现有系统，并访问相关方面的人员，以了解系统的一些缺点和用户不满意的地方。然后分析员应该画出描绘整个现有系统的高层系统流程图，这个高层系统流程图只要说明现有系统能做什么就行了，而没有必要去描绘现有系统的实现细节。最后请有关人员检验分析对现有系统的认识是否正确。

3. 导出新系统的高层逻辑模型

通过研究现有系统的工作，分析员应该对目标系统具有的基本功能和约束有了一定的认识，利用数据流图描绘出数据在系统中的流动和处理情况，并建立一个初步的数据字典，把新系统描绘得更加清晰正确。数据流图和数据字典共同定义了目标系统的逻辑模型。

4. 重新定义问题

事实上，分析员提出的目标系统的逻辑模型表达了新系统必须做什么的看法，但用户的观点可能不一定与之相同。因此分析员和用户必须以数据流图和数据字典为基础来讨论问题定义、工程规模和目标，改正分析员对问题的误解，增加用户曾经遗漏的某些要求。

前面 4 个过程在可行性分析中构成了一个循环。首先，分析员进行相关问题的定义，分析问题，导出一个初步的解；然后再在此基础上复查问题定义，分析问题，修正解。如此循环直到提出的逻辑模型能完全实现系统的功能。

5. 导出和评价供选择的解法

在经过上述几步后，分析员应该得到了他所建议的系统逻辑模型，接下来应该从这个模型出发导出几个较高层次的物理解法供比较和选择。导出这些供选择的解法的一般途径是从技术角度出发，考虑解决问题的不同方案。

当提出一些可能的物理系统之后，就要根据可行性分析的几个要素来对这些物理系统进行评价。摈弃掉那些不合实际的、费用过高的系统，同时推荐出一个最佳的系统，并为这个系统制定一个实现进度表。

6. 推荐行动方针

在这一步中，分析员应该根据可行性分析的结果来决定是否继续进行这项工程的开发。分析员如果认为这项工程值得继续开发，那么他应该选择一个最好的解法，并详细地阐述选择这个解法的理由。使用部门根据分析员的建议和他阐述的理由，以及在经济上是否划算决定是否投资这一项目的开发。

7. 草拟开发计划

如果分析员推荐了行动方针，使用部门也决定开发该工程，那么接下来分析员就应该为推荐的系统草拟一份开发计划了。需要估计各种开发人员、开发资源和开发资金的需求情况，在开发计划中指明它们在什么时候使用，使用多长时间以及各种情况下的需要量；同时给出需求分析阶段的详细进度表和成本估计。开发计划应该在有限的时间里尽量的详细，并尽量多地考虑实际中可能遇到的情况，如果条件允许还可以在计划中给出一个应急方案。

8．书写文档提交审查

将上述可行性分析的各个步骤的结果写成详细的文档，请用户和有关部门的负责人仔细核对和审查，以决定是否继续投资该工程以及是否接受分析员所推荐的方案。当审查完毕后就完成了整个的可行性分析，如果不能接受分析员所推荐的方案，那么分析员必须再根据其具体意见重新对该工程进行可行性研究；如果决定开发该项目，下一阶段就是需求分析阶段。

2.2　需求分析

2.2.1　需求分析的概念

需求分析是指开发人员要准确理解用户的要求，进行细致的调查分析，将用户非形式的需求陈述转化为完整的需求定义，再由需求定义转换到相应的形式功能规约（需求规格说明）的过程。

需求分析虽处于软件开发过程的开始阶段，但它对于整个软件开发过程以及软件产品质量是至关重要的。在计算机发展的早期，所求解问题的规模较小，需求分析因此而被忽视。随着软件系统复杂性的提高及规模的扩大，需求分析在软件开发中所处的地位愈加突出，从而也愈加困难，它的难点主要体现在以下几个方面。

（1）问题的复杂性。这是因为用户需求所涉及的因素繁多而引起，如运行环境和系统功能等。

（2）交流障碍。这是因为需求分析涉及人员较多而引起，如软件系统用户、问题领域专家、需求工程师和项目管理员等。这些人具备不同的背景知识，处于不同的角度，扮演不同角色，造成了相互之间交流的困难。

（3）不完备性和不一致性。由于各种原因，用户对问题的陈述往往不完备，其各方面的需求还可能存在着矛盾，需求分析要消除其矛盾，形成完备及一致的定义。

（4）需求易变性。用户需求的变动是一个极为普遍的问题，即使是部分变动，也往往会影响到需求分析的全部，导致不一致性和不完备性。

为了克服上述困难，人们主要围绕着需求分析的方法和自动化工具（如 CASE 技术）等方面进行研究。

近几年来已提出许多软件需求分析与说明的方法［如结构化分析（SA）和面向对象分析方法（OBA）］，每一种分析方法都有独特的观点和表示法，但都适用下面的基本原则。

（1）必须能够表达和理解问题的数据域和功能域。数据域包括数据流（即数据通过一个系统时的变化方式）、数据内容和数据结构，而功能域反映上述三方面的控制信息。

（2）一个复杂问题可以按功能进行分解并可逐层细化。通常软件要处理的问题如果太大、太复杂就很难理解，需划分成几部分，并确定各部分间的接口，就可完成整体功能。在需求分析过程中，软件领域中的数据、功能、行为都可以划分。

（3）建模。建立模型可以帮助分析人员更好地理解软件系统的信息、功能、行为，这些模型也是软件设计的基础。

2.2.2　需求分析的任务

需求分析的基本任务是要准确地定义新系统的目标，为了满足用户需要，回答系统必须"做什么"的问题。在可行性研究和软件计划阶段对这个问题的回答是概括的、粗略的。本阶段要进行以下几方面的工作。

1．问题识别

双方确定对问题的综合需求，这些需求主要包括以下几方面。

（1）功能需求：所开发软件必须具备什么样的功能，这是最重要的。

（2）性能需求：待开发软件的技术性能指标，如存储容量、运行时间等限制。

（3）环境需求：软件运行时所需要的软、硬件（如机型、外设、操作系统、数据库管理系统等）的要求。

（4）用户界面需求：人机交互方式、输入 / 输出数据格式等。

另外，还有可靠性、安全性、保密性、可移植性、可维护性等方面的需求。这些需求一般通过双方交流、调查研究来获取，并达到共同的理解。

2．分析与综合，导出软件的逻辑模型

分析人员对获取的需求，进行一致性的分析检查，在分析、综合中逐步细化软件功能，并划分成各个子功能。这里也包括对数据域进行分解，并分配到各个子功能上，以确定系统的构成和主要成分，并用图文结合的形式，建立起新系统的逻辑模型。

3．编写文档

（1）编写"需求规格说明书"，把双方共同的理解与分析结果用规范的方式描述出来，作为今后各项工作的基础。

（2）编写初步用户使用手册，着重反映被开发软件的用户功能界面和用户使用的具体要求，用户手册能强制分析人员从用户使用的观点考虑软件。

（3）编写确认测试计划，作为今后确认和验收的依据。

（4）修改完善软件开发计划。在需求分析阶段对待开发的系统有了更进一步的了解，因此能更准确地估计开发成本、进度和资源要求，对原计划要进行适当修正。

软件需求分析是软件开发早期的一个重要阶段。它在问题定义和可行性研究阶段之后进行。需求分析的基本任务是软件人员和用户一起完全弄清用户对系统的确切要求，这是关系到软件开发成败的关键步骤，是整个系统开发的基础。软件需求分析阶段要求用需求规格说明用户对系统的要求。规格说明可用文字表示，也可用图形表示。软件需求规格说明一般含有以下内容：软件的目标、系统的数据描述、功能描述、有效性准则、资料目录、附录等。本章主要介绍需求分析的任务、步骤和工具。

2.3　数据流分析技术

2.3.1　分析方法

1．结构化分析方法

结构化分析（Structured Analysis）方法简称 SA 方法，是一种面向数据流的需求分析方法，适用于分析大型数据处理系统，是一种简单实用的方法，现已得到广泛的使用。结构化分析方法的基本思想是自顶层向下逐层分解。

面对一个复杂的问题，分析人员不可能一开始就考虑到问题的所有方面以及全部细节，采取的策略往往是分解，把一个复杂的问题划分成若干小问题，然后再分别解决，将问题的复杂性降低到可以掌握的程度。分解可分层进行，先考虑问题最本质的方面，忽略细节，形成问题的高层概念，然后再逐层添加细节，即在分层过程中采用不同程度的"抽象"级别，最高层的问题最抽象，而低层的较为具体。如图 2-1 所示为自顶向下逐层分解的示意图。

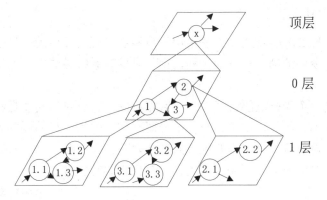

图 2-1　对一个问题的自顶向下逐层分解

顶层的系统 X 很复杂，可以把它分解为 0 层的 1、2、3 三个子系统，若 0 层的子系统仍很复杂，再分解为下一层的子系统 1.1、1.2、1.3 和 3.1、3.2、3.3……直到子系统都能被清楚地理解为止。

图 2-1 的顶层抽象地描述了整个系统，底层具体地画出了系统的每一个细节，而中间层是从抽象到具体的逐步过渡，这种层次分解使分析人员分析问题时不至于一下子陷入细节，而是逐步地去了解更多的细节，如在顶层，只考虑系统外部的输入和输出，其他各层反映系统内部情况。

依照这个策略，对于任何复杂的系统，分析工作都可以有计划、有步骤、有条不紊地进行。

尽管目前存在许多不同的结构化分析方法，但是所有这些分析方法都遵守下述准则：
- 必须理解和表示问题的信息域，根据这条准则应该建立数据模型；
- 必须定义软件应完成的功能，这条准则要求建立功能模型；
- 必须表示作为外部事件结果的软件行为，这条准则要求建立行为模型；
- 必须对描述信息、功能和行为的模型进行分解，用层次的方式展示细节；

- 分析过程应该从要素信息移向实现细节。

2．描述工具

SA 方法利用图形等半形式化的描述方式表达需求，简明易懂，可用它们形成需求说明书中的主要部分。这些描述工具有：

- 数据流图；
- 数据字典；
- 描述加工逻辑的结构化语言、判定表、判定树。

其中，"数据流图"描述系统的分解，即描述系统由哪几部分组成，各部分之间有什么联系等；"数据字典"定义了数据流图中每一个图形元素；结构化语言、判定表和判定树则详细描述数据流图中不能被再分解的每一个加工。

2.3.2 数据流图

1．数据流图简述及其基本符号

数据流图，简称 DFD，是 SA 方法中用于表示系统逻辑模型的一种工具。它以图形的方式描绘数据在系统中流动和处理的过程，由于只反映系统必须完成的逻辑功能，所以它是一种功能模型。

例如图 2-2 是一个飞机机票预订系统的数据流图，它反映的功能是：旅行社把预订机票的旅客信息（姓名、年龄、单位、身份证号码、旅行时间、目的地等）输入机票预订系统。系统为旅客安排航班，打印出取票通知单（附有应交的账款）。旅客在飞机起飞的前一天凭取票通知等交款取票，系统检验无误，输出机票给旅客。

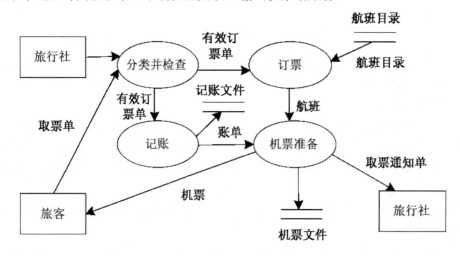

图 2-2 飞机机票预订系统

数据流图有以下 4 种基本图形符号。

→：箭头，表示数据流。

⬭：圆或椭圆，表示加工。

═：双杠，表示数据存储。

▢：方框，表示数据的源点或终点。

（1）数据流。数据流是数据在系统内传播的路径，由一组成分固定的数据项组成，如订票单由旅客姓名、年龄、单位、身份证号、日期、目的地等数据项组成。由于数据流是流动中的数据，所以必须有流向，在加工之间、加工与源终点之间、加工与数据存储之间流动。除了与数据存储之间的数据流不用命名外，数据流还应用名词或名词短语命名。

（2）加工（又称为数据处理）。加工是对数据流进行某些操作或变换。每个加工要有名字，通常是动词短语，简明地描述完成什么加工。在分层的数据流图中，加工还应编号。

（3）数据存储（又称为文件）。它是指暂时保存的数据，可以是数据库文件或任何形式的数据组织。流向数据存储的数据流可理解为写入文件或查询文件，从数据存储流出的数据可理解为从文件读数据或得到查询结果。

（4）数据源点或终点。它是本软件系统外部环境中的实体（包括人员、组织或其他软件系统），统称外部实体。它是为了帮助理解系统接口界面而引入的，一般只出现在数据流图的顶层图中。

有时为了增加数据流图的清晰性，防止数据流的箭头线太长，在一张图上可重复画同名的源／终点（如某个外部实体既是源点也是终点的情况），在方框的右下角加斜线则表示是一个实体。有时数据存储也需重复标识。

2．画数据流图的步骤

为了表达较为复杂问题的数据处理过程，用一张数据流图是不够的。应按照问题的层次结构进行逐步分解，并以一套分层的数据流图反映这种结构关系。

（1）画系统的输入输出，即先画顶层数据流图。顶层流图只包含一个加工，用以表示被开发的系统，然后考虑该系统有哪些输入数据，这些输入数据从哪里来；有哪些输出数据，输出到哪里去。这样就定义了系统的输入、输出数据流。顶层图的作用在于表明被开发系统的范围以及它和周围环境的数据交换关系。顶层图只有一张。如图 2-3 为飞机机票预订系统的顶层图。

图 2-3　飞机机票预订系统的顶层图

（2）画系统内部，即画下层数据流图。一般将层号从 0 开始编号，采用自顶向下、由外向内的原则。画 0 层数据流图时，一般根据当前系统工作分组情况，并按新系统应有的外部功能，分解顶层流图的系统为若干子系统间的数据接口和活动关系。如机票预订系统按功能可分成两部分：一部分为旅行社预订机票；另一部分为旅客取票。这两部分通过机票文件的数据存储联系起来，0 层数据流图如图 2-4 所示。画更下层数据流图时，需分解上层图中的加工，一般沿着输入流的方向，凡数据流通渠道的组成或值发生变化的地方则设置一个加工，这样一直进行到输出数据流（也可沿输出流到输入流方向画）。如果加工的内部还有数据流，那么此加工在下层图中继续分解，直到每一个加工足够简单，不能再分解为止。不能再分解的加工称为基本加工。

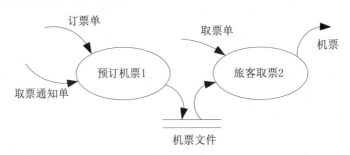

图 2-4　飞机机票预订系统 0 层数据流图

（3）注意事项

画数据流图时有以下注意事项。

● 命名。不论是数据流、数据存储还是加工，合适的命名使人们易于理解其含义。数据流的名字代表整个数据流的内容，而不仅仅是它的某些成分，不使用缺乏具体含义的名字，如"数据""信息"等，还应反映整个处理的功能，不使用"处理""操作"这些笼统的词。

● 画数据流而不是控制流。数据流图反映系统"做什么"，不反映"如何做"，因此箭头上的数据流名称只能是名词或名词短语，整个图中不反映加工的执行顺序。

● 一般不画物质流。数据流反映能用计算机处理的数据，而不是实物，因此对目标系统的数据流图一般不要画物质流。如机票预订系统中，人民币也在流动，但并未画出，因为交款是"人工"行为。

● 每个加工至少有一个输入数据流和一个输出数据流，反映出此加工数据的来源与加工的结果。

● 编号。如果一张数据流图中的某个加工分解成另一张数据流图时，那么上层图为父图，直接下层图为子图。子图应编号，子图上的所有加工也应编号，子图的编号就是父图中相应加工的编号，加工的编号由子图号、小数点及局部号组成，如图 2-5 所示。

● 父图与子图的平衡。子图的输入／输出数据流同父图相应加工的输入／输出数据必须一致，此即父图与子图的平衡。图 2-5 中子图与父图相应加工 2.1 的输入输出数据流的数目、名称完全相同：一个输入流 a，两个输出流 b 和 c。再看图 2-6，好像父图与子图不平衡，因为父图加工 4 与子图 4 输入输出数据流数目不相等，但是借助于数据字典中数据流的描述可知，父图的数据流"订货单"由"客户""账号""数量"三部分数据组成，即子图是由父图中加工、数据流同时分解而来，因此这两张图也是平衡的。

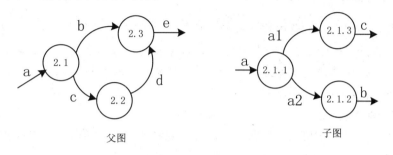

图 2-5　父图与子图

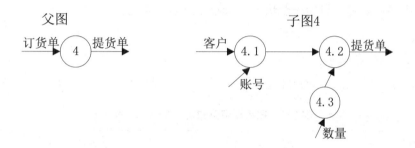

图 2-6　父图与子图的平衡

有时考虑平衡可忽略一些枝节性的数据流，如出错处理。父图与子图的平衡，是分层数据流图中的重要性质，保证了数据流图的一致性，便于分析人员的阅读与理解。

- 局部数据存储。当某层数据流图中的数据存储不是由图中相应加工的外部接口，而只是本图中某些加工之间的数据接口，则称这些数据存储为局部数据存储。一个局部数据存储只要当它作为某些加工的数据接口或某个加工特定的输入或输出时，就把它画出来，否则不必画出，这样有助于实现信息隐蔽。

- 提高数据流图的易理解性。注意合理分解，要把一个加工分解成几个功能相对独立的子加工，这样可以减少加工之间输入 / 输出数据流的数目，增加数据流图的可理解性。分解时要注意子加工的独立性，还应注意均匀性，特别是画上层数据流时，要注意将一个问题划分成几个大小接近的组成部分，这样做便于理解。在一张数据流图中，某些加工已是基本加工，则这些加工就不要再分解好几层。

2.3.3　数据字典

数据流图仅描述了系统的"分解"：系统由哪几部分组成以及各部分之间的联系，并没有对各个数据流、加工、数据存储进行详细说明，如数据流、数据存储的名字并不能反映其中的数据成分、数据项目内容和数据特性，在加工中不能反映处理过程等。分析人员仅靠"图"来完整地理解一个系统的逻辑功能是不可能的。数据字典（Data Dictionary，简称 DD）就是用来定义数据流图中的各个成分的具体含义，它以一种准确的、无二义性的说明方式为系统的分析、设计及维护提供了有关元素一致的定义和详细的描述。它和数据流图共同构成了系统的逻辑模型，是需求规格说明书的主要组成部分。

1. 数据字典的内容及格式

数据字典是为分析人员查找数据流图中有关名字的详细定义而服务的，也像普通字典一样，要把所有条目按一定的次序排列起来，以便查阅。数据字典有以下4类条目：数据流、数据项、数据存储、基本加工。数据项是组成数据流和数据存储的最小元素。源点、终点不在系统之内，故一般不在字典中说明。

（1）数据流条目

数据流条目给出了 DFD 中数据流的定义，通常列出该数据流的各组成数据项。在定义数据流或数据存储组成时，使用表 2-1 给出的符号。

下面给出几个使用表 2-1 中的符号，定义数据流组成及数据项的例子。

例：机票＝姓名＋日期＋航班号＋起点＋终点＋费用

$$姓名＝\{字母\}_2^{18}$$

航班号＝"Y7100".."Y8100"

终点＝［上海｜北京｜西安］

表 2-1　在数据字典的定义式中出现的符号

符号	含义	举例及说明
＝	被定义为	
＋	与	$x=a+b$ 表示 x 由 a 和 b 组成
［…／…］	或	$x=[a|b]$ 表示 x 由 a 或 b 组成
｛…｝	重复	$x=\{a\}$ 表示 x 由 0 个或多个 a 组成
$M\{…\}n$ 或 $\{…\}_m^n$	重复	$x=2\{a\}5$ 或 $x=\{a\}_2^5$ 表示 x 中最少出现 2 次 a，最多出现 5 次 a。5、2 为重复次数的上、下限
（…）	可选	$x=（a）$ 表示 a 可在 x 中出现，也可不出现
"…"	基本数据元素	$x="a"$，表示 x 是取值为字符 a 的数据元素
..	连接符	$x=1..9$，表示 x 可取 1 到 9 中任意一个值

数据流条目主要内容及举例如下。

数据流名称：订单

别名：无

简述：顾客订货时填写的项目

来源：顾客

去向：加工 1 "检验订单"

数据流量：1 000 份／每周

组成：编号＋订货日期＋顾客编号＋地址＋电话＋银行账号＋货物名称＋规格＋数量

其中，数据流量是指单位时间内（每小时或每天或每周或每月）的传输次数。

（2）数据存储条目

数据存储条目是对数据存储的定义，主要内容及举例如下。

数据存储名称：库存记录

别名：无

简述：存放库存所有可供货物的信息

组成：货物名称＋编号＋生产厂家＋单价＋库存量

组织方式：索引文件，以货物编号为关键字

查询要求：要求能立即查询

（3）数据项条目

数据项条目是不可再分解的数据单位，其定义格式及举例如下。

数据项名称：货物编号

别名：G-No，G-num，Goods-No

简述：本公司的所有货物的编号

类型：字符串

长度：10

取值范围及含义：　第 1 位：进口／国产

第 2～4 位：类别

第 5～7 位：规格

第 8～10 位：品名编号

（4）加工条目

加工条目是用来说明 DFD 中基本加工的处理逻辑的，由于下层的基本加工是由上层的加工分解而来，只要有了基本加工的说明，就可理解其他加工。加工条目的主要内容及举例如下。

加工名：查阅库存

编号：1.2

激发条件：接收到合格订单时

优先级：普通

输入：合格订单

输出：可供货订单、缺货订单

加工逻辑：根据库存记录

IF 订单项目的数量<该项目库存量值

THEN 可供货处理

ELSE 此订单缺货，登录，待进货后再处理

ENDIF

数据字典中的加工逻辑主要描述该加工"做什么"，即实现加工的策略，而不是实现加工的细节，它描述如何把输入数据流变换为输出数据流的加工规则。为了使加工逻辑直观易读，易被用户理解，通常有几种常用的描述方法，即结构化语言、判定表、判定树。

2. 数据字典的实现

建立数据字典一般有以下两种形式。

（1）手工建立

数据字典的内容用卡片形式存放。

①按四类条目规范的格式印制卡片。

②在卡片上分别填写各类条目的内容。

③先按图号顺序排列，同一图号的所有条目按数据流、数据项、数据存储和加工的顺序排列。

④同一图号中的同一类条目（如数据流卡片）可按名字的字典顺序存放，加工一般按编号顺序存放。

⑤同一成分在父图和子图都出现时，则只在父图上定义。

⑥建立索引目录。

（2）利用计算机辅助建立并维护

①编制一个"字典生成与管理程序"，可以按规定的格式输入各类条目，能对字典条目增、删、改，能打印出各类查询报告和清单，能进行完整性、一致性检查等等。美国密歇根大学研究的 PSL/PSA 就是这样一个系统。

②利用已有的数据库开发工具针对数据字典建立一个数据库文件，可将数据流、数据项、数据存储和加工分别以矩阵表的形式来描述各个表项的内容。一个数据流的矩阵表如表 2-2 所示。

表 2-2　数据流的矩阵表

编号	名称	来源	去向	流量	组成
…	…	…	…	…	…

使用开发工具建成数据库文件，便于修改、查询，并可随时打印出来。另外，有的 DBMS 本身包含一个数据字典子系统，建库时能自动生成数据字典。

计算机辅助开发数据字典比手工建立数据字典有更多的优点，能保证数据的一致性和完整性，使用也方便，但增加了技术难度与机器开销。

2.4　数据库概念设计

2.4.1　设计概念结构的方法与步骤

设计概念结构通常有以下 4 类方法。

1. 自顶向下

首先定义全局概念的框架，然后逐步细化。

2. 自底向上

首先定义各局部应用的概念结构，然后将它们集成起来，得到全局概念。

3. 逐步扩张

首先定义最重要的核心概念结构，然后向外扩充，以滚雪球的方式逐步生成其他概念结构，直到总体概念结构。

4. 混合策略

将自顶向下和自底向上相结合，用自顶向下策略设计一个全局概念结构的框架，以它为骨架集成由自底向上策略的各局部概念结构。

其中，常采用的策略是自底向上方法，即自顶向下进行需求分析，然后再自底向上设计概念结构。它通常分为两步：第一步是抽象数据并设计局部视图；第二步是集成局部视图，得到全局的概念结构。

2.4.2 数据抽象与局部视图设计

概念结构是对现实世界的一种抽象。所谓抽象是对实际的人、物、事和概念进行人为处理，抽取所关心的共同特性，忽略非本质的细节，并把这些特性用各种概念精确地加以描述，这些概念组成了某种模型。

1. 三种数据抽象方法

数据抽象的三种基本方法是分类、聚集和概括。利用数据抽象方法可以对现实世界抽象，得出概念模型的实体集及属性。

（1）分类

定义某一类概念作为现实世界中一级对象的类型。这些对象具有某些共同的特性行为。它抽象了对象值和型之间的"is member of"语义。在 E-R 模型中，实体型就是这种抽象。例如在学校环境中，吴芳是教师，表示吴芳是教师中的一员（is member of 教师），具有教师的共同特性和行为：在某个系工作，教授某些课程。

（2）聚集

定义某一类型的组成成分。它抽象了对象内部类型和成分之间"is part of"的语义。在 E-R 模型中，若干属性的聚集组成了实体型，就是这种抽象。

（3）概括

定义了类型之间的子集联系。它抽象了类型之间的"is subset of"语义。例如，教师是一个实体型，大学教师、中学教师也实体型，大学教师、中学教师均是教师的子集。把教师称为父类，大学教师、中学教师称为教师的子类。

概括有一个重要的性质：继承性。子类继承父类上定义的抽象。这样，大学教师、中学教师继承了教师的属性。当然，子类可以增加自己的某些特殊属性。

2. 设计分 E-R 图

概念设计的第一步就是利用上面介绍的抽象机制对需求分析阶段收集到的数据进行分类、聚集，形成实体、实体属性，标识实体的码，确定实体之间的联系类型（1:1，1:N，M:N），设计分 E-R 图。具体做法如下。

（1）选择局部应用

根据某个系统的具体的情况，在多层的数据流图中选择一个适当层次的数据流图，作为设计分 E-R 图的出发点。让这组图中每一部分对应一个局部应用。

由于高层的数据流图只能反映系统的概貌，而中层数据流图能较好地反映系统中各局部应用的子系统组成，因此人们往往以中层数据流图作为设计分 E-R 图的依据。

（2）逐一设计分 E-R 图

选择好局部应用之后，就要对每一个局部应用逐一设计分 E-R 图，亦称局部 E-R 图。

在选好某一层次的数据流图中，每一个局部应用都对应了一级数据流图，局部应用涉及的数据都已经收集在数据字典中了。现在就是要将这些数据从数据字典中抽取出来，参照数据流图，标定局部应用中的实体、实体属性，标识实体的码，确定实体之间的联系及其类型。

事实上，具体的应用环境常常对实体和属性已经作了大体的自然划分。在数据字典中，"数据结构""数据流"和"数据存储"都是若干属性有意义的集合，就体现了这种划分。可以先从这些内容出发定义 E-R 图，然后再进行必要的调整。在调整中遵循一条原则是：为简化 E-R 图的处理，现实世界的事物能作为属性对待的，尽量作为属性对待。

实体与属性划分的准则如下。

①作为"属性"，不能再具有需要描述的性质。"属性"必须是不可分的数据项，不能包含其他属性。

②"属性"不能与其他实体具有联系，即 E-R 图中所表示的联系是实体之间的联系。

凡满足上述两条准则的事物，一般均可作为属性对待。

2.4.3 视图的集成

各子系统的 E-R 图设计好以后，下一步就是要将所有的分 E-R 图综合成一个系统的总的 E-R 图。一般说来，视图集成可以有以下两种方式。

- 多个分 E-R 图一次集成。这种方式比较复杂，做起来难度较大。
- 逐步集成，用累加的方式一次集成两个分 E-R 图。这种方式每次只集成两个分 E-R 图，可以降低复杂度。

无论采用哪种方式，每次集成局部 E-R 图时都需要分两步走。

（1）合并。解决各分 E-R 图之间的冲突，将各分 E-R 图合起来生成初步 E-R 图。

（2）修改和重构。消除不必要的冗余，生成基本 E-R 图。各分 E-R 图之间的冲突主要有 3 类：属性冲突、命名冲突和结构冲突。

习题 2

一、填空题

1. 在需求分析阶段，分析人员要确定对问题的综合需求，其中最主要的是_____。
2. 需求分析阶段产生的最重要的文档之一是_____。
3. 解决一个复杂问题，往往采取的策略是_____。

4. SA 方法中的主要描述工具是＿＿＿＿＿与＿＿＿＿＿。

5. 数据流图中的箭头表示＿＿＿＿＿。

6. 数据流图中，每个加工至少有＿＿＿＿＿个输入流和＿＿＿＿＿个输出流。

7. 数据字典中有 4 类条目，分别是＿＿＿＿＿、＿＿＿＿＿、＿＿＿＿＿、＿＿＿＿＿。

8. 为了较完整地描述用户对系统的需求，DFD 应与数据库中的＿＿＿＿＿图结合起来。

二、选择题

1. 需求分析最终结果是产生＿＿＿＿＿。
   A. 项目开发计划　　　　　　　B. 可行性分析报告
   C. 需求规格说明书　　　　　　D. 设计说明书

2. 需求分析中，开发人员要从用户那里解决的最重要的问题是＿＿＿＿＿。
   A. 要让软件做什么　　　　　　B. 要给软件提供哪些信息
   C. 要求软件工作效率怎样　　　D. 要让该软件具有何种结构

3. 分层 DFD 是一种比较严格又易于理解的描述方式，它的顶层图描述了系统的＿＿＿＿＿。
   A. 细节　　　　　　　　　　　B. 输入与输出
   C. 软件的作者　　　　　　　　D. 绘制的时间

4. 数据字典中一般不包括＿＿＿＿＿条目。
   A. 数据流　　　　　　　　　　B. 数据存储
   C. 加工　　　　　　　　　　　D. 源点与终点

5. 需求规格说明书的内容不应包括对＿＿＿＿＿的描述。
   A. 主要功能　　　　　　　　　B. 算法的详细过程
   C. 软件接口需求　　　　　　　D. 软件安全性要求

6. 需求规格说明书的作用不应包括＿＿＿＿＿。
   A. 软件设计的依据　　　　　　B. 用户与开发人员对软件要做什么的共同理解
   C. 软件验收的依据　　　　　　D. 软件可行性研究的依据

7. DFD 中的每个加工至少有＿＿＿＿＿。
   A. 一个输入流　　　　　　　　B. 一个输出流
   C. 一个实体　　　　　　　　　D. 一个关系

8. 一个局部数据存储当它作为＿＿＿＿＿时，就把它画出来。
   A. 某些加工的数据接口
   B. 某个加工的特定输入
   C. 某个加工的特定输出
   D. 某些加工的数据接口或某个加工的特定输入/输出

9. 对于分层的 DFD，父图与子图的平衡指子图的输入、输出数据流同父图相应加工的输入、输出数据流＿＿＿＿＿。
   A. 必须一致　　　　　　　　　B. 数目必须相等
   C. 名字必须相同　　　　　　　D. 数目必须不等

10. 利用 E-R 模型进行数据库概念设计，可以分成三步，首先设计局部 E-R 模型，然后再把各个局部 E-R 模型综合成一个全局 E-R 模型，最后到全局 E-R 模型进行_____，得到最终的 E-R 模型。

    A. 简化   B. 结构化

    C. 最小化   D. 优化

11. 软件需求分析是保证软件质量的重要步骤，它的实施应该是在_____。

    A. 编码阶段   B. 软件开发全过程

    C. 软件定义阶段   D. 软件设计阶段

三、简答题

1. 什么是需求分析？该阶段的基本任务是什么？

2. 数据流图与数据字典的作用是什么?画数据流图应注意什么？

3. 简述 SA 方法的优缺点。

第3章 软件的系统设计

◇教学目标

1. 理解：软件设计的基本任务、结构化设计方法、软件设计的基本原理、度量模块独立性的标准——耦合性与内聚性、数据库逻辑设计、物理设计、软件体系结构。

2. 应用：HIPO 图、结构图、判定表、判定树、Jackson 图。

3. 了解：PAD 图、程序流程图、盒图。

4. 关注：概要设计说明书、详细设计说明书。

3.1 概要设计

3.1.1 概要设计的基本任务与基本原理

1. 基本任务

（1）设计软件系统结构（简称软件结构）

为了实现目标系统，最终必须设计出组成这个系统的所有程序和数据库（文件）。对于程序，首先进行结构设计，具体任务如下。

- 采用某种设计方法，将一个复杂的系统按功能划分成模块。
- 确定每个模块的功能。
- 确定模块之间的调用关系。
- 确定模块之间的接口，即模块之间传递的信息。
- 评价模块结构的质量。

从以上内容看，软件结构的设计是以模块为基础的，在需求分析阶段，已经把系统分解成层次结构。设计阶段以需求分析的结果为依据，从实现的角度进一步划分为模块，并组成模块的层次结构。

软件结构的设计是概要设计关键的一步，直接影响到下一阶段详细设计与编码的工作。软件系统的质量及一些整体特性都在软件结构的设计中决定。因此应由经验丰富的软件人员担任，采用一定的设计方法，选取合理的设计方案。

（2）数据结构设计

对于大型数据处理的软件系统，除了控制结构的模块设计外，数据结构设计也是重要的。逐步细化的方法也适用于数据结构的设计。在需求分析阶段，已通过数据字典对数据的组成、操作约束、数据之间的关系等方面进行了描述，确定了数据的结构特性，在概要设计阶段要加以细化，详细设计阶段则规定具体的实现细节。在概要设计阶段，宜使用抽象的数据类型。如"队列"数据结构的概念模型，在详细设计中可用线性表和链表来实现"队列"。设计有效的数据结构，将大大简化软件模块处理过程的设计。

（3）编写概要设计文档

文档主要有以下几个。

①概要设计说明书。

②数据库设计说明书，主要给出所使用的 DBMS 简介、数据库的概要模型、逻辑设计、结果。

③用户手册是对需求分析阶段编写的用户手册进行补充。

④修订测试计划，是对测试策略、方法、步骤提出明确要求。

（4）评审

对设计部分是否完整地实现了需求中规定的功能、性能等要求，设计方案的可行性，关键的处理及内外部接口定义的正确性、有效性，各部分之间的一致性等都一一进行评审。

2. 软件概要设计文档

概要设计说明书是概要设计阶段结束时提交的技术文档，按国际标准 GB8567—1988 的《计算机软件产品开发文件编制指南》的规定，软件设计文档可分为"概要设计说明书""详细设计说明书""数据库设计说明书"。

3. 软件设计的基本原理

软件设计中最重要的一个问题就是软件质量问题，用什么标准对软件设计的技术质量进行衡量呢？本节介绍几十年来发展并经过时间考验的软件设计的一些基本原理。

（1）模块化

模块化的概念在程序设计技术中就出现了。模块在程序中是数据说明、可执行语句等程序对象的集合，或者是单独命名和编址的元素，如高级语言中的过程、函数、子程序等。在软件的体系结构中，模块是可组合、分解和更换的单元。模块具有以下几种基本属性。

- 接口：指模块的输入与输出。
- 功能：指模块实现什么功能。
- 逻辑：描述内部如何实现要求的功能及所需的数据。
- 状态：该模块的运行环境，即模块的调用与被调用关系。

接口、功能与状态反映模块的外部特性，逻辑反映模块的内部特性。

模块化是指解决一个复杂问题时自顶向下逐层把软件系统划分成若干模块的过程。每个模块完成一个特定的子功能，所有的模块按某种方法组装起来，成为一个整体，完成整个系统所要求的功能。在面向对象设计中，模块和模块化的要领将进一步扩充。模块化是软件工程解决复杂问题所具备的手段。

开发一个大而复杂的软件系统，将它进行适当的分解，不仅可降低其复杂性，还可减少开发工作量，从而降低开发成本，提高软件生产率。但模块之间接口的工作量增加了，如图 3-1 所示。从图中看出，存在着一个使软件开发成本最小区域的模块数 M，虽然目前还不能确定 M 的准确数值，但在划分模块时，避免数目过多或过少，一个模块的规模应当取决于它的功能和用途。同时，应减少接口的代价，提高模块的独立性。

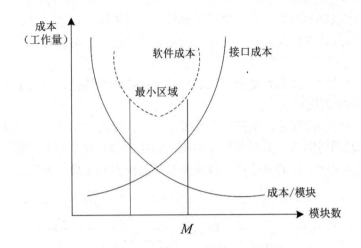

图 3-1　模块与开发软件成本

（2）抽象

抽象是认识复杂现象过程中使用的思维工具，即抽出事物本质的共同的特性而暂不考虑它的细节，不考虑其他因素。抽象的要领被广泛应用于计算机软件领域，在软件工程学中更是如此。软件工程过程中的每一步都可以看作是对软件解决方法的抽象层次的一次细化。在系统定义阶段，软件作为整个计算机系统的一个元素来对待；在软件需求分析阶段，软件的解决方案使用问题环境中的术语来描述；从概要设计到详细设计阶段，抽象的层次逐步降低，将面向问题的术语与面向实现的术语结合起来描述解决方法，直到产生源程序时到达最低的抽象层次。这是软件工程整个过程的抽象层次。具体到软件设计阶段，又有不同的抽象层次，在进行软件设计时，抽象与逐步求精、模块化密切相关，可以定义软件结构中模块的实体，由抽象到具体地分析和构造出软件的层次结构，提高软件的可理解性。

（3）信息隐蔽

信息隐蔽指在设计和确定模块时，使得一个模块内包含的信息（过程或数据），对于不需要这些信息的其他模块来说，是不能访问的。通过定义一组相互独立的模块来实现有效的模块化，这些独立的模块彼此之间仅仅交换那些为了完成系统功能所必需的信息，而将那些自身的实现细节与数据"隐藏"起来。一个软件系统在整个生存期中要经过多次修改，信息隐蔽为软件系统的修改、测试及以后的维护都带来好处。因此在划分模块时要采取措施。如采用局部数据结构，使得大多数过程（即实现细节）和数据对软件的其他部分是隐藏的，这样修改软件时偶然引入的错误所造成的影响只局限在一个或少量几个模块内部，不涉及其他部分。

（4）模块独立性

为了降低软件系统的复杂性，提高可理解性、可维护性，必须把系统划分成为多个模块，但模块不能任意划分，应尽量保持其独立性。模块独立性指每个模块只完成系统要求独立的子功能，并且与其他模块的联系最少且接口简单。模块独立性是模块化、抽象、信息隐蔽这些软件工程基本原理的直接产物。只有符合和遵守这些原则才能得到高度独立的模块。良好的模块独立性能使开发的软件具有较高的质量。因为模块独立性强，信息隐蔽性能好，并能完成独立的功能，且它的可理解性、可维护性、可测试性好，所以必然导致软件的可靠性。另外，接口简单、功能独立的模块易开发，且可并行工作，能有效地提高软件的生产率。

如何衡量软件的独立性呢？根据模块的外部特征和内部特征，提出了两个定性的度量标准——耦合性和内聚性。

①耦合性，也称块间联系，是指软件系统结构中各模块间相互联系的紧密程度的一种度量。模块之间联系越紧密，其耦合性就越强，模块的独立性则越差（图 3-2）。模块间耦合高低取决于模块间接口的复杂性、调用的方式及传递的信息。模块的耦合性有以下几种类型。

图 3-2　耦合

- 无直接耦合（No Direct Coupling）：是指两个模块之间没有直接的关系，分别从属于不同模块的控制与调用，它们之间不传递任何信息。因此模块间耦合性最弱，模块独立性最高。

- 数据耦合（Data Coupling）：是指两个模块之间有调用关系，传递的是简单的数据值，相当于高级语言中的传值。这种耦合程度较低，模块的独立性较高。

- 标记耦合（Stamp Coupling）：是指两个模块之间传递的是数据结构，如高级语言中的数组名、记录名、文件名等这些名字即为标记，其实传递的是这个数据结构的地址（传址）。两个模块必须清楚这些数据结构，并按要求对其进行操作，这样降低了可理解性。可采用"信息隐蔽"的方法，把该数据结构以及在其上的操作全部集中在一个模块，就可消除这种耦合，但有时因为还有其他功能的缘故，标记耦合是不可避免的。

- 控制耦合（Control Coupling）：是指一个模块调用另一个模块时，传递的是控制变量（如开关、标志等），被调模块通过该控制变量的值有选择地执行块内某一功能。因此被调模块内应具有多个功能，哪个功能起作用受其调用模块控制。

  控制耦合增加了理解与编程及修改的复杂性，调用模块必须知道被调模块内部的逻辑关系，即被调模块处理细节不能"信息隐藏"，降低了模块的独立性。

  在大多数情况下，模块间的控制耦合并不是必需的，可以将被调模块内的判定上移到调用模块中去，同时将被调模块按其功能分解为若干单一功能的模块，就可将控制耦合改变为数据耦合。

- 公共耦合（Common Coupling）：是指通过一个公共数据环境相互作用的那些模块间的耦合。公共数据环境可以是全局变量或数据结构、共享的通信区、内存的公共覆盖区及任何存储介质上的文件、物理设备等（也有将共享外部设备分类为外部耦合）。

公共耦合的复杂程度随耦合模块的个数增加而增加。

如果在模块之间共享的数据很多，且通过参数的传递很不方便时，才使用公共耦合。因为公共耦合会引起以下几个问题。

第一，耦合的复杂程度随模块的个数增加而增加，无法控制各个模块对公共数据的存取。若某个模块有错，可通过公共区将错误延伸到其他模块，影响到软件的可靠性。

第二，使软件的可维护性变差。若某一模块修改了公共区的数据，会影响到与此有关的所有模块。

第三，降低了软件的可理解性。因为各个模块使用公共区的数据，使用方式往往是隐含的某些数据被哪些模块共享，所以不易很快搞清。

- 内容耦合（Content Coupling）：这是最高程度的耦合，也是最差的耦合。两个模块之间出现以下情况就发生了内容耦合。一个模块直接访问另一个模块的内部数据；一个模块不通过正常入口转到另一模块内部。两个模块有一部分程序代码重叠（只可能出现在汇编语言中），一个模块有多个入口。

以上六种由低到高的耦合类型，给设计软件、划分模块提供了决策准则。提高模块独立性、建立模块间尽可能松散的系统，是模块化设计的目标。为了降低模块间的耦合度，可采取以下几点措施。

一是在耦合方式上降低模块间接口的复杂性。模块间接口的复杂性包括模块的接口方式、接口信息的结构和数量。接口方式不采用直接引用（内容耦合），而采用调用方式（如过程语句调用方式）。接口信息通过参数传递且传递信息的结构尽量简单，不用复杂参数结构（如过程、指针等类型参数），参数的个数也不宜太多，如果很多，可考虑模块的功能是否庞大复杂。

二是在传递信息类型上尽量使用数据耦合，避免控制耦合，慎用或有控制地使用公共耦合。这只是原则，耦合类型的选择要根据实际情况综合考虑。

② 内聚性，又称块内联系，是指模块的功能强度的度量，即一个模块内部各个元素彼此结合的紧密程度的度量。若一个模块内各元素（语句之间、程序段之间）联系得越紧密，则它的内聚性就越高（图 3-3）。内聚性有以下几种类型。

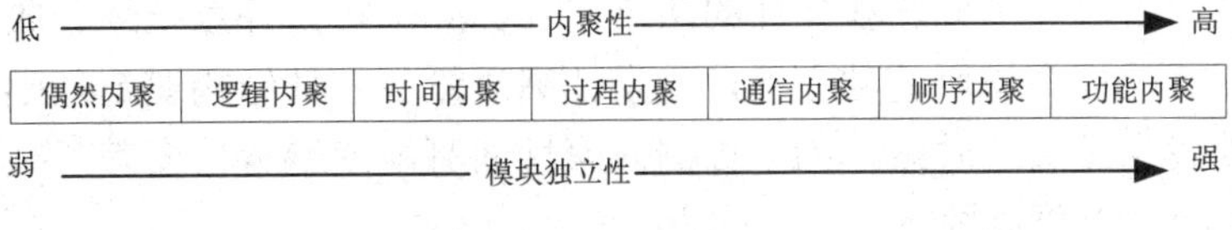

图 3-3 内聚

- 偶然内聚（Coincidental Cohesion）：是指一个模块内的各处理元素之间没有任何联系。例如，有一些无联系处理序列的程序中多次出现或在几个模块中都出现。

为了节省存储，把它们抽出来组成一个新的模块，这个模块就属于偶然内聚，这样的模块不易理解也不易修改，这是最差的内聚情况。

- 逻辑内聚（Logical Cohesion）：是指模块内执行几个逻辑上相似的功能，通过参数确定该模块完成哪一个功能。如产生各种类型错误的信息输出放在一个模块，或从不同设备上的输入放在一个模块，这是一个单入口多功能模块。这种模块内聚程度有所提高，各部分之间在功能上有相互关系，但不易修改。如当某个调用模块要求修改此模块公用代码时，而另一些调用模块又不要求修改。另外，调用时需要进行控制参数的传递，造成模块间的控制耦合，调用此模块时，不用的部分也占据了主存，降低了系统效率。
- 时间内聚（Temporal Cohesion）：把需要同时执行的动作组合在一起形成的模块为时间内聚模块。如初始化一组变量，打开若干文件同时关闭文件等，都与特定时间有关。时间内聚比逻辑内聚程度高一些，因为时间内聚模块中的各部分都要在同一时间内完成。但是由于这样的模块往往与其他模块联系得比较紧密，如初始化模块对许多模块的运行有影响，因此和其他模块耦合的程度较高。
- 过程内聚（Procedural Cohesion）：使用流程图作为工具设计程序时，把流程图中的某一部分划出组成模块，就得到过程内聚模块。例如，把流程图中的循环部分、判定部分、计算部分分成 3 个模块，这 3 个模块都是过程内聚模块。
- 通信内聚（Communicational Cohesion）：是指模块内所有处理元素都在同一个数据结构上操作，或者指各处理使用相同的输入数据或者是产生相同的输出数据（有时称信息内聚）。如一个模块完成"建表""查表"两部分功能，都使用同一数据结构、文件、设备等操作都放在一个模块内，可达到信息隐藏。
- 顺序内聚（Sequence Cohesion）：如果一个模块内的处理元素和同一个功能密切相关，而且这些处理必须顺序执行，通常一个处理元素的输出数据作为下一个处理元素的输入数据，则称为顺序内聚。
- 功能内聚（Functional Cohesion）：这是最强的内聚，指模块内所有元素共同完成一个功能，缺一不可。因此模块不能再分割，如"登录验证"这样一个单一功能的模块。功能内聚的模块易理解、易修改，因为它的功能是明确的、单一的，因此与其他模块的耦合是弱的。功能内聚的模块有利于实现软件的重用，从而提高软件开发的效率。

耦合性与内聚性是模块独立性的两个定性标准，将软件系统划分成模块时，做到高内聚低耦合，提高模块的独立性，为设计高质量的软件结构奠定基础。但也有内聚性与耦合性发生矛盾的时候，为了提高内聚性而可能使耦合性变差，在这种情况下，建议给予耦合性以更高的重视。

3.1.2 软件结构的设计优化原则

软件概要设计的主要任务就是软件结构的设计。为了提高设计的质量，必须根据软件设计的原理改进软件设计，提出以下软件结构的设计优化准则。

（1）划分模块时，尽量做到高内聚、低耦合，保持模块相对独立性，并以此原则优化初始的软件结构。

①如果若干模块之间耦合强度过高，每个模块内功能不复杂，可将它们合并，以减少

信息的传递和公共区的引用。

②若有多个相关模块，应对它们的功能进行分析，消去重复功能。

（2）一个模块的作用范围应在其控制范围之内，且判定所在的模块应与受其影响的模块在层次上尽量靠近。

在软件结构中，由于存在着不同事务处理的需要，某上层模块会存在着判断处理，这样可能影响其他层的模块处理。为了保证含有判定功能模块的软件设计的质量，引入了模块的作用范围（或称影响范围）与控制范围的概念。

一个模块的作用范围是指受该模块内一个判定影响的所有模块的集合。一个模块的控制范围是指模块本身以及其所有下属模块（直接或间接从属于它的模块）的集合。

如图 3-4（a）所示，符号◇表示模块内有判定功能，阴影表示模块的作用范围，模块 D 的作用范围是 C、D 和 F，控制范围是 D、E、F，作用范围超过了控制范围，这种结构最差。因为 D 的判定作用到了 C，必然有控制信息通过上层模块 B 传递到 C，这样增加了数据的传递量和模块间的耦合，若修改 D 模块，则会影响到不受它控制的 C 模块，不易理解与维护。

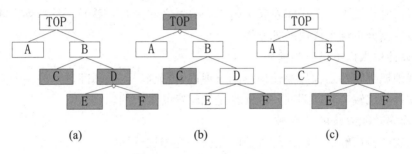

图 3-4　模块的判定作用范围

再看图 3-4（b），模块 TOP 的作用范围在控制范围之内，但是判定所在的模块与受判定影响的模块位置太远，也存在着额外的数据传递（模块 B 并不需要这些数据），增加接口的复杂性和耦合强度，这种结构虽符合设计原则，但不理想。最理想的结构图如图 3-4（c）所示，消除了额外的数据传递。如果在设计过程中，发现模块作用范围不在其控制范围内，可以用以下方法加以改进。

①上移判断点。如图 3-4（a）所示，将模块 D 中的判断点上移到它的上层模块 B 中，或者将模块 D 整个合并到模块 B 中，使该判断的层次升高，以扩大它的控制范围。

②下移受判断影响的模块，将它下移到判断所在模块的控制范围内。如图 3-4（a）所示，将模块 C 下移到模块 D 的下层。

（3）软件结构的深度、宽度、扇入、扇出应适当。

深度是表示软件结构中控制的层次，能粗略地反映系统的规模和复杂程度。宽度是软件结构内同一个层次上的模块总数的最大值。扇入表明有多少个上级模块调用它。扇出是一个模块直接控制（调用）的模块数目。宽度与模块的扇出有关，一个模块的扇出太多，说明本模块过分复杂，缺少中间层，一般扇出数在 7 以内。单一功能模块的扇入数大比较好，说明本模块为上层几个模块共享的公用模块，重用率高。但是不能把彼此无关的功能凑在一起形成一个通用的超级模块，虽然它扇入高，但内聚低。因此非单一功能的模块扇入高时应重新分解，以消除控制耦合的情况。软件结构从形态上，总的考虑是顶层扇出数较高一些（扇入数为 0，如 C 语言程序中的主函数），中间层扇出数较低一些，底层扇入数较高一些（扇出数为 0）。

（4）模块的大小要适中。

在考虑模块的独立性同时，为了增加可理解性，模块的大小最好为 50～150 条语句，可以用 1～2 页打印，便于人们阅读与研究。

（5）模块的接口要简单、清晰、含义明确，便于理解，易于实现、测试与维护。

这里介绍的几条优化准则是从人们在开发软件的长期实践中所积累的经验而总结出的一些启发式规则，本书介绍的面向数据流的设计方法和第 7 章介绍的面向对象设计方法都遵循这些规则。这些规则能给软件开发人员以有益的启示，对改进设计结构、提高软件质量有着重要的参考价值。

（6）力争降低模块接口的复杂程度。

模块接口复杂是软件发生错误的一个主要原因。应该仔细设计模块接口，使用信息传递系统。接口复杂或不一致（即看起来传递的数据之间没有联系），是高耦合或低内聚的征兆，应该重新分析这个模块的独立性。

（7）设计单入口单出口的模块。

这条规则提醒软件工程师要使模块间出现内容耦合。当从顶部进入模块并且从底部退出来时，软件是比较容易理解的，因此也是比较容易维护的。

（8）模块功能应该可以预测。

模块的功能应该能够预测，但也要防止模块功能过分局限。

如果一个模块可以当作一个黑盒子，也就是说，只要输入的数据相同就产生同样的输出，这个模块的功能就是可以预测的。带有内部"存储器"的模块的功能可能是不可预测的，因为它的输出可能取决于内部存储器（例如某个标记）的状态。由于内部存储器对于上级模块而言是不可见的，所以这样的模块既不易理解又难以测试和维护。

如果一个模块只完成一个单独的子功能，则呈现高内聚；但如果一个模块任意限制局部数据结构的大小，过分限制在控制流中可以做出的选择或者外部接口的模式，那么这种模块的功能就过分局限，使用范围也就过分狭窄了。在使用过程中将不可避免地需要修改功能过分局限的模块，以提高模块的灵活性，扩大它的使用范围。但在使用现场修改软件的代价是很高的。

以上列出的启发规则多数是经验规律，对改进设计、提高软件质量，往往有重要的参考价值。但它们既不是设计的目标，也不是设计时应该普遍遵循的原理。

3.1.3　软件系统的设计技术

1. 层次图和 HIPO 图

通常使用层次图描绘软件的层次结构。在图 3-5 中，已经非正式地使用了层次图。在层次图中一个矩形框代表一个模块，框间的边线表示调用关系（位于上方的矩形框所代表的模块调用位于下方的矩形框所代表的模块）。图 3-5 是层次图的例子，最顶层的矩形框代表销售管理系统的主控模块，它调用下层 5 个子模块以完成销售管理系统的全部功能；第二层的每个模块通过调用第三层子模块来完成本模块功能。在自顶向下逐步求精设计软件的过程中，使用层次图很方便。

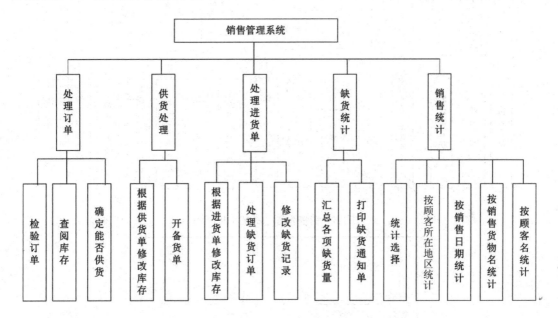

图 3-5　销售管理系统层次图

HIPO 图是美国 IBM 公司发明的"层次图加输入／处理／输出图"的英文缩写。为了使 HIPO 图具有可追踪性，在 H 图（即层次图）里除了顶层的方框之外，每个方框都加了编号（图 3-6）。

和 H 图中的每个方框相对应，应该有一张 IPO 图描绘这个方框代表模块的处理过程。IPO 图使用的基本符号既少又简单，因此很容易学会使用这种图形工具。它的基本形式是在左边的框中列出有关的输入数据，在中间的框内列出主要的处理，在右边的框内列出产生的输出数据。处理框中列出处理的次序暗示了执行的顺序，但是用这些基本符号还不足以精确描述执行处理的详细情况。在 IPO 图中还用类似向量符号的粗大箭头清楚地指出数据通信的情况。

本书建议使用一种改进的 IPO 图（也称为 IPO 表），这种图中包含某些附加的信息，在软件设计过程中将比原始的 IPO 图更有用。如图 3-7 所示，改进的 IPO 图中包含的附加信息主要有系统名称、图的作者、完成的日期，本图描述的模块的名字、模块在层次图中的编号，调用本模块的模块清单，本模块调用的模块的清单、注释以及本模块使用的局部数据元素等。

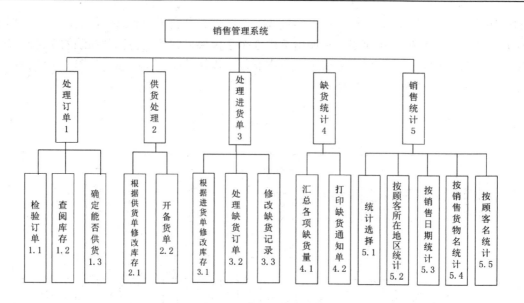

图 3-6　销售管理系统的 HIPO 图

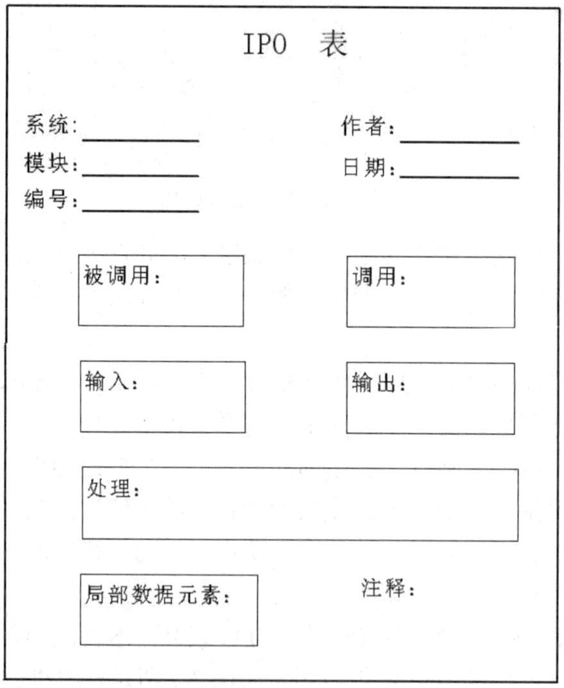

IPO 表

系统：_____　　　　作者：_____

模块：_____　　　　日期：_____

编号：_____

被调用：　　　　　　　　　调用：

输入：　　　　　　　　　　输出：

处理：

局部数据元素：　　　　　　注释：

图 3-7　改进的 IPO 图（IPO 表）的形式

2. 结构图

软件结构图是软件系统的模块层次结构，反映了整个系统的功能实现，即将来程序的控制层次体系。对于一个"问题"，可用不同的软件结构来解决。不同的设计方法和不同的划分和组织，得出不同的软件结构。

软件结构往往用树状或网状结构的图来表示。软件工程中，一般使用美国 Yourdon 等人提出的称为结构图（Structure Chart，简称 SC）的工具来表示软件结构。结构图的主要内容有如下。

- 模块：模块用方框表示，并用名字标识该模块，名字应体现该模块的功能。
- 模块的控制关系：两个模块间用单向箭头（或直线）连接表示它们的控制关系，如图 3-8 所示。按照惯例，图中位于上方的模块总是调用下方的模块，所以不用箭头也不会产生二义性。
- 模块间的信息传递：模块间还经常用带注释的短箭头表示模块调用过程中来回传递的信息。有时箭头尾部带空心圆的表示传递的是数据，带实心圆的表示传递的是控制信息，但一般不采用。
- 两个附加符号：表示模块有选择地调用或循环调用，如图 3-9 所示。

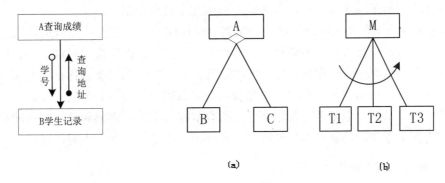

图 3-8　模块间的控制关系及信息传递　　　图 3-9　选择调用和循环调用的表示

如图 3-9（a）所示的 A 模块中有一个菱形符号表示 A 有判断处理功能，它有条件地调用 B 或 C，如图 3-9（b）所示中 M 模块下方有一个弧形箭头，表示 M 循环调用 T1、T2、T3 模块。如图 3-10 所示，是结构图的一个实例。

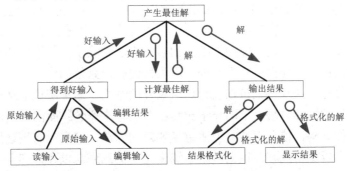

图 3-10　结构事例图——产生最佳效果

结构图的形态特征如下。

①深度：指结构图控制的层次，也是模块的层数，图 3-10 的深度为 3。
②宽度：指一层中最大的模块个数，图 3-10 的宽度为 4。
③扇出：指一个模块直接下属模块的个数，图 3-10 顶层模块的扇出为 3。

④扇入：指一个模块直接上属模块的个数，图 3-10 除顶层模块外，各模块的扇入为 1。

画结构图应注意的事项如下。

①同一名字的模块在结构图中仅出现一次。

②调用关系只能从上到下。

③不严格表示模块的调用次序，习惯上从左到右。有时为了减少连线的交叉，适当地调整同一层模块的左右位置，以保持结构图的清晰性。

注意，层次图和结构图并不严格表示模块的调用次序。虽然多数人习惯按调用次序从左到右画模块，但并没有这种规定，出于其他方面的考虑（例如为了减少交叉线），也完全可以不按这种次序画。此外，层次图和结构图并不指明什么时候调用下层模块。通常上层模块中除了调用下层模块的语句之外还有其他语句，究竟是先执行调用下层模块的语句还是先执行其他语句，在图中丝毫没有指明。事实上，层次图和结构图只表明一个模块调用哪些模块，至于模块内还有没有其他成分则完全没有表示。

通常用层次图作为描绘软件结构的文档。结构图作为文档并不很合适，因为图上包含的信息太多有时反而降低了清晰程度；但利用 IPO 图或数据字典中的信息得到模块调用时传递的信息，从而由层次图导出结构图的过程，却可以作为检查设计正确性和评价模块独立性的好方法。传送的每个数据元素是否都是完成模块功能所必需的；反之，完成模块功能必需的每个数据元素是否都传送来了，所有数据元素是否都只和单一的功能有关。如果发现结构图上模块间的联系不容易解释，则应该考虑是否是设计上有问题。

3. 面向数据流的设计方法

面向数据流的设计是以需求分析阶段产生的数据流图为基础，按一定的步骤映射成软件结构，因此又称结构化设计（Structured Design，简称 SD）。该方法由美国 IBM 公司的 L.Constantine 和 E.Yourdon 等人于 1974 年提出，与结构化分析（SA）衔接，构成了完整的结构化分析与设计技术，是目前使用最广泛的软件设计方法之一。

面向数据流设计方法的目标是给出设计软件结构的一个系统化的途径。

在软件工程的需求分析阶段，信息流是一个关键考虑因素，通常用数据流图描绘信息在系统中加工和流动的情况。面向数据流的设计方法定义了一些不同的"映射"，利用这些映射可以把数据流图变换成软件结构。因为任何软件系统都可以用数据流图表示，所以面向数据流的设计方法理论上可以设计任何软件的结构。通常所说的结构化设计方法，也就是基于数据流的设计方法。下面介绍一些相关的基本概念：面向数据流的设计方法把信息流映射成软件结构，信息流的类型决定了映射的方法。信息流有下述两种类型。

①变换流（或交换流）。根据基本系统模型，信息通常以"外部世界"的形式进入软件系统，经过处理以后再以"外部世界"的形式离开系统。

如图 3-11 所示，信息沿输入通路进入系统，同时由外部形式变换成内部形式，进入系统的信息通过变换中心，经加工处理以后再沿输出通路变换成外部形式离开软件系统。当数据流图具有这些特征时，这种信息流就叫作变换流。

②事务流。基本系统模型意味着变换流，原则上所有信息流都可以归结为这一类。但当数据流图具有和图 3-12 类似的形状时，这种数据流是"以事务为中心的"，也就是说，

数据沿输入通路到达一个处理 T，这个处理根据输入数据的类型在若干个动作序列中选出一个来执行。这类数据流应该划为一类特殊的数据流渠道，称为事务流。如图 3-12 所示的处理 T 称为事务中心，它完成下述任务：

- 接收输入数据（输入数据又称为事务）；
- 分析每个事务以确定它的类型；
- 根据事务类型选取一条活动通路。

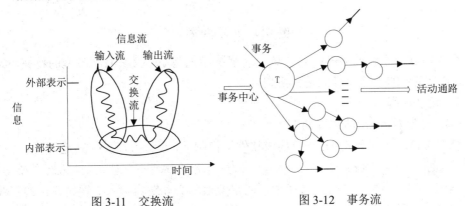

图 3-11　交换流　　　　　　　　图 3-12　事务流

（1）数据流的类型

要把数据流图（DFD）转换成软件结构图，首先必须研究 DFD 的类型。各种软件系统不论 DFD 如何庞大与复杂，一般可分为变换型和事务型两类。

- 变换型的数据流图。变换型的 DFD 是由输入、变换（或称处理）和输出三部分组成，如图 3-13 所示，虚线为标出的流界。

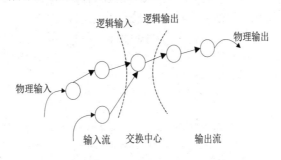

图 3-13　变换型 DFD

变换型数据处理的工作过程一般分为三步：取得数据、变换数据和给出数据。这三步体现了变换型 DFD 的基本思想。变换是系统的主加工，变换输入端的数据流为系统的逻辑输入，输出端为逻辑输出。直接从外部设备输入数据称为物理输入；反之称为物理输出。外部的输入数据一般要经过输入正确性和合理性检查、编辑、格式转换等预处理，这部分工作都由逻辑输入部分完成，它将外部形式的数据变成内部形式，送给主加工。同理，逻辑输出部分把主加工产生数据的内部形式转换成外部形式，然后物理输出。因此变换型的 DFD 是一个顺序结构。

- 事务型的数据流图。若某个加工将它的输入流分离成许多发散的数据流，形成许多加工路径,并根据输入的值选择其中一个路径来执行,这种特征的 DFD 称为事务型的数据流图,这个加工称为事务处理中心。事务型 DFD 如图 3-14 所示。

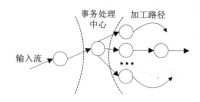

图 3-14　事务型 DFD

一个大型软件系统的 DFD,经常既具有变换型的特征,又具有事务型的特征,如事务型 DFD 中的某个加工路径可能是变换型。

（2）设计过程

面向数据流设计方法的过程如下。

①精化 DFD。这是指把 DFD 转换成软件结构图前,设计人员要仔细地研究分析 DFD,并按照数据字典认真理解其中的有关元素,检查有无遗漏或不合理之处,进行必要的修改。

②确定 DFD 类型。如果是变换型,确定变换中心和逻辑输入、逻辑输出的界线,映射为变换结构的顶层和第一层;如果是事务型,确定事务中心和加工路径,映射为事务结构的顶层和第一层。

③分解上层模块,设计中下层模块结构。

④根据优化准则对软件结构求精。

⑤描述模块功能、接口及全局数据结构。

⑥复查,如果有错,转向②修改完善,否则进入详细设计。

图 3-15 说明了使用面向数据流方法逐步设计的过程。

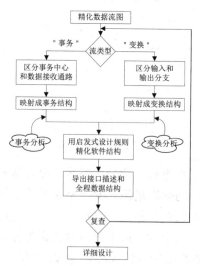

图 3-15　面向数据流方法的设计过程

应该注意,任何设计过程都不是一成不变的,设计首先需要人的判断力和创造精神,这往往会凌驾于方法和规则之上。

（3）变换分析设计

当 DFD 具有较明显的变换特征，则按照以下步骤设计。

①确定 DFD 中的变换中心、逻辑输入和逻辑输出。如果设计人员经验丰富，则容易确定系统的变换中心，即主加工。如几股数据流的汇合处往往是系统的主加工。若不能确定，则可以用下面的方法：从物理输入端开始，沿着数据流方向向系统中心寻找，直到有这样的数据流。它不能再被看作是系统的输入，它的前一个数据流就是系统的逻辑输入。同理，从物理输出端开始，逆数据流方向向中间移动，可以确定系统的逻辑输出。介于逻辑输入和逻辑输出之间的加工就是变换中心，用虚线划分出流界。这样 DFD 的三部分就确定了。

②设计软件结构的顶层和第一层——变换结构。变换中心确定以后，就相当于决定了主模块的位置，这就是软件结构的顶层（图 3-16）。其功能是完成所有模块的控制，它的名称应该是系统名称，以体现完成整个系统的功能。模块确定之后，设计软件结构的第一层。第一层一般至少要有 3 种功能的模块：输入、输出和变换模块，即为每个逻辑输入设计一个输入模块，其功能为顶层模块提供相应的数据，如图 3-16 中的 f 3；为每个逻辑输出设计一个输出模块，其功能为输出顶层模块的信息，如图 3-16 中的 f 7、f 8。同时，为变换中心设计一个变换模块，它的功能是将逻辑输入进行变换加工，然后逻辑输出，如图 3-16 中将 f 3 变换成 f 7 和 f 8。这些模块之间的数据传送应该与 DFD 相对应。

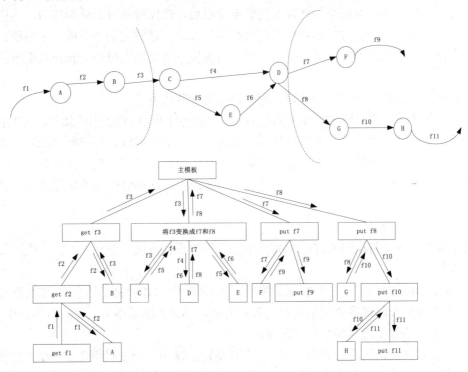

图 3-16　变换分析设计举例

③设计中、下层模块。对第一层的输入、变换、输出模块自顶向下逐层分解。

● 输入模块下属模块的设计

输入模块的功能是向它的调用模块提供数据，所以必须要有数据来源。这样输入模块应由两部分组成：一是接收数据，二是转换成调用模块所需的信息。

每个输入模块可以设计成两个下属模块：一个接收，一个转换。用类似的方法一直分解下去，直到物理输入端。如图 3-16 中模块"get f 3"和"get f 2"的分解。模块"get f 1"为物理输入模块。

● 输出模块下属模块的设计

输出模块的功能是将它的调用模块产生的结果送出，也由两部分组成：一是将数据转换成下属模块所需的形式，二是发送数据。

这样每个输出模块可以设计成两个下属模块：一个转换、一个发送，一直到物理输出端。如图 3-16 中，模块"put f 7""put f 8"和"put f 10"的分解。模块"put f 9"和"put f 11"为物理输出模块。

● 变换模块下属模块的设计

根据 DFD 中变换中心的组成情况，按照模块独立性的原则来组织其结构。一般对 DFD 中每个基本加工建立一个功能模块，如图 3-16 中的模块"C""D"和"E"。

● 设计的优化

以上步骤设计出的软件结构仅仅是初始结构，还必须根据设计准则对初始结构精细和改进，这里提供的求精办法供参考。

输入部分的求精：为每个物理输入设置专门模块，以体现系统的外部接口；其他输入模块并非真正输入，当它与转换数据的模块都很简单时，可将它们合并成一个模块。

输出部分的求精：为每个物理输出设置专门模块，其他输出模块与转换数据模块可适当合并。

变换部分的求精：根据设计准则，对模块进行合并或调整。

总之，软件结构的求精带有很大的经验性。一般往往形成 DFD 中的加工与 SC 中的模块之间是一对一的映射关系，然后再修改。但对于一个实际问题，可能把 DFD 中的两个甚至多个加工组成一个模块，也可能把 DFD 中的一个加工扩展为两个或更多个模块，根据具体情况要灵活掌握设计方法，以求设计出由高内聚、低耦合的模块所组成的、具有良好特性的软件结构。

（4）事务分析设计

对于具有事务型特征的 DFD，则采用事务分析的设计方法结合图 3-17，说明该方法的设计步骤如下。

● 确定 DFD 中的事务中心和加工路径：当 DFD 中的某个加工具有明显地将一个输入数据流分解成多个发散的输出数据流时，该加工就是事务中心。从事务中心辐射出去的数据流为各个加工路径。

● 设计软件结构的顶层和第一层——事务结构：设计一个顶层模块是一个主控模块，有两个功能，一是接收数据，二是根据事务类型调度相应的处理模块。事务型软件结构应包括两个部分，一个接收分支，另一个发送分支。

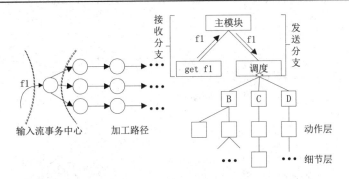

图 3-17　事务分析设计举例

①接收分支：负责接收数据，它的设计与变换型 DFD 的输入部分设计方法相同。

②发送分支：通常包含一个调度模块，它控制管理所有下层的事务处理模块。当事务类型不多时，调度模块可与主模块合并。

事务结构中、下层模块的设计、优化等工作同变换结构。

（5）综合型数据流图与分层数据流图映射成软件结构的设计

综合 DFD 的映射。当一个系统的 DFD 中既有变换流，又有事务流时，这就是一个综合的数据流，其软件结构设计方法如下。

①确定 DFD 整体上的类型。变换型具有顺序处理的特点，而事务型具有平行分别处理的特点。只要从 DFD 整体、主要功能处理分析其特点，就可区分出该 DFD 整体类型。

②标出局部的 DFD 范围，确定其类型。

③按整体和局部的 DFD 特征，设计出软件结构。

分层 DFD 的映射。对于一个复杂问题的数据流图，往往是分层的。分层的数据流图映射成软件结构图也应该是分层的，这样便于设计，也便于修改。由于数据流图的顶层图反映的是系统与外部环境的界面，所以系统的物理输入与物理输出都在顶层图或 0 层图，相应软件结构图的物理输入与输出部分放在主图中较为合适，以便和 DFD 中顶层图的 I/O 对照检查。分层 DFD 的映射方法如下。

①主图是变换型，子图是事务型，如图 3-18 所示。

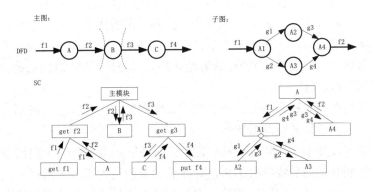

图 3-18　主图变换型、子图事务型

②主图是事务型，子是变换型，如图 3-19 所示。

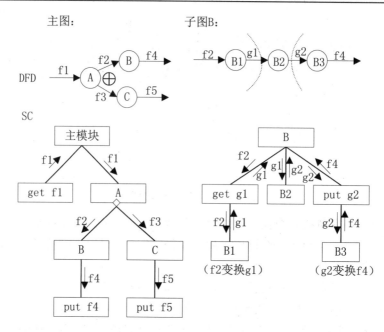

图 3-19　主图事务型、子图变换型

事务型通常用于高层数据流图的转换，其优点是把一个大的、复杂的系统分解成较小的、简单的、相对独立的子系统。而变换型通常用于较低层数据流图的转换。这样输入输出模块放在各自的子图中更加合理。

（6）设计后的处理

由概要设计的工作流程可知，经过变换分析或事务分析设计，形成软件结构并经过优化和改进后，还要做以下工作。

①为每个模块写一份处理说明。处理说明从设计的角度描述模块的主要处理任务、条件选择等，以需求分析阶段产生的加工逻辑的描述为参考。这里的说明应该是清晰、无二义性的。

②为每个模块提供一份接口说明。接口说明包括通过参数表传递的数据、外部的输入与输出、访问全局数据区的信息等，并指出它的下属模块与上属模块。

为清晰易读，对以上两个说明可用设计阶段常采用的图形工具——IPO 图。

③数据结构说明。软件结构确定之后，必须定义全局的和局部的数据结构，因为它对每个模块的过程细节有着深远的影响。数据结构的描述可用伪码（如 PDL 语言等）或 Warnier 图、Jackson 图等形式表达。

④给出设计约束或限制。如数据类型和模式的限制，内存容量的限制，时间的限制，数据的边界值，个别模块的特殊要求等。

⑤进行概要设计评审。在软件设计阶段，无可避免地会引入人为的错误，如果不及时纠正，就会传播到开发的后续阶段中去，并在后续阶段引入更多的错误。因此一旦概要设计文档完成以后，就可进行评审，有效的评审可以显著地降低后续开发阶段和维护阶段的费用。在评审中，应着重评审软件需求是否得到满足，软件结构的质量、接口说明、数据

结构说明、实现和测试的可行性以及可维护性等。

⑥设计优化。设计的优化应贯穿整个设计的过程。设计的开始就可以给出几种可选方案，进行比较与修改，找出最好的。设计中的每一步都应该考虑软件结构的简明、合理、高效等性能，以及尽量简单的数据结构。

3.2　详细设计

3.2.1　详细设计的基本任务

详细设计又称过程设计，在概要设计阶段，已经确定了软件系统的总体结构，给出系统中各处组成模块的功能和模块间的调用关系。详细设计就是要在此结果的基础上，考虑"怎样实现"这个软件系统，对系统中的每个模块给出足够详细的过程性描述。具体任务如下。

（1）为每个模块进行详细的算法设计，用某种图形、表格、语言等工具将每个模块处理过程的详细算法描述出来。

（2）为模块内的数据结构进行设计，对于需求分析、概要设计确定的概念性的数据类型进行确切的定义。

（3）对数据库进行物理设计，即确定数据库的物理结构。

物理结构主要指数据库的存储记录格式、存储记录安排和存储方法，这些都依赖于具体所使用的数据库系统。

（4）其他设计。

根据软件系统的类型，还可能要进行以下设计。

①代码设计。为了提高数据的输入、分类、存储、检索等操作，节约内存空间，对数据库中的某些数据项的值要进行代码设计。

②输入／输出格式设计。

③人机对话设计。对于一个实时系统，用户与计算机频繁对话，因此要进行对话方式、内容、格式的具体设计。

（5）编写详细设计说明书。

（6）评审。对处理过程的算法和数据库的物理结构都要评审。

3.2.2　详细设计的描述方法

详细描述处理过程常用 3 种工具：图形、表格和语言。本节主要介绍结构化程序流程图、盒图和 PAD 图 3 种图形工具，以及制定表和判定树。

1. 程序流程图

程序流程图又称为程序框图，是历史最悠久、使用最广泛的一种描述程序逻辑结构的工具。图 3-20 为流程图的 3 种基本控制结构。

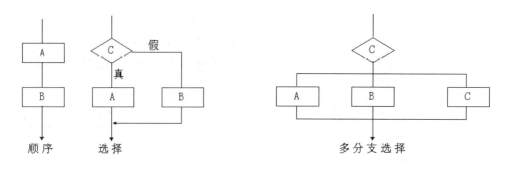

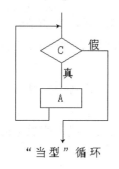

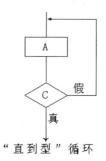

图 3-20　三种基本控制结构的流程图

　　流程图的优点是直观清晰、易于使用，是开发者普遍采用的工具，但是它也有严重的缺点。

　　（1）可以随心所欲地画控制流程线的流向，容易造成非结构化的程序结构。编码时势必与软件设计的原则相违背。

　　（2）流程图不易反映逐步求精的过程，往往反映的是最后的结果。

　　（3）不易表示数据结构。

　　为了克服流程图的最大缺陷，要求流程图都应由 3 种基本控制结构顺序组合和完整嵌套而成，不能有相互交叉的情况，这样的流程图是结构化的流程图。

　　2．盒图（N-S 图）

　　出于要有一种不允许违背结构程序设计精神的图形工具的考虑，Nassi 和 Shneiderman 提出了盒图，又称为 N-S 图。它有下述特点。

　　（1）功能域（即一个特定控制结构的作用域）明确，可以从盒图上一眼就看出来。

　　（2）不可能任意转移控制。

　　（3）很容易确定局部和全程数据的作用。

　　（4）很容易表现嵌套关系，也可以表示模块的层次结构。

　　图 3-21 给出了结构化控制结构的盒图表示，也给出了调用子程序的盒图表示方法。

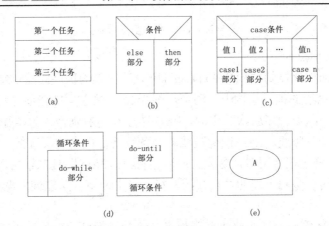

（a）顺序；　（b）IF-THEN-ELSE 型分支；　（c）CASE 型多路分支；　（d）循环；　（e）调用子程序
A

图 3-21　盒图的基本符号

盒图没有箭头，因此不允许随意转移控制。坚持使用盒图作为详细设计的工具，可以使程序员逐步养成用结构化的方式思考问题和解决问题的习惯，但不宜用 N-S 图来描述多重嵌套层及较复杂的算法。

3．PAD 图

PAD 是问题分析图（Problem Analysis Diagram）的英文缩写，自 1973 年由日本日立公司发明以后，已得到一定程度的推广。它用二维树形结构的图来表示程序的控制流，将这种图翻译成程序代码比较容易。图 3-22 给出 PAD 图的基本符号。

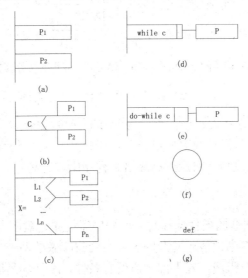

（a）顺序（先执行 P_1 后执行 P_2）；　（b）选择（if（C）　P_1; else P_2;）；　（c）switch 型多路分支；　（d）while 型循环（while （C）P;）；　（e）do-while 型循环（do P; while （c）;）；　（f）语句标号；　（g）定义

图 3-22　PAD 图的基本符号

PAD 图的主要优点如下。

- 使用表示结构化控制结构的 PAD 符号所设计出来的程序必然是结构化程序。
- PAD 图所描绘的程序结构十分清晰。图 3-22 中最左面的竖线是程序的主线，即第一层结构。随着程序层次的增加，PAD 图逐渐向右延伸，每增加一个层次，图形向右扩展一条竖线。PAD 图中竖线的总条数就是程序的层次数。
- 用 PAD 图表述程序逻辑，易读、易懂、易记。PAD 图是二维树形结构的图形，程序从图中最左竖线上端的结点开始执行，自上而下，从左向右顺序执行，遍历所有结点。
- 容易将 PAD 图转换成高级语言源程序，这种转换可用软件工具自动完成，从而可省人工编码的工作，有利于提高软件可靠性和软件生产率。
- 既可用于表示程序逻辑，也可用于描绘数据结构。
- PAD 图的符号支持自顶向下、逐步求精方法的使用。开始时设计者可以定义一个抽象的程序，随着设计工作的深入而使用 def 符号逐步增加细节，直至完成详细设计，如图 3-23 所示。

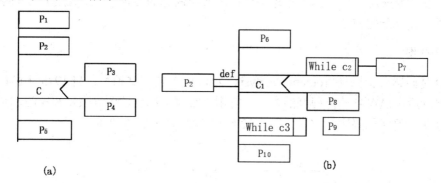

（a）初始的 PAD 图；　（b）使用 def 符号细化处理框 P_2

图 3-23　使用 PAD 图提供的定义功能来逐步求精的例子

PAD 图是面向高级程序设计语言的，为 FORTRAN、Pascal 等，每种常用的高级程序设计语言都提供了一整套相应的图形符号。由于每种控制语句都有一个图形符号与之对应，显然将 PAD 图转换成与之对应的高级语言程序比较容易。

4. 判定表

当算法中包含多重嵌套的条件选择时，用程序流程图、盒图、PAD 图都不易清楚地描述。然而判定表却能够清晰地表示复杂的条件组合与应做的动作之间的对应关系。

一张判定表由 4 部分组成，左上部列出所有条件，左下部是所有可能做的动作，右上部是表示各种条件组合的一个矩阵，右下部是和每种条件组合相对应的动作。判定表右半部的每一列实质上是一条规则，规定了与特定的条件组合相对应的动作。用双线分割开 4 个区域。判定表结构如图 3-24 所示。

条件定义	条件取值的组合
动作定义	在各种取值的组合下应执行的动作

图 3-24　判定表结构

各部分的含义在图上标出。下面以行李托运费的算法为例说明判定表的组织方法。

例 3-1　假设某航空公司规定，乘客可以免费托运重量不超过 30 kg 的行李。当行李重量超过 30 kg 时，对头等舱的国内乘客超重部分每公斤收费 4 元，对其他舱的国内乘客超重部分每公斤收费 6 元，对外国乘客超重部分每公斤收费比国内乘客多一倍，对残疾乘客超重部分每公斤收费比正常乘客少一半。用判定表可以清楚地表示与上述每种条件组合相对应的动作（算法），如表 3-1 所示。

表 3-1　用判定表表示计算行李费的算法

	1	2	3	4	5	6	7	8	9
国内乘客		T	T	T	T	F	F	F	F
头等舱		T	F	T	F	T	F	T	F
残废客舱		F	F	T	T	F	F	T	T
行李重量 W<30	T	F	F	F	F	F	F	F	F
	√								
(W-30)×2				√					
(W-30)×3					√				
(W-30)×4		√						√	
(W-30)×6			√						√
(W-30)×8						√			
(W-30)×12							√		

在表的右上部分中"T"表示它左边那个条件成立，"F"表示条件不成立，空白表示这个条件成立与否并不影响对动作的选择。判定表右下部分中画"√"（部分资料中采用"×"）表示做它左边的那项动作，空白表示不做这项动作。从表 3-1 中可以看出，只要行李重量不超过 30 kg，不论这位乘客持有何种机票是中国人还是外国人，是残疾还是正常人，一律免收行李费，这就是表右部第一列（规则 1）表示的内容。当行李重量超过 30 kg 时，根据乘客机票的等级、国籍、是否残疾而使用不同算法计算行李费，这就是规则 2 到规则 9 表示的内容。

从上面这个例子可以看出，判定表能够简洁而又无歧义地描述处理规则。当把判定表和布尔代数或卡诺图结合起来使用时，可以对判定表进行校验或化简。判定表并不适于作为一种通用的设计工具，没有一种简单的方法使它能同时清晰地表示顺序和重复等处理特性。

5．判定树

判定表虽然能清晰地表示复杂的条件组合与应做的动作之间的对应关系，但其含义却不是一眼就能看出来的，初次接触这种工具的人要理解它需要有一个简短的学习过程。此外，当数据元素的值多于两个时，判定表的简洁程度也将下降。

判定树的优点在于，它的形式简单到不需任何说明，一眼就可以看出其含义，因此易于掌握和使用。多年来判定树一直受到人们的重视，是一种比较常用的系统分析和设计的工具。图 3-25 是和表 3-1 等价的判定树。从图 3-25 可以看出，虽然判定树比判定表更直观，但简洁性却不如判定表，数据元素的同一个值往往要重复写多遍，而且越接近树的叶端重复次数越多。此外还可以看出，画判定树时分枝的次序可能对最终画出的判定树的简洁程度有较大影响。在这个例子中，如果不是把行李重量作为第一个分枝，而是将它作为最后一个分枝，则画出的判定树将有 16 片树叶而不是只有 9 片树叶。显然，判定表并不存在这样的问题。

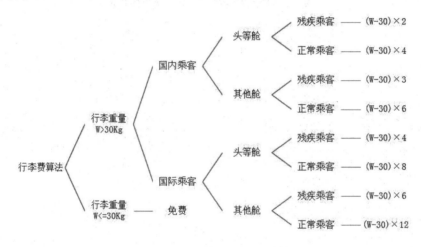

图 3-25　用判定树表示计算行李费的算法

对于存在多个条件复杂组合的判断问题，可使用判定表和判定树来描述。判定树比判定表直观易读，判定表进行逻辑验证较严格，能把所有的可能性全部考虑到。可将两种工具结合起来，先用判定表作底稿，在此基础上产生判定树。

3.2.3　Jackson 程序设计方法

绝大多数计算机软件本质上都是信息处理系统，因此可以根据软件处理的信息来设计软件。

在许多应用领域中，信息都有清楚的层次结构、输入数据、内部存储的信息（数据库或文件）以及输出数据都可能有独特的结构。数据结构既影响程序的结构，又影响程序的处理过程，重复出现的数据通常由具有循环控制结构的程序来处理，选择数据（即可能出现也可能不出现的信息）要用带有分支控制结构的程序来处理。层次的数据组织通常和使用这些数据的程序的层次结构十分相似。

面向数据结构设计方法的最终目标是得出对程序处理过程的描述。这种设计方法并不明显地使用软件结构的概念。模块是设计过程的副产品，对于模块独立原理也没有给予应有的重视。因此，这种方法最适合于在详细设计阶段使用，也就是说，在完成了软件结构设计之后，可以使用面向数据结构的方法来设计每个模块的处理过程。

使用面向数据结构的设计方法，当然首先需要分析确定数据结构，并且用适当的工具清晰地描绘数据结构。本节先介绍 Jackson 方法的工具——Jackson 图，然后介绍 Jackson 程序设计方法的基本步骤。

1. Jackson 图

虽然程序中实际使用的数据结构种类繁多，但是数据元素彼此间的逻辑关系却只有顺序、选择和重复三类，因此逻辑数据结构也只有这三类。

（1）顺序结构

顺序结构的数据由一个或多个数据元素组成，每个元素按确定次序出现一次，图 3-26 是表示顺序结构的一个例子。

（2）选择结构

选择结构的数据包含两个或多个数据元素，每次使用这个数据时按一定条件从这些数据元素中选择一个。图 3-27 是表示三个中选一个结构的 Jackson 图。

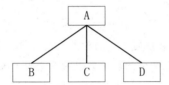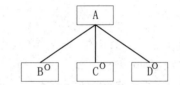

图 3-26　A 由 B、C、D 三个元素顺序组成（每个元素只出现一次，出现的次序依次是 B、C 和 D）　　　图 3-27　根据条件 A 是 B 或是 C 或 D 中某一个（注意：在 B、C 和 D 的右上角有小圆圈做标记）

（3）重复结构

重复结构的数据，是根据使用时的条件由一个数据元素出现零次或多次构成。图 3-28 是表示重复结构的 Jackson 图。

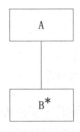

图 3-28　A 由 B 出现 N 次（N≥0）组成

（注意：在 B 的右上角有星号标记）

Jackson 图有下述优点；

● 便于表示层次结构，而且是对结构进行自顶向下分解的有力工具；

● 形象直观，可读性好；

● 既能表示数据结构也能表示程序结构（因为结构程序设计也只使用上述三种基本结构）。

2. 改进的 Jackson 图

Jackson 图的缺点是：用这种图形工具表示选择或重复结构时，选择条件或循环结束条件不能直接在图上表示出来，影响了图的表达能力，也不易直接把图翻译成程序。此外，框间连线为斜面线，不易在行式打印机上输出。为了解决上述问题，本书建议使用图 3-29中给出的改进的 Jackson 图。

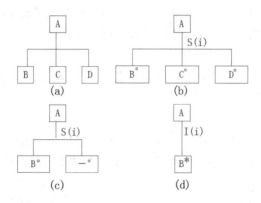

（a）顺序结构，B、C、D 中任一个都不能是选择出现或重复出现的数据元素（即，不能是右上角有小圆或星号标记的元素）；（b）选择结构，S 右面括号中的数字 i 是分支条件的编号；（c）可选结构，A 或者是元素 B 不出现（可选结构是选择结构的一种常见的特殊形式）；（d）重复结构，循环结束条件的编号为 i

图 3-29　改进的 Jackson 图

Jackson 图实质上是对层次方框图的一种精化。虽然 Jackson 图和描绘软件结构的层次图形式相当类似，但是含义却很不相同，即层次图中的一个方框通常代表一个模块。Jackson图即使用在描绘程序结构时，一个方框也并不代表一个模块，通常一个方框只代表一条或多条语句。层次图表现的是调用关系，通常一个模块除了调用下级模块外，还完成其他操作。Jackson 图表示的是组成关系，也就是说，一个方框中包括的操作仅仅由它下层框中的那些操作组成。

3.Jackson 方法

Jackson 结构程序设计方法基本上由下述 5 个步骤组成。
①分析并确定输入数据和输出数据的逻辑结构，并用 Jackson 图描绘这些数据结构。
②找出输入数据结构和输出数据结构中有对应关系的数据单元。所谓有对应关系是指有直接的因果关系，在程序中可以同时处理的数据单元（对于重复出现的数据单元必须重复的次序和次数都相同才可能有对应关系）。
③用下述三条规则从描绘数据结构的 Jackson 图导出描绘程序结构的 Jackson 图。
第一，为每对有对应关系的数据单元，按照它们在数据结构图中的层次，在程序图的

相应层次画一个处理框（注意：如果这对数据单元在输入数据结构和输出数据结构中所处的层次不同，则和它们对应的处理框在程序结构图中所处理的层次与它们之中在数据结构图中层次低的那个对应）。

第二，输入数据结构中剩余的每个数据单元所处的层次，在程序结构图的相应层次分别为它们画上对应的处理框。

第三，根据输出数据结构中剩余的每个数据单元所处的层次，在程序结构图的相应层次分别为它们画上对应的处理框。

总之，描绘程序结构的 Jackson 图应该综合输入数据结构和输出数据结构的层次关系而导出来。在导出程序结构图的过程中，由于改进的 Jackson 图规定在构成顺序结构的元素中不能有重复出现或选择出现的元素，因此可能需要增加中间层次的处理框。

④列出所有操作和条件（包括分支条件和循环结束条件），并且把它们分配到程序结构图的适当位置。

⑤用伪码表示程序。Jackson 方法中使用的伪码和 Jackson 图是完全对应的，下面是和 3 种基本结构对应的伪码。如图 3-29（a）所示的顺序结构对应的伪码，其中 'seq' 和 'end' 是关键字：

```
A    seq
    B
    C
    D
A    end
```

如图 3-29（b）所示的选择结构对应的伪码，其中 'select' 'or' 和 'end' 是关键字，cond1、cond2 和 cond3 分别是执行 B、C 或 D 的条件：

```
A    select    cond1
    B
A    or    cond2
    C
A    or    cond3
    D
A    end
```

如图 3-29（d）所示重复结构对应的伪码，其中 'inter' 'until' 'while' 和 'end' 是关键字（重复结构有 until 和 while 两种形式），cond 是条件：

```
A inter until（或    while）   cond
    B
A end
```

下面结合一个具体例子进一步说明 Jackson 结构的程序设计方法。

例 3-2　高考后将考生的基本情况文件（简称考生情况文件）和考生高考成绩文件（简称考分文件）合并成一个新文件（简称考生新文件）。考生情况文件和考分文件都是由考生记录组成的。为简便起见，考生情况文件中的考生记录的内容包括：准考证号、姓名、通信地址。考分文件中的考生记录的内容包括：准考证号和各门考分。合并后的考生新文件自然也是由考生记录组成，内容包括：准考证号、姓名、通信地址和各门考分。

Jackson 程序设计方法由 5 个步骤组成。

第一步，数据结构表示。

对要求解的问题进行分析，确定输入数据和输出数据的逻辑结构，并用 Jackson 图描述这些数据结构，如图 3-30 所示。

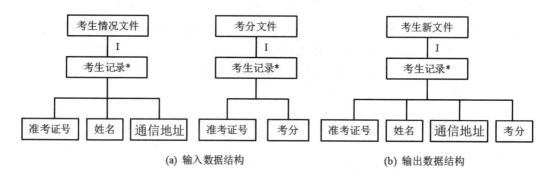

图 3-30　数据结构图

第二步，找出输入数据结构和输出数据结构的对应关系。

找出输入数据结构和输出数据结构中有对应关系的数据单元，即有直接因果关系、在程序中可以同时处理的数据单元（见图 3-31）。需要注意的是，对于重复的数据单元，必须是重复的次序、次数都相同才有可能有对应关系。

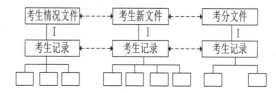

图 3-31　输入数据结构与输出数据结构的对应关系

第三步，确定程序结构图。

根据下述三规则，由 Jackson 图导出相应的程序结构图。

（1）为每对有对应关系的数据单元，按照它们在数据结构图中所处的层次，在程序结构图中的相应层次画一个处理框。如果这对数据单元在输入数据结构图和输出数据结构图中所处的层次不同，那么应以在输入数据结构图和输出数据结构图中较低的那个层次作为在程序结构图中的处理框所处的层次。

（2）对于输入数据结构中剩余的数据单元，根据它们所处的层次，在程序结构图的相应层次为每个数据单元画上相应的处理框。

（3）对于输出数据结构中剩余的数据单元，根据它们所处的层次，在程序结构图的相应层次为每个数据单元画上相应的处理框。

实际上，这一步是一个综合的过程：每对有对应关系的数据单元合画一个处理框，没有对应关系的数据单元则各画一个处理框。

第四步，列出并分配所有操作和条件。

列出所有操作和条件（包括分支条件和循环结束条件），并把它们分配到程序结构图的适当位置。

操作：

①停止；

②打开两个输入文件；

③建立输出文件；

④从输入文件中各读一条记录；

⑤生成一条新记录；

⑥将新记录写入输出文件；

⑦关闭全部文件。

条件：I（1）文件结束。

把操作和条件分配到程序结构图的适当位置，如图 3-32 所示。

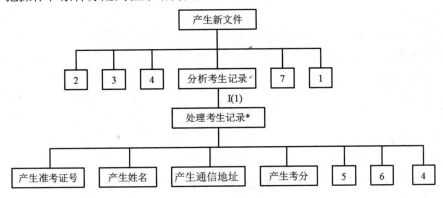

图 3-32　Jackson 图

第五步，用伪码表示程序。

Jackson 方法中使用的伪码与 Jackson 图是完全对应的。针对三种基本程序结构，有相对应的 Jackson 伪码。

（1）顺序结构

A　seq

B

C

D

A　end

（2）重复结构

A　inter　until（或 while）　condition

B

A　end

（3）选择结构

A　select　condition1

B

A　or　condition2

C

A or condition3

D

A end

用 Jackson 伪码描述的程序：

产生新文件　seq

打开两个输入文件

从输入文件中各读一条记录

分析考生记录 inter　until 文件结束

处理考生记录　seq

产生准考证号

产生姓名

产生通信地址

产生考分

生成一条新记录

将新记录写入输出文件

从输入文件中各读一条记录

处理考生记录　end

关闭全部文件

停止

产生新文件　end

以上简单介绍了由英国人 M.Jackson 提出的结构程序设计方法。这个方法在设计比较简单的数据处理系统时特别方便，当设计比较复杂的程序时常常遇到输入数据可能有错、条件不能预先测试、数据结构冲突等问题。为了克服上述困难，把 Jackson 方法应用到更广阔的领域，需要采用一系列比较复杂的辅助技术，详细介绍这些技术已经超越本书的范围。

3.3　数据库的结构设计

数据库的应用越来越广泛，目前绝大多数的系统都要用到数据库技术，在系统软件的系统设计阶段，也就必然要考虑到数据库的设计。这也是软件设计非常重要的一项工作。数据库的设计指数据存储文件的设计，主要进行以下三方面设计：概念设计、逻辑设计、物理设计。

数据库的"逻辑设计"对应于系统开发中的"需求分析"与"概要设计"，而数据库的"物理设计"与系统开发中的"详细设计"相对应。

3.3.1　逻辑结构设计

1. 逻辑结构设计的任务和步骤

概念结构是独立于任何一种数据模型的信息结构。逻辑结构设计的任务就是把概念结构设计阶段设计好的基本 E-R，图转换为与选用 DBMS 产品所支持的数据模型相符合的逻辑结构。

从理论上讲，设计逻辑结构应该选择最适合相应概念结构的数据模型，然后对支持这种数据模型的各种 DBMS 进行比较，从中选出最适合的 DBMS。但实际情况往往是已给定了某种 DBMS，设计人员没有选择余地。目前 DBMS 主要支持关系模型，对某一种数据模型，各个机器系统又有许多的限制，提供不同的环境与工具，所以设计逻辑结构时一般要分三步进行。

（1）将概念结构转换为一般的关系、网状、层次模型。

（2）将转换来的关系、网状、层次模型向 DBMS 支持下的数据模型转换。

（3）对数据模型进行优化。

2．E-R 图向关系模型的转换

E-R 图向关系模型的转换要解决的问题是将实体和实体间的联系转换为关系模式，并确定这些关系的属性和码。

关系模型的逻辑结构是一组关系模式的集合。E-R 图则是由实体、实体的属性和实体之间的关系 3 个要素组成的。将 E-R 图转换为关系模型实际上就是要将实体、实体属性和实体之间的联系转换为关系模式。这种转换一般遵循如下原则。

（1）一个实体型转换为一个关系模式。实体的属性就是关系的属性，实体的码就是关系的码。

对于实体间的联系，则有以下不同情况。

①一个 1:1 联系可以转换为一个独立的关系模式，也可以与任意一端对应的关系模式合并。如果转换为一个独立的关系模式，则与该联系相加的各实体的码以及联系本身的属性均转换为关系的属性，每个实体的码均是该关系的候选码。如果与某一端实体对应的关系模式合并，则需要在该关系模式的属性中加入另一个关系模式的码和联系本身的属性。

②一个 1:N 联系可以转换为一个独立的关系模式，也可以与 N 端对应的关系模式合并。如果转换为一个独立的关系模式，则与该联系相连的各实体的码以及联系本身的属性均转换为关系的属性，而关系的码为 N 端实体的码。

③一个 M:N 联系转换为一个关系模式。与该联系相连的各实体的码以及联系本身的属性均转换为关系的属性，而关系的码为各实体码的组合。

（2）3 个或 3 个以上实体间的一个多元联系可以转换为一个关系模式。与该多元联系相连的各实体的码以及联系本身的属性均转换为关系的属性，而关系的码为各实体码的组合。

（3）具有相同码与关系模式的可合并。

3．用户子模式的设计

将概念模型转换为全局模型后，还应该根据局部应用需求，结合具体 DBMS 的特点，设计用户的外模式。

目前关系数据库管理系统一般都提供了视图概念，可以利用这一功能设计更符合局部用户需要的用户外模式。

定义数据库全局模式主要是从系统的时间效率、空间效率、易维护等角度出发。由于用户外模式与模式是相对独立的，因此在定义用户外模式时可以注重考虑用户的习惯与方便，主要包括以下几点。

（1）使用更符合用户习惯的别名。在合并各分 E-R 图时，曾做了消除命名冲突的工作，以使数据库系统中同一关系和属性具有唯一一名字。这在设计数据库整体结构时是非常必要的。用视图机制可以在设计用户视图时重新定义某些属性名，使其与用户习惯一致，以方便使用。

（2）可以对不同级别的用户定义不同的视图，以保证系统的安全性。

（3）简化用户对系统的使用。如果某些局部应用中经常要使用某些很复杂的查询，为了方便用户，可以将这些复杂查询定义为视图，用户每次对定义好的视图进行查询，大大简化了用户的使用。

3.3.2 物理结构设计

数据库在物理设备上的存储结构与存取方法为数据库的物理结构，依赖于给定的计算机系统。为一个给定的逻辑数据模型选取一个最适合应用要求的物理结构的过程，就是数据库的物理设计。

数据库的物理设计通常分为以下两步。

（1）确定数据库的物理结构，在关系数据库中主要指存取方法和存储结构。

（2）对物理结构进行评价，评价的重点是时间和空间的效率。

如果评价结果满足原设计要求，那么可进入到物理实施阶段，否则就需要重新设计或修改结构，甚至要返回逻辑设计阶段来修改数据模型。

1. 设计的内容和方法

由于不同的数据库产品所提供的物理环境、存取方法和存储结构各不相同，供设计人员使用的设计变量、参数范围也各不同，所以数据库物理设计没有通用的设计方法可遵循，仅有一般的设计内容和设计原则供数据库设计者参考。

数据库设计人员都希望自己设计的物理数据库结构能满足事务在数据库上运行时响应时间少、存储空间利用率高和事务吞吐率大的要求。为此，设计人员应该对要运行的事务进行详细的分析，获得选择物理数据库设计所需要的参数，并且全面了解给定的 DBMS 的功能、DBMS 提供的物理环境和工具，尤其是存储结构和存取方法。

数据库设计者在确定数据存取方法时，必须清楚以下 3 种相关信息。

（1）数据库查询事务的信息，包括查询所需要的关系、查询条件所涉及的属性、连接条件所涉及的属性、查询的投影性等信息。

（2）数据库更新事务的信息，包括更新操作所需要的关系、每个更新操作所涉及的属性、修改操作要改变的属性等信息。

（3）每个事务在各关系上运行的频率和性能要求。

关系数据库物理设计的内容主要指选择存取方法和存储结构，包括确定关系、索引、聚簇、日志、备份安排和存储结构，确定系统配置等。

2．存取方法的选择

由于数据库是为多用户共享的系统，它需要提供多条存取路径才能满足多用户共享数据的要求。数据库物理设计的任务之一是确定建立哪些存取路径和选择哪些数据存取方法。关系数据库常用的存取方法有索引方法、聚簇方法和 Hash 方法等。

（1）索引存取方法的选择

选择索引存取方法实际上就是根据应用要求确定对关系的哪些属性列建立索引，哪些属性列建立组合索引，哪些属性列建立唯一索引等。选择索引方法的基本原则如下。

①如果一个属性经常在查询条件中出现，那么考虑在这组属性上建立组合索引。

②如果一个属性经常作为最大值和最小值等聚集函数的参数，那么考虑在这个属性上建立索引。

③如果一个属性经常在连接操作的连接条件中出现，那么考虑在这个属性上建立索引；同理，如果一组属性经常在连接操作的连接条件中出现，那么考虑在这组属性上建立索引。

④关系上定义的索引数要适当，并不是越多越好，因为系统为维护索引要付出代价，查出索引也要付出代价。例如，更新频率很高的关系定义的索引，数量就不能太多。因为更新一个关系时，必须对这个关系上有关的索引做相应的修改。

（2）聚簇存取方法的选择

为了提高某个属性或属性组的查询速度，把这个属性或属性组上具有相同值的元组集中存放在连续物理块上的处理称为聚簇，这个属性或属性组称为聚簇码。

①建立聚簇的必要性

聚簇功能可以大大提高按聚簇码进行查询的效率。例如要查询计算机系的所有学生名单，假设计算机系有 2 000 名学生，在极端情况下，这 2 000 名学生所对应的数据元组分布在 2 000 个不同的物理块上。尽管对学生关系已按所在系建有索引，由索引会很快找到计算机系学生的元组标识，避免了全表扫描。然而再由元组标识去访问的数据模块时就要存取 2 000 个物理块，执行 2 000 次 I/O 操作。如果将同一系的学生元组集中存放，那么每读一个物理块可得到多个满足查询条件的元组，从而可以显著地减少访问磁盘的次数。聚簇功能不但适用于单个关系，而且适用于经常进行连接操作的多个关系，即把多个连接关系的元组按连接属性值聚集存放，聚集中的连接属性称为聚簇码。这就相当于把多个关系按"预连接"的形式存放，从而大大提高了连接操作的效率。

②建立聚簇的基本原则

一个数据库可以建立多个聚簇，但一个关系只能加入一个聚簇。选择聚簇存取方法就是确定需要建立多个聚簇，确定每个聚簇中包括哪些关系。聚簇设计时可分两步进行：先根据规则确定候选聚簇，再从候选聚簇中去除不必要的关系。

设计候选聚簇的原则如下。

- 对经常在一起进行连接操作的关系可以建立聚簇。
- 如果一个关系的一组属性经常出现在相等、比较条件中，那么该单个关系可建立聚簇。

- 如果一个关系的一个（或一组）属性上的值重复率很高，那么此单个关系可建立聚簇。也就是说，对应每个聚簇码值的平均元组不能太少，太少了聚簇的效果不明显。
- 如果关系的主要应用是通过聚簇码进行访问或连接，而其他属性访问关系的操作很少时可使用聚簇。

检查候选聚簇，取消其中不必要关系的方法如下。

- 从聚簇中删除经常进行全表扫描的关系。
- 从聚簇中删除更新操作远多于连接操作的关系。
- 不同的聚簇中可能包括相同的关系，一个关系可以在某一个聚簇中，但不能同时加入多个聚簇。要从这多个聚簇方案中选择一个较优的，其标准是在这个聚簇上运行各种事务的总代价最小。

3. 确定数据库的存储结构

确定数据的存放位置和存储结构要综合考虑存取时间、存取空间利用率和维护代价 3 个方面因素。这 3 个方面常常相互矛盾，需要进行权衡，选择一个折中的方案。

（1）确定数据的存放位置

为了提高系统性能，应根据应有的情况将数据的易变部分与稳定部分、经常存取部分和存取频率较低部分分开存放。对于有多个磁盘的计算机，可以采用下面几种存取位置的分配方案。

①将表和索引放在不同的磁盘上，这样在查询时，由于两个磁盘驱动器并行工作，可以提高物理 I/O 读写的效率。

②将较大的表分别放在两个磁盘上，以加快存取速度，这在多用户环境下特别有效。

③将日志文件、备份文件与数据库对象（表、索引等）放在不同的磁盘上，以改进系统的性能。

④对于经常存取或存取时间要求高的对象（表、索引等）应放在高速存储器（如硬盘）上；对于存取频率小或存取时间要求低的对象（如数据库的数据备份和日志文件备份等只在故障恢复时才使用），如果数据库量很大，那么可以存放在低速存储设备上。

由于各个系统所能提供的对数据进行物理安排的手段、方法差异很大，因此设计人员应仔细了解给定的 DMBS 提供的方法和参数，针对具体应用环境的要求，对数据进行适当的物理安排。

（2）确定系统配置

DBMS 产品一般都提供了一些系统配置变量和存储分配参数，以供设计人员和 DBA 对数据库进行物理优化。在初始情况下，系统都为这些变量赋予了合理的缺省值，但这些缺省值不一定适合每一种应用环境。在进行数据库的物理设计时，还需要重新对这种变量赋值，以改善系统的性能。

系统配置变量很多。例如：同时使用数据库的用户数、同时打开的数据库对象数、内存分配参数、缓冲区分配参数（使用的缓冲区长度、个数）、存储分配参数、物理块的大小、物理块装填因子、时间片大小、数据库的大小和锁的数目等，这些参数值影响存取时间和存储空间的分配。物理设计时需要根据应用环境确定这些参数值，以使系统性能最佳。

　　物理设计时对系统配置变量的调整只是初步的，在系统运行时还要根据实际运行情况来进一步调整参数，以改进系统性能。

　　4．评价物理结构

　　数据库物理设计过程中需要对时间效率、空间效率、维护代价和各种用户要求进行权衡，其结果可以产生多种方案，数据库设计人员必须对这些方案进行细致的评价，从中选择一个较优的方案作为数据库的物理结构。

　　评价物理数据库的方法完全依赖于所选用的 DBMS，主要是从定量估算各种方案的存储空间、存取时间和维护代价入手，对估算结果进行权衡、比较，选择一个较优的、合理的物理结构。如果该结构不符合用户的要求，那么需要修改设计。

3.4　典型的软件体系结构

3.4.1　客户/服务器结构

　　客户/服务器（Client/Server，简称 C/S）计算技术在信息产业中占有重要的地位，网络计算经历了从基于宿主机的计算模型到客户/服务器计算模型的演变。

　　在集中式计算技术时代，广泛使用的是大型机/小型机计算模型，它是通过一台物理上与宿主机相连的非智能终端来实现宿主机上的应用程序。在多用户环境中，宿主机应用程序既负责与用户的交互，又负责对数据的管理。宿主机上的应用程序一般也分为与用户交互的前端和管理数据的后端，即数据库管理系统（DataBase Management System，简称 DBMS）。集中式的系统使用户能享受贵重的硬件设备，如磁盘机、打印机和调制解调器等。但随着用户的增多，对宿主机能力的要求很高，而且开发者必须为每个新的应用重新设计同样的数据管理构件。

　　20 世纪 80 年代以后，集中式结构逐渐被以 PC 机为主的微机网络所取代。个人计算机和工作站的采用，永远改变了协作计算模型，从而导致了分散的个人计算模型的产生。一方面，由于大型机系统固有的缺陷，如缺乏灵活性、无法适应信息量急剧增长的需求为整个企业提供全面的解决方案等等。另一方面，由于微处理器的日新月异，其强大的处理能力和低廉的价格使微机网络迅速发展，已不仅仅是简单的个人系统，这便形成了计算机的向下规模化。其主要优点是用户可以选择适合自己需要的工作站、操作系统和应用程序。

　　C/S 软件体系结构是基于资源不对等，且为实现共享而提出来的，是 20 世纪 90 年代成熟起来的技术，C/S 体系结构定义了工作站如何与服务器相连，以实现数据和应用分布到多个处理机上。C/S 体系结构有 3 个主要组成部分，分别为数据库服务器、客户应用程序和网络。

　　服务器负责有效地管理系统的资源，其任务集中于如下。

- 数据库安全性的要求。
- 数据库访问并发性的控制。

- 数据库前端的客户应用程序的全局数据完整性规则。
- 数据库的备份与恢复。

客户应用程序的主要任务如下。

- 提供用户与数据库交互的界面。
- 向数据库服务器提交用户请求并接收来自数据库服务器的信息。
- 利用客户应用程序对存在于客户端的数据执行应用逻辑要求。
- 网络通信软件的主要作用是完成数据库服务器和客户应用程序之间的数据传输。

C/S 体系结构将应用一分为二，服务器（后台）负责数据管理，客户机（前台）完成与用户的交互任务。服务器为多个客户应用程序管理数据，而客户程序发送、请求和分析从服务器接收的数据，这是一种"胖客户机"（fat client）或"瘦服务器"（thin server）的体系结构，其数据流图如图 3-33 所示。

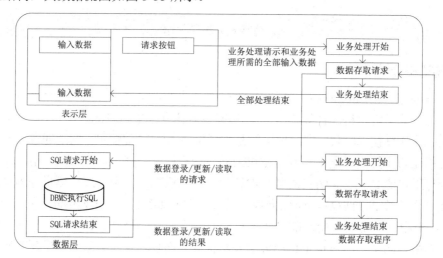

图 3-33　C/S 结构的一般处理流程

在一个 C/S 体系结构的软件系统中，客户应用程序是针对一个小的、特定的数据集。如一个表的行来进行操作，而不是像文件服务器那样针对整个文件进行；对某一条记录进行封锁，而不是对整个文件进行封锁。因此保证了系统的并发性，并使网络上传输的数据量减到最少，从而改善了系统的性能。

C/S 体系结构的优点主要在于系统的客户应用程序和服务器构件分别运行在不同的计算机上，系统中每台服务器都可以适合各构件的要求，这对于硬件和软件的变化显示出极大的适应性和灵活性，而且易于对系统进行扩充和缩小。在 C/S 体系结构中，系统中的功能构件充分隔离，客户应用程序的开发集中于数据的显示和分析，而数据库服务器的开发则集中于数据的管理，不必在每一个新的应用程序都要对一个 DBMS 进行编码。将大的应用处理任务分布到许多通过网络链接的低成本计算机上，这样可以节约大量费用。

C/S 体系结构具有强大的数据操作和事务处理能力，模型思想简单，易于人们理解和接受。但随着企业规模的日益扩大，软件的复杂程度不断提高，C/S 体系结构逐渐暴露了以下缺点。

- 开发成本较高。C/S 体系结构对客户端软硬件配置要求较高，尤其是软件的不断升级，对硬件要求不断提高，增加了整个系统的成本，且客户端变得越来越臃肿。
- 客户端程序设计复杂。采用 C/S 体系结构进行软件开发，大部分工作量放在客户端的程序设计上，客户端显得十分庞大。
- 信息内容和形式单一。因为传统应用一般为事务处理，界面基本遵循数据库的字段解释，开发之初就已确定，而且不能随时截取办公信息和档案等外部信息，用户获得的只是单纯的字符和数字，既枯燥又死板。
- 用户界面风格不一。使用繁杂，不利于推广使用。
- 软件移植困难。采用不同开发工具或平台开发的软件，一般互不兼容，不能或很难移植到其他平台上运行。
- 软件维护和升级困难。采用 C/S 体系结构的软件要升级，开发人员必须到现场为客户机升级，每个客户机上的软件都需维护。只要对软件有小小改动（例如只改动一个变量），每一个客户端就必须更新。
- 新技术不能轻易应用。因为一个软件平台及开发工具一旦选定，不可能轻易更改。

3.4.2　三层 C/S 结构

随着企业规模的日益扩大，软件的复杂程度不断提高，传统的二层 C/S 结构存在着很多局限，三层 C/S 体系结构应运而生，其结构如图 3-34 所示。

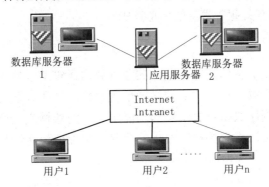

图 3-34　三层 C/S 结构示意图

与二层 C/S 结构相比，在三层 C/S 体系结构中，增加了一个应用服务器。可以将整个应用逻辑驻留在应用服务器上，而只有表示层存在于客户机上，这种结构称为"瘦客户机"（thin client）。三层 C/S 体系结构是将应用功能分成表示层、功能层和数据层 3 个部分，如图 3-35 所示。

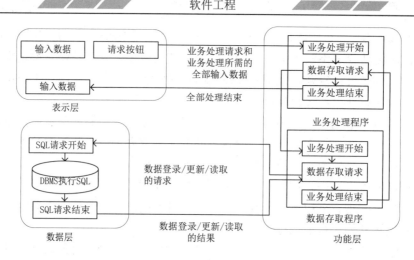

图 3-35　三层 C/S 结构的一般处理流程

1. 表示层

表示层是应用的用户接口部分，担负着用户与应用间的对话功能，用于检查用户从键盘等设备输入的数据，显示应用输出的数据。为使用户能直观地进行操作，一般要使用操作简单、易学易用的图形用户界面（graphic user interface，简称 GUI）。在变更用户界面时，只需改写显示控制和数据检查程序，而不影响其他两层。检查的内容也只限于数据的形式和取值的范围，不包括有关业务本身的处理逻辑。

2. 功能层

功能层相当于应用的本体，是将具体的业务处理逻辑编入程序中。例如，在制作订购合同时要计算合同金额，按照定好的格式配置数据、打印订购合同，而处理所需的数据则要从表示层或数据层取得。表示层和功能层之间的数据交往要尽可能简洁，例如，用户检索数据时，要设法将有关检索要求的信息一次性地传送给功能层，而由功能层处理过的检索结果数据也一次性地传送给表示层。

通常，在功能层中包含有确认用户对应用和数据库存取权限的功能，以及记录系统处理日志的功能。功能层的程序大多是用可视化编程工具开发的。

3. 数据层

数据层就是数据库管理系统，负责管理对数据库数据的读写。数据库管理系统必须能迅速执行大量数据的更新和检索。现在的主流是关系型数据库管理系统（RDBMS），一般从功能层传送到数据层的要求大都使用 SQL 语言。

三层 C/S 的解决方案是：对这三层进行明确的分割，并在逻辑上使用独立。原来的数据层作为数据库管理系统已经独立出来，因此关键是要将表示层和功能层分离成各自独立的程序，并且还要使这两层间的接口简洁明了。

一般情况是只将表示层配置在客户机中，如图 3-36（a）或 3-36（b）所示。如果像图 3-36（c）所示的那样连功能层也放在客户机中，与二层 C/S 体系结构相比，其程序的可维护性要好得多，但是其他问题并未得到解决。客户机的负荷太重，其程序的可维护性服务器传给客户机，所以系统的性能容易降低。

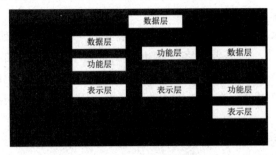

图 3-36　三层 C/S 物理结构比较

如果将功能层和数据层分别放在不同的服务器中，如图 3-36（b）所示，则服务器之间也要进行数据传送。由于在这种形态中三层是分别放在各自不同的硬件系统上的，所以灵活性很高，能够适应客户机数目的增加和处理负荷的变动。例如，在追加新业务处理时，可以相应增加装载功能层的服务器。因此，系统规模越大这种形态的优点就越显著。

在三层 C/S 体系结构中，中间件是最重要的构件。中间件是一个用 API 定义的软件层，是具有强大通信能力和良好可扩展性的分布式软件管理框架。它的功能是在客户机和服务器或者服务器和服务器之间传送数据，实现客户机群和服务器群之间的通信。其工作流程是：在客户机里的应用程序需要驻留网络上某个服务器或服务时，搜索此数据的 C/S 应用程序需要访问中间件系统。该系统将查找数据源或服务，并在发送应用程序请求后重新打包响应，将其传送回应用程序。

3.4.3　浏览器/服务器结构

在三层 C/S 体系结构中，表示层负责处理用户的输入和向客户的输出（出于效率的考虑，它可能在向上传输用户的输入前进行合法性验证）。功能层负责建立数据库的连接，根据用户的请求生成访问数据库的 SQL 语句，并把结果返回给客户端。数据层负责实际的数据库存储和检索，响应功能层的数据处理请求，并将结果返回给功能层。

浏览器/服务器（Browser/Server）风格就是上述三层应用结构的一种实现方式，其具体结构为：浏览器/Web 服务器/数据库服务器。采用 B/S 结构的计算机系统应用系统的基本框架如图 3-37 所示。

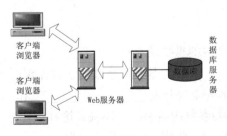

图 3-37　B/S 模式结构

B/S 体系结构主要是利用不断成熟的 www 浏览器技术，给合浏览器的多种脚本语言，用通用浏览器就能实现的强大功能，并节约了开发成本。从某种程度上来说，B/S 结构是一种全新的软件体系结构。

在 B/S 结构中，除了数据库服务器外，应用程序以网页形式存放于 Web 服务器上。用户运行某个应用程序时，只需要在客户端上的浏览器中键入相应的网址（URL），调用 Web 服务器的应用程序，并对数据库进行操作完成相应的数据处理工作，最后将结果通过浏览器显示给用户。可以说，在 B/S 模式的计算机应用系统中，应用（程序）在一定程度上具有集中特征。

基于 B/S 体系结构的软件，系统安装、修改和维护全在服务器端解决。用户在使用系统时，仅仅需要一个浏览器就可运行全部的模块，真正达到了"零客户端"的功能，很容易在运行时自动升级。B/S 体系结构还提供了异种机、异种网、异种应用服务的联机、联网、统一服务的最现实的开放性基础。

B/S 结构出现之前，管理信息系统的功能覆盖范围主要是组织内部。B/S 结构的"零客户端"方式，使组织的供应商和客户的计算机方便地成为管理信息系统的客户端，进而在限定的功能范围内查询组织相关信息，完成与组织的各种业务往来的数据交换和处理工作，扩大了组织计算机应用系统的功能覆盖范围，可以更加充分利用网络上的各种资源，同时应用程序维护的工作量也大大减少。另外，B/S 结构的计算机应用系统与 Internet 的结合也使一些新的企业计算机应用（如电子商务、客户关系管理）的实现成为可能。

与 C/S 体系结构相比，B/S 体系结构也有许多不足之处。

- B/S 体系结构缺乏对动态页面的支持能力，没有集成有效的数据库处理功能。
- B/S 体系结构的系统扩展能力差，安全性难以控制。
- 采用 B/S 体系结构的应用系统，在数据查询等响应速度上，要远远地低于 C/S 体系结构。

B/S 体系结构的数据提交一般以页面为单位，数据的动态交互性不强，不利于在线事务处理（OnlineTransaction Processing，简称 OLTP）应用。

虽然 B/S 结构的计算机应用系统有如此多的优越性，但由于 C/S 结构的成熟性且 C/S 结构的计算机应用系统网络负载较小，因此未来的一段时间内，将是 B/S 结构和 C/S 结构共存的情况。

习题 3

一、填空题

1. 软件概要设计阶段产生的重要的文档之一是_____。
2. 软件结构是以_____为基础而组成的一种控制层次结构。
3. 反映软件结构的基本形态特征是_____、_____和_____、_____。
4. 一个模块把数值作为参数送给另一个模块，这种耦合方式称为_____。
5. 两个模块内部都使用同一张表，这种耦合称为_____。
6. 一个模块内部各程序段都在同一张表上操作，这个模块的内聚性称为_____。

7. 在概要设计阶段，形成软件结构后，还应为每个模块写一份_____和_____。

8. 结构化程序设计方法的要点是使用_____结构，自顶向下，逐步求精地构造算法或程序。

9. PAD 图清晰地反映了程序的层次结构，图中的竖线为程序的_____。

10. 详细设计的目标不仅是逻辑上正确地实现每个模块的功能，还应使设计上的处理过程_____。

11. 数据库设计分为_____、_____。

二、选择题

1. 结构化设计方法在软件开发中，用于功能分解属于_____阶段。
   A. 测试用例设计　　　　　　　B. 概要设计
   C. 程序设计　　　　　　　　　D. 详细设计

2. 软件结构使用的图形工具，一般采用_____图。
   A. DFD　　　　　　　　　　　B. PAD
   C. SC　　　　　　　　　　　　D. ER

3. 软件结构图中，模块框之间若有直线连接，表示它们之间存在着_____关系。
   A. 调用　　　　　　　　　　　B. 组成
   C. 连接　　　　　　　　　　　D. 顺序执行

4. 为了提高模块的独立性，模块之间最好是_____。
   A. 公共耦合　　　　　　　　　B. 控制耦合
   C. 内容耦合　　　　　　　　　D. 数据耦合

5. 为了提高模块的独立性，模块内部最好是_____。
   A. 逻辑内聚　　　　　　　　　B. 时间内聚
   C. 功能内聚　　　　　　　　　D. 通信内聚

6. 在软件概要设计中，不使用的图形工具是_____图。
   A. SC　　　　　　　　　　　　B. IPO
   C. IDEF　　　　　　　　　　　D. PAD

7. 概要设计与详细设计衔接的图形工具是_____。
   A. 数据流图　　　　　　　　　B. 结构图
   C. 程序流程图　　　　　　　　D. PAD 图

8. 划分模块时，一个模块的_____。
   A. 作用范围应在其控制范围之内
   B. 控制范围应在其作用范围之内
   C. 作用范围与控制范围互不包含
   D. 作用范围与控制范围不受任何限制

9. 结构化程序设计的一种基本方法是_____。
   A. 筛选法　　　　　　　　　　B. 递归法
   C. 迭代法　　　　　　　　　　D. 逐步求精法

10. 详细设计的任务是确定每个模块的_____，即模块的_____。

    A. 外部特性　　　　　　　　　B. 内部特性

    C. 算法和使用的数据结构　　　D. 功能和输入输出数据

11. 程序的三种基本控制结构是_____。

    A. 过程、子程序和分程序　　　B. 顺序、选择和重复

    C. 递归、堆栈和队列　　　　　D. 调用、返回和转移

12. 两个或两个以上模块之间关联的紧密程度称为_____。

    A. 耦合度　　　　　　　　　　B. 内聚度

    C. 复杂度　　　　　　　　　　D. 数据传输特性

13. 信息隐蔽的概念与下述_____直接相关。

    A. 软件结构定义　　　　　　　B. 模块的独立性

    C. 模块类型的划分　　　　　　D. 模块耦合度

14. 概要设计是软件系统结构的总体设计，不属于概要设计的是_____。

    A. 把软件划分成模块　　　　　B. 确定模块之间的调用关系

    C. 确定模块的功能　　　　　　D. 设计每个模块的伪代码

15. 为了使模块尽可能独立，要求_____。

    A. 模块的内聚程度要尽量高，且各模块间的耦合程度要尽量强

    B. 模块的内聚程度要尽量高，且各模块间的耦合程度要尽量弱

    C. 模块的内聚程度要尽量低，且各模块间的耦合程度要尽量弱

    D. 模块的内聚程度要尽量低，且各模块间的耦合程度要尽量强

16. 在软件的开发过程中，必须遵循的原则是_____。（多选）

    A. 抽象　　　　　B. 模块化　　　　　C. 可重用性

    D. 可维护性　　　E. 可适应性

三、简答题

1. 软件概要设计阶段的基本任务是什么？

2. 模块的耦合性、内聚性包括哪些种类？各表示什么含义？

3. 详细设计的基本任务是什么？

4. 详细设计主要使用哪些描述工具?各有什么特点?

5. 简述 C/S 结构与 B/S 结构的优缺点。

第4章　软件编码与界面设计

◇**教学目标**

　1. 理解：结构化程序设计。

　2. 了解：常用的程序设计语言的特点、程序设计编程风格。

　3. 关注：程序设计中应注意的问题、界面设计。

　　为了保证程序编码的质量，程序员必须深刻理解、熟练掌握并正确地运用程序设计语言的特性。此外，还要求源程序具有良好的结构性和良好的程序设计风格。

4.1　程序设计语言

　　程序设计语言是人机通信的工具之一。使用这类语言"指挥"计算机是人类特定的活动。语言的心理特性对通信质量有主要的影响。编码过程是软件工程中的一个步骤，语言的工程特性对软件开发的成功与否有重要的影响。此外，语言的技术特性也会影响软件设计的质量。本节将从以下三个方面介绍语言的特性。

4.1.1　心理特性

　　程序设计语言经常要求程序员改变处理问题的方法，使这种处理方法适合于语言的语法规定。程序是人设计的，人的因素在设计程序中是至关重要的。语言的心理特性指影响程序员心理的语言性能，许多这类特性是作为程序设计的结果而出现的，虽不能用定量的方法来度量，但可以认识到在语言中的表现形式。

　1. 歧义性

　　程序设计语言通常是无二义性的。编译程序总是根据语法，按一种固定方法来解释语句的，但有些语法规则容易使人用不同的方式来解释语言，这就产生了心理上的二义性。

　　如：x=x1/x2× x3，编译系统只有一种解释，但人们却有不同的理解，有人理解为 x=（x1/x2）×x3，而另一个人可能理解为 x=x1/（x2×x3）。又如：在 C 语言中，程序员按数学中基本概念写出表达式 x=1/2，他们满以为结果是 0.5，但在程序中的实际结果却是 0（正确的写法是 x=1.0/2，结果才是 0.5）。若程序设计语言具有这种使人心理上容易产生歧义性的话，则易使编程出错，而且可读性也差。

　2. 简洁性

　　这是指人们必须记住的语言成分的数量。人们要掌握一种语言，就要了解语句的种类、各种数据类型、各种运算符、各种内部函数和内部过程。这些成分数量越多，简洁性越差，人们越难以掌握。但特别简洁也不好，有的语言（如 APL）为了简洁，提供功能强但形式简明的运算符，允许用最少的代码去实现很多的算术和逻辑运算，这样使程序难以理解、一致性差。一般而言，语言功能的强大与语言的成分成正比，所以语言成分既不能太简单也不能复杂。

　3. 局部性和顺序性

　　人的记忆特性有两方面：联想方式和顺序方式。人的联想力使人整体地记住和辨别某件事情，如一下子就能识别一个人的面孔，而不是一部分一部分地看过之后才认得出；人的顺序记忆提供了回忆序列中下一个元素的手段，如唱歌，依次一句一句地唱出，而不必思索。人的记忆特性对使用语言的方式有很大的影响。局部性指语言的联想性，在编码过程中，由语句组合成模块，由模块组装成系统结构，并在组装过程中实现模块的高内聚、低耦合。使局部性得到加强，提供异常处理的语言特性，则削弱了局部性。若在程序中多采用顺序序列，则使人易理解，如果存在大量分支或循环，则人们不易理解。

4. 传统性

人们习惯已掌握的语种，而传统性容易影响人们学习新语种的积极性。若新语种的结构、形式与原来的类似，还容易接受；若风格根本不同，则难以接受。如习惯用 C 语言的编程人员，用 VB.NET、ASP.NET 编程，就要用更多的时间来学习。

4.1.2　工程特性

从软件工程的观点，程序设计语言的特性着重考虑软件开发项目的需要，因此对程序编码有如下要求。

1. 可移植性

这是指程序从一个计算机环境移植到另一个计算机环境的容易程度。计算机环境是指不同机型、不同的操作系统版本、不同的应用软件包。要增加可移植性，应考虑以下几点：一是在设计时模块与操作系统特性不应有高度联系；二是标准的语言要使用标准的数据库操作，尽量不使用扩充结构；三是程序中各种可变信息均应参数化，以便于修改。当然应尽量使用可移植性好语言，如 Java 语言。

2. 开发工具的可利用性

有效的软件开发工具可以缩短编码时间，改进源代码的质量。目前，许多编程语言都嵌入到一套完整的软件开发环境里。如 SQL Server 2019、可视化开发工具 Visual Studio.NET 等。

3. 软件的可重用性

编程语言能否提供可重用的软件，如模块子程序要通过源代码剪贴、包含、继承等方式实现软件重用。可重用软件在组装时，从接口到算法都可能需考虑额外代价。

4. 可维护性

源程序的可维护性对复杂的软件开发项目尤其重要。易于把详细设计翻译为源程序，易于修改需要变化的源程序，这些都需要首先读懂源程序。因此，源程序的可读性、语言的文档化特性对软件包的可维护性具有重大的影响。

4.1.3　技术特性

语言的技术特性对软件工程各阶段有一定的影响，特别是确定了软件需求之后，程序设计语言的特性就显得非常重要了。要根据项目的特性选择相应特性的语言，有的要求提供复杂的数据结构，有的要求实时处理能力强，有的要求能方便地进行数据库的操作。软件设计阶段的设计质量一般与语言的技术特性关系不大（面向对象设计例外），但将软件设计转化为程序代码时，转化的质量往往受语言性能的影响，可能会影响到设计方法。如：ADA、C++ 等支持抽象类型的概念，C 语言允许用户自定义数据类型，并能提供链表和其他数据结构的类型。这些语言特性为设计者进行概要设计和详细设计提供了相当大的方便。在有些情况下，仅在语言具有某种特性时，设计需求才能满足，如要实现彼此通信和直接的并发的分布式处理，使用并发 ADA、Modula_2 等语言才能用于这样的设计。语言的特性对软件的测试与维护也有一定的影响。支持结构构造的语言有利于减少程序环路的复杂性，使程序易测试、易维护。

4.2　程序设计风格

随着计算机技术的发展，软件的规模增大了，软件的复杂性也增强了。为了保证软件的质量，要加强软件测试。为了延长软件的生存期，就要经常进行软件维护。不论测试与维护，都必须要阅读程序。因此，读程序是软件维护和开发过程中的一个重要组成部分。有时读程序的时间比写程序的时间还要多。同样一个题目，为什么有人编的程序容易读懂，而有的人编的程序不易读懂呢？这就存在一个程序设计的风格问题。程序设计风格指一个人编制程序时所表现出来的特点、习惯、逻辑思路等。良好的编程风格可以减少编码的错误，减少读程序的时间，从而提高软件的开发和维护效率。本节主要讨论与编程风格有关的因素。

4.2.1　源程序文档化

1. 符号名的命名

符号名即标识符，包括模块名、变量名、常量名、子程序名等。标识符应按意取名，使人能见名知意。若是几个单词组成的标识符，每个单词每个字母用大写，或者之间用下划线分。如某个标识符取名为 rowofscreen，若写成 RowOfScreen 或 row_of_screen 就容易理解了。但名字也不是越长越好，太长了书写与输入都易出错，必要时用缩写名字，但缩写规则要一致。

2. 程序的注释

注释是程序员与读者之间通信的重要工具，用自然语言或伪码描述。它说明了程序的功能，特别在维护阶段，对理解程序提供了明确指导。注释决不是可有可无的。一些正规的程序文本中，注释行的数量占到整个源程序的的 1/3 到 1/2 甚至更多。注释分序言性注释和功能性注释。

序言性注释应置于每个模块的起始部分，主要内容如下。

（1）说明每个模块的用途、功能。

（2）说明模块的接口：调用形式、参数描述及从属模块的清单。

（3）数据描述：重要数据的名称、用途、限制、约束及其他信息。

（4）开发历史：设计者、审阅者姓名及日期，修改说明及日期。

功能性注释嵌入在源程序内部，用以描述其后的语句或程序段是在做什么工作，或是执行了下面的语句会怎么样，而不要解释下面怎么做。例如：

```
/* add amount to total */
```

```
total=total+amount
```

就不好。如果注明把月销售额计入年度总额，才能使读者理解下面语句的意图：

```
/* add monthly-sales to annual-total*/

total=total+amount
```

功能性注释注意以下几点。

（1）注释用来说明程序段，而不是每一行程序都要加注释。

（2）使用空行或缩格或括号，以便很容易区分开注释和程序。

（3）修改程序也应修改注释。

3. 视觉组织

一个程序写得密密麻麻，分不出层次是很难看懂的。利用空格、空行和缩进，可以提高程序的可视化程度。

（1）恰当地利用空格，可以突出运算的层次性、优先性，避免发生运算的错误。

例如，将表达式　　　　（a<-17）&&! （b<=49）||c

写成　　　　（a<-17）&& ! （b<=49）　|| c　　　就更清楚。

（2）自然的程序段之间可用空行隔开。

（3）缩进可使程序的逻辑结构更加清晰，层次更加分明。

例如，两重选择结构嵌套，写成下面的形式，层次就清楚得多。

```
if （…）
    if （…）
        ……
    else
        ……
else
    ……
```

4.2.2 数据说明

为了使数据定义更易于理解和维护，有以下指导原则。

（1）数据说明顺序应规范，使数据的属性更易于查找，从而有利于测试、纠错与维护。如按以下顺序：常量说明、类型说明、全程量说明、局部量说明。

（2）一个语句说明多个变量时，各变量名按字典序排列。

例如，把

```
int size,length,width,cost,price;
```

应写成

```
int cost,length,price,size,width;
```

（3）对于复杂的数据结构，要加注释，说明在程序实现时的特点。

4.2.3　语句构造

语句构造的原则是：简单直接，不能为了追求效率而使代码复杂化。

（1）为了便于阅读和理解，不要一行多个语句。不同层次的语句应采用缩进形式，各程序的逻辑结构和功能特征更为清晰。

（2）程序编写首先应当考虑清晰性。不要刻意追求技巧性，使程序显得过于紧凑。

例如，有一个用 C 语句编写的程序段：

    a[i] = a[i]＋a[t];

    a[t] = a[i]－a[t];

    a[i] = a[i]－a[t];

此段程序可能不易看懂，有时还需用实际数据试验一下。实际上，这段程序的功能就是交换 a[i] 和 a[t] 中的内容。目的是为了节省一个工作单元。如果改一下：

    k = a[t];

    a[t] = a[i];

    a[i] = k;

就能让读者一目了然了。

（3）要避免复杂的判定条件，避免多重的循环嵌套。表达式中使用括号以提高运算次序的清晰度等等。

（4）避免不必要的转移。如果能保持程序的可读性，就不必用 goto 语句。下面举例说明，流程如下：

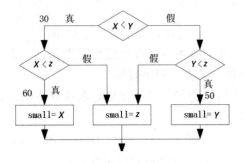

求 x、y、z 中最小值

    if （$x < y$）　goto 30;

    if （$y < z$）　goto 50;

    small=z;

    goto 70;

30:　if （$x < z$) goto 60;

    small=z;

    goto 70;

50: small=y;

    goto 70;

60: small=x;

70: continue;

这个程序包括了 6 个 goto 语句,看起来很不好理解。仔细分析可知道它是想让 small 取 x、y、z 中的最小值。这样做完全没有必要。为求最小值,程序只需编写成:

small=x;

if (y<small) small=y;

if (z<small) small=z;

4.2.4 输入和输出

在编写输入和输出程序时考虑以下原则。

(1)输入操作步骤和输入格式尽量简单。

(2)应检查输入数据的合法性、有效性,报告必要的输入状态信息及错误信息。

(3)输入一批数据时,使用数据或文件结束标志,而不要用计数来控制。

(4)交互式输入时,提供可用的选择和边界值。

(5)当程序设计语言有严格的格式要求时,应保持输入格式的一致性。

(6)输出数据表格化、图形化。

输入、输出风格还受其他因素的影响,如输入、输出设备,用户经验及通信环境等。

4.2.5 程序效率

程序效率是指程序的执行速度及程序占用的存储空间。对程序效率的追求应明确以下几点。

(1)效率是一个性能要求,目标在需求分析中给出。

(2)追求效率建立在不损害程序可读性或可靠性基础之上,要先使程序正确,再提高程序效率;先使程序清晰,再提高程序效率。

(3)提高程序效率的根本途径在于选择良好的设计方法、良好的数据结构与算法,而不是靠编程时对程序语句做调整。

总之,在编码阶段,要善于积累编程经验,培养和学习良好的编程风格,使编出的程序清晰易懂,易于测试与维护,从而提高软件的质量。

4.3 软件界面设计

1. 编写目的

当今软件界的所有软件无不是可视化的用户界面,好处不外乎是界面美观、直接、操作者易懂和操作方便等。

2. 内容

(1)界面设计思想。为用户设计,而不是为设计者。

(2)界面设计原则

①界面要美观、操作要方便，并能高效率地完成工作。

②界面要根据用户需求设计。

③界面要根据不同用户的层次设计（有的用户对计算机相当了解，而有的从来就没碰过计算机）。

④避免出现嵌套式的界面设计。

⑤界面和代码要相互制约。

⑥界面要通"人性"。即要有引导用户操作的功能，不能是操作一有误就卡住什么都做不下去，又无任何提示来帮助用户如何进行操作。

（3）界面设计样式

①登录界面

②系统功能布局

菜单形式

标签栏形式

③录入界面

④查询界面

⑤统计界面

（4）常见提示信息样式

①当操作会带来严重后果时（默认按钮为"否"）

②当操作会带来一定后果时（默认按钮为"否"）

③当需征求操作者意愿时（默认按钮为"是"）

④当需提供操作者帮助时

⑤当操作者操作有错时

⑥当是一般提示时

（5）常见错误信息样式

（6）其他界面约定

字体：一般界面字体为宋体，字号为 9Twip（只要把窗体字体设为宋体，字号为 9twip 即可）。

颜色：界面颜色采用默认色（除非用户有特殊要求）。

按钮：高度 375Twip，除"确定"和"取消"外都需含有快捷键。

常见按钮快捷键：添加（A）、删除（D）、查询（S）、更新（U）、打印（P）、关闭（C）、重新查询（R）、统计（T）、退出（E）。

数据：REAL 型数据一律保留两位小数且右对齐。

对齐方式：界面上的标签（Label）右对齐，其他控件左对齐。

4.4　结构化程序设计

1. 结构化程序设计的主要原则

结构化程序设计的主要原则如下。

（1）使用语言中的顺序、选择、重复等有限的基本控制结构表示程序逻辑。

（2）选用的控制结构只准许有一个入口和一个出口。

（3）程序语句组成容易识别的块，每块只有一个入口和一个出口。

（4）复杂结构应该用基本控制结构进行组合嵌套来实现。

（5）语言中没有的控制结构，可用一段等价的程序段模拟，但要求该程序段在整个系统中应前后一致。

（6）严格控制 GOTO 语句，仅在下列情形才可使用。

①用一个非结构化的程序设计语言去实现一个结构化的构造。

②若不使用 GOTO 语句就会使程序功能模糊。

③在某种可以改善而不是损害程序可读性的情况下。

（7）自顶向下，逐步求精。在详细设计和编码阶段，应当采取自顶向下，逐步求精的方法。

把一个模块的功能逐步分解，细化为一系列具体的步骤，进而翻译成一系列用某种程序设计语言写成的程序。

例如　用筛选法求 100 以内的素数。

筛选法就是从 2 到 100 中去掉 2，3，…，9，10 的倍数，剩下的就是 100 以内的素数。

（1）为了解决这个问题，可先按程序功能写出一个框架。

```
main （ ） {                       //程序框架
建立 2 到 100 的数组 A[ ]，其中 A[i]=i; -------------------------1
建立 2 到 10 的素数表 B[ ]，其中存放 2
              到 10 以内的素数；----------2
若 A[i]＝i 是 B[ ]中任一数的倍数，则剔除 A[i]; --------------------3
输出 A[ ]中所有没有被剔除的数；----------------------------------4
}
```

（2）对框架细化。

```
main （ ） {
/*建立 2 到 100 的数组 A[ ]，其中 A[i]＝i*/
for （ i = 2;i <= 100;i++ ）  A[i] = I;
/* 建立 2 到 10 的素数表 B[ ]，其中存放 2 到 10 以内的素数*/
B[1]= 2;[2]= 3;B[3]= 5;B[4]= 7;
/*若 A[i]＝i 是 B[ ]中任一数的倍数，则剔除 A[i]*/
for （ j = 1;j <= 4;j++ ）
   检查 A[ ]所有的数能否被 B[j]整除并将能被整除的数从 A[ ]中剔除; -----3.1*/
   /*输出 A[ ]中所有没有被剔除的数*/
      for （ i = 2;i <= 100;i++ ）
/*若 A[i]没有被剔除，则输出之 ---4.1*/
}
```

（3）对框架中的局部再做细化，得到整个程序。

```
    main  （ ）  {
/*建立 2 到 100 的数组 A[ ]，其中 A[i]＝i*/
for  （ i = 2;i <= 100;i++）  A[i] = I;
/* 建立 2 到 10 的素数表 B[ ]，其中存放 2 到 10 以内的素数*/
B[1]= 2;B[2]= 3;B[3]= 5;B[4]= 7;
/*若 A[i]＝i 是 B[ ]中任一数的倍数，则剔除 A[i]*/
for  （ j = 1;j <= 4;j++ ）
        /*检查 A[ ]所有的数能否被 B[j]整除并将能被整除的数从 A[ ]中剔除*/
        for  （ i = 2;i <= 100;i++）
      if  （ A[i] / B[j] * B[j] == A[i] ）
          A[i] = 0;    /*输出 A[ ]中所有没有被剔除的数*/
   for  （ i = 2; i <= 100;i++）   /*若 A[i]没有被剔除，则输出之*/
     if  （ A[i] != 0 ）
        printf  （ "A[%d]＝%d\n", i, A[i] ）；
}
```

2. 结构化程序的设计优点

这种方法的优点如下。

（1）符合人们解决复杂问题的普遍规律，可提高软件开发的成功率和生产率。

（2）用先全局后局部，先整体后细节。先抽象后具体的逐步求精的过程开发出来的程序具有清晰的层次结构，程序容易阅读和理解。

（3）程序自顶向下，逐步细化，分解成一个树形结构。在同一层节点上的细化工作相互独立，有利于编码、测试和集成。

（4）每一步工作仅在上层节点的基础上做不多的设计扩展，便于检查。

（5）有利于设计的分工和组织工作。

习题 4

一、填空题

1. 程序设计语言的特性主要有_____、_____和_____。

2. 通常考虑选用语言的因素有_____、_____、_____、_____和_____。

二、选择题

1. 源程序文档化要求在每个模块之前加序言性注释。该注释内容不应有_____。

A. 模块的功能　　　　　　　　B. 语句的功能

C. 模块的接口　　　　　　　　D. 开发历史

2. 程序设计语言的工程特性其中之一表现在_____。

A. 软件的可重用性　　　　　　B. 数据结构的描述性

C. 抽象类型的描述性   D. 数据库的易操作性

3. 程序设计语言的技术特性不应包括_____。

     A. 数据结构的描述性   B. 抽象类型的描述性

     C. 数据库的易操作性   D. 软件的可移植性

4. 下列选项中不属于结构化程序设计方法的是_____。

     A. 自顶向下   B. 逐步求精

     C. 模块化   D. 可复用

5. 结构化程序设计所规定的三种基本控制结构是_____。

     A. 输入、处理、输出   B. 树形、网形、环形

     C. 顺序、选择、循环   D. 主程序、子程序、函数

6. 结构化程序设计的一种基本方法是_____。

     A. 筛选法   B. 递归法

     C. 归纳法   D. 逐步求精法

三、简答题

1. 在项目开发时，选择程序设计语言通常考虑哪些因素？

2. 什么是程序设计风格？应在哪些方面注意培养良好的设计风格？

第5章 软件测试

◇**教学目标**

1. 理解：①白盒、黑盒测试技术；②单元测试、集成测试、确认测试和系统测试的任务及采用的方法。

2. 应用：采用白盒法或黑盒法设计测试用例，并进行测试。

3. 了解：自动化测试工具。

4. 关注：测试停止的条件。

5.1 软件测试的目标与原则

5.1.1 软件测试的目标

统计资料表明，测试的工作量约占用整个项目开发工作量的 40%，对于关系到人的生命安全的软件（如飞机飞行自动控制系统），测试的工作量还要成倍增加。在 G.J.Myers（梅尔斯）的经典著作《软件测试技巧》中，给出了程序测试的定义："程序测试是为了发现错误而执行程序的过程"，它提出了以下观点。

（1）软件测试是为了发现错误而执行程序的过程。

（2）一个好的测试用例能够发现至今尚未发现的错误的测试。

（3）一个成功的测试是发现了至今尚未发现的错误的测试。

测试阶段的基本任务应该是根据软件开发各阶段的文档资料和程序的内部结构，精心设计一组"高产"的测试用例，利用这些实例执行程序，找出软件中潜在的各种错误和缺陷。

5.1.2 软件测试的原则

在软件测试中，应注意以下指导原则。

（1）测试用例应由输入数据和预期的输出数据两部分组成。这样便于对照检查，做到有的放矢。

（2）测试用例不仅选用合理的输入数据，还要选择不合理的输入数据。这样能更多地发现错误，提高程序的可靠性。对于不合理的输入数据，程序接受后，并给出相应提示。

（3）除了检查程序是否做了它应该做的事，还应该检查程序是否做了它不应该做的事。例如程序正确打印出用户所需信息的同时，还打印出用户并不需要的多余信息。

（4）应制定测试计划并严格执行，排除随意性。

（5）长期保留测试用例。测试用例的设计耗费很大的工作量，必须作为文档保存。因为修改后的程序可能有新的错误，需要进行回归测试。同时，为以后的维护提供方便。

（6）对发现错误较多的程序段，应进行更深入的测试。有统计数据表明，一段程序中已发现的错误数越多，其中存在的错误概率也越大。因为发现错误数多的程序段，其质量较差，同时在修改错误过程中又容易引入新的错误。

（7）程序员避免测试自己的程序。测试是一种"挑剔性"的行为，心理状态是测试自己程序的障碍。另外，对需求规格说明的理解而错误则更难发现。因此应由别的人或另外的机构来测试程序员编写的程序会更客观、更有效。

5.2 软件测试的方法

软件测试方法一般分为两大类：静态测试方法与动态测试方法，动态测试方法又根据测试用例的设计方法不同，可分为黑盒测试与白盒测试两类。

5.2.1 静态测试与动态测试

1．静态测试

静态测试指被测试程序不在机器上运行，而是采用人工检测和计算机辅助静态分析的手段对程序进行检测。

（1）人工检测。人工检测是不利用计算机而是靠人工审查程序或评审软件。人工审查程序偏重于编码质量的检验，而软件审查除了审查编码还要对各阶段的软件产品进行检验。人工检测可以发现计算机不易发现的错误，能有效地发现 30%～70%的逻辑设计和编码错误，可以减少系统测试的总工作量。

（2）计算机辅助静态分析是对被测试程序进行特性分析，从程序中提取一些信息，以便检查程序逻辑的各种缺陷和可疑的程序构造。如用错的局部变量和全局变量、不匹配参数、不适当的循环嵌套和分支嵌套、潜在的死循环、不会执行到的代码等等。还可能是提供一些间接涉及程序欠缺的信息、各种类型语句出现的次数、变量和常量的引用表、标识符的使用方式、过程的调用层次、违背编码规则等等。静态分析中还可以用符号代替数值求得程序结果，以便对程序进行运算规律的检验。

2．动态测试

动态测试指通过运行程序发现错误。一般意义上的测试大多是指动态测试。为使测试发现更多的错误，需要运用一些有效的方法。测试任何产品一般有两种方法：一是测试产品的功能，二是测试产品内部结构及处理过程。对软件产品进行动态测试时，也用这两种方法，分别称为黑盒测试法和白盒测试法。

5.2.2 黑盒测试与白盒测试

1．黑盒法

该方法把被测试对象看成一个黑盒子，测试人员完全不考虑程序的内部结构和处理过程，只在软件的接口处进行测试，依据需求规格说明书，检查程序是否满足功能要求。因此，黑盒测试又称为功能测试或数据驱动测试。

通过黑盒测试主要发现以下错误。

（1）是否有不正确或遗漏了的功能。

（2）在接口上，能否正确地接受输入数据，能否产生正确的输出信息。

（3）访问外部信息是否有错。

（4）性能上是否满足要求等。

用黑盒法测试时，必须在所有可能的输入条件和输出条件中确定测试数据。是否要对每个数据都进行穷举测试呢？例如：测试一个程序，需输入 3 个整数值。微机上，每个整数可能取值有 2^{32} 个（现在计算机采用 64 位系统，每个整数可能取值为 2^{64} 个），3 个整数的值的排列组合数为 $2^{32} \times 2^{32} \times 2^{32} = 2^{96}$。不难想象其计算量是多么巨大！但这还不能算穷举测试，还要输入一切不合法的数据。可见，穷举地输入测试数据进行黑盒测试是不可能的，只能选取具有代表性的数据进行测试。

2. 白盒法

该方法把测试对象看作一个打开的盒子，测试人员必须了解程序的内部结构和处理过程，以检查处理过程的细节为基础，对程序中尽可能多的逻辑路径进行测试，检验内部控制结构和数据结构是否有错，实际的运行状态与预期的状态是否一致。

白盒法也不可能进行穷举测试，企图遍历所有的路径往往是做不到的。如测试一个循环 20 次的嵌套的 IF 语句，循环体中有 5 条路径。测试这个程序的执行路径为 5^{20}，如果每毫秒完成一个路径的测试，测试此程序需 3 170 年！

对于白盒测试，即使每条路径都测试了，程序仍可能有错。例如，要求编写一个升序的程序，错编成降序程序（功能错），就是穷举路径测试也无法发现。再如，由于疏忽漏写了一路径，白盒测试也发现不了。

黑盒法和白盒法都不能使测试达到彻底。为了用有限的测试发现更多的错误，需精心设计测试用例。黑盒法、白盒法是设计测试用例的基本策略，每一种方法对应着多种设计测试用例的技术，每种技术可达到一定的软件质量标准要求。下面分别介绍这两类方法对应的各种测试用例设计技术。

5.2.3　测试用例的设计

1. 白盒技术

由于白盒测试是结构测试，所以被测对象基本上是源程序，以程序的内部逻辑为基础设计测试用例。

（1）逻辑覆盖

追求程序内部的逻辑覆盖程度，当程序中有循环时，一般情况下覆盖每条路径是不可能的，因此只能设计使逻辑覆盖程度较高的或覆盖最有代表性路径的测试用例。下面根据图 5-1 所示的程序，分别讨论几种常用的覆盖技术。

①语句覆盖

为了提高发现错误的可能性，在测试时应该执行程序中的每一条语句。语句覆盖是指设计足够的测试用例，使被测程序中每个语句至少执行一次。

如图 5-1 是一个被测程序的流程图。

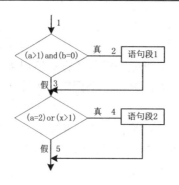

图 5-1　一个被测试程序的流程图

如果能测试路径 124，就保证每个语句至少执行一次，选择测试数据为：a=2,b=0,x=3。输入此组数据，就能达到语句覆盖标准。

从程序中每个语句都能执行这点看，语句覆盖似乎全面地检验了每个语句。但它只测试了逻辑表达式为"真"的情况，如果将第一个逻辑表达式中的"AND"错写成"OR"、第二个逻辑表达式中的"x>1"错写成"x<1"，仍用上述数据进行测试，不能发现错误。因此，语句覆盖是比较弱的覆盖标准。

②判定覆盖

判定覆盖指设计足够的测试用例，使得被测程序中每个判定表达式至少获得一次"真"值和"假"值，从而使程序的每一个分支至少都通过一次，因此判定覆盖也称为分支覆盖。设计测试用例，只要通过路径 124、135 或者 125、134，就达到判定覆盖标准。选择两组数据：a=3,b=0,x=1（通过路径 125）

a=2,b=1,x=2（通过路径 134）

对于多路分支（嵌套 if 或 case）的判定，判定覆盖要使第一个判定表达式获得每一种可能的值来测试。

判定覆盖比语句覆盖较严格，因为如果通过了各个分支，那么各个语句也执行了。但该测试仍不充分，上述数据只覆盖了全部路径的一半；如果将第二个判定表达式中的"x>1"错写成"x<1"，仍查不出错误。

③条件覆盖

条件覆盖指设计足够的测试用例，使得判定表达式中每个条件各种可能的值至少出现一次。上述程序中有 4 个条件：

a>1,b=0,a=2,x>1

要选择足够的数据，使得上面的每个判定表达式为真假都出现一次：

a>1,b=0

a≤1,b≠0

a=2,x>1

a≠2,x≤1

才能达到条件覆盖的标准。

为满足上述要求，选择以下两组测试数据：

a=2,b=0,x=3（满足 a>1,b=0,a=2,x>1，通过路径 124）

a=-2,b=1,x=1（满足 a≤1,b≠0,a≠2,x≤1，通过路径 135）

以上两组测试用例不但覆盖了判定表达式中所有条件的可能取值，而且覆盖了所有判断的取"真"分支和取"假"分支。在这种情况下，条件覆盖强于判定覆盖。但也有例外情况，设选择另外两组测试数据：

a=1,b=0,x=3（满足 a≤1,b=0,a≠2,x>1）

a=2,b=1,x=1（满足 a>1,b≠0,a=2,x≤1）

覆盖了所有的条件结果，满足条件覆盖。但只覆盖了第一个判定表达式的取"假"分支和第二个判定表达式的取"真"分支，即只测试了路径 134，此例不满足判定覆盖。所以满足条件覆盖不一定满足判定覆盖，为了解决此问题，需要对条件和判定都兼顾。

④判定 / 条件覆盖

该覆盖标准指设计足够的测试用例，使得判定表达式中的每个条件的所有可能取值至少出现一次，并使每个判定表达式所有可能的结果也至少出现一次。对于上述程序，选择以下两组测试用例满足判定 / 条件覆盖。

a=2,b=0,x=3

a=1,b=1,x=1

这也是满足条件覆盖选取的数据。

从表面上看，判定 / 条件覆盖测试了所有条件的取值，但实际上条件组合中的某些条件会抑制其他条件。例如在含有"与"运算的判定表达式中，第一个条件为"假"，则这个表达式中的后面几个条件均不起作用。在含有"或"运算的表达式中，第一个条件为"真"，后边其他条件也不起作用（即所谓的逻辑短路），因此后边其他条件如果写错了也就测不出来了。

⑤条件组合覆盖

条件组合覆盖是比较强的覆盖标准，是指设计足够的测试用例，使得每个判定表达式中条件的各种可能的值的组合都至少出现一次。

上述程序中，两个判定表达式共有 4 个条件，因此有以下 8 种组合。

（ⅰ）a>1,b=0　　　　　　（ⅱ）a>1,b≠0

（ⅲ）a≤1,b=0　　　　　　（ⅳ）a≤1,b≠0

（ⅴ）a=2,x>1　　　　　　（ⅵ）a=2,x≤1

（ⅶ）a≠2,x>1　　　　　　（ⅷ）a≠2,x≤1

下面四组测试用例就可以满足条件组合覆盖标准。

a=2,b=0,x=2　　　覆盖条件组合（ⅰ）和（ⅴ），通过路径 124

a=2,b=1,x=1　　　覆盖条件组合（ⅱ）和（ⅵ），通过路径 134

a=1,b=0,x=2　　　覆盖条件组合（ⅲ）和（ⅶ），通过路径 134

a=1,b=1,x=1　　　覆盖条件组合（ⅳ）和（ⅷ），通过路径 135

显然，满足条件组合覆盖的测试一定满足"判定覆盖""条件覆盖"和"判定 / 条件覆盖"，因为每个判定表达式、每个条件都不止一次地取到过"真""假"值。但也要看到，该例没有覆盖程序可能执行的全部路径，125 这条路径被漏掉了，如果这条路径有错，就不能测出。

⑥路径覆盖

路径覆盖是指设计足够的测试用例，覆盖被测程序中所有可能的路径。

对于上例，选择以下测试用例覆盖程序中的4条路径。

a=2,b=0,x=2　　　覆盖路径124,覆盖条件组合（i）和（v）

a=2,b=1,x=1　　　覆盖路径134,覆盖条件组合（ii）和（vi）

a=1,b=1,x=1　　　覆盖路径135,覆盖条件组合（iv）和（viii）

a=3,b=0,x=1　　　覆盖路径125,覆盖条件组合（i）和（viii）

可看出满足路径覆盖却未满足条件组合覆盖。

现将这六种覆盖标准作比较，如表5-1所示。

表5-1　六种覆盖标准的对比

类型	说明
语句覆盖	每条语句至少执行一次
判定覆盖	每个判定的每个分支至少执行一次
条件覆盖	每个判定的每个条件应取到各种可能的值
判定/条件覆盖	同时满足判定覆盖和条件覆盖
条件组合覆盖	每个判定中各条件的每一种组合至少出现一次
路径覆盖	使程序中每一条可能的路径至少执行一次

语句覆盖发现错误的能力最弱。判定覆盖包含了语句覆盖，但它可能会使一些条件得不到测试。条件覆盖对每一条件进行单独检查，一般情况它的检错能力比判定覆盖强，但有时达不到判定覆盖的要求。判定/条件覆盖包含了判定覆盖和条件覆盖的要求，但由于计算机系统软件实现方式的限制，实际上不一定达到条件覆盖的标准。条件组合覆盖发现错误的能力较强，凡满足其标准的测试用例，也必然满足前四种覆盖标准。

前五种覆盖标准把注意力集中在单个判定或判定的各个条件上，可能会使程序某些路径没有覆盖到。路径覆盖根据各判定表达式取值的组合，使程序沿着不同的路径执行，查错能力强。但由于它是从各判定的整体组合出发设计测试用例的，可能使测试用例达不到条件组合覆盖的要求。在实际的逻辑覆盖测试中，一般以条件组合覆盖为主设计测试用例，然后再补充部分用例，以达到路径覆盖测试标准。

（2）循环覆盖

在逻辑覆盖的测试技术中，以上只讨论了程序内部有判定存在的逻辑结构的测试用例设计技术。而循环也是程序的主要结构，要覆盖也是程序的主要结构，要覆盖含有循环结构的所有路径是不可能的，可通过限制循环次数来测试，下面给出设计原则供参考。

①单循环

假设 n 为可允许执行循环的最大次数。设计以下情况的测试用例。

零次循环。

只执行循环一次。

执行循环 m 次，其中 m<n。

执行循环 n-1 次，n 次，n+1 次。

例如求最小值。

②嵌套循环

● 对最内层循环做简单循环的全部测试。所有其他层的循环变量置为最小值。

● 逐步外推，对其外面一层循环进行测试。测试时保持所有外层循环的循环变量取最小值，所有其他嵌套内层循环的循环变量取"典型"值。

● 反复进行，直到所有各层循环测试完毕。

（3）基本路径测试

图 5-1 的例子很简单，只有 4 条路径。但在实际问题中，一个不太复杂程序的路径也是一个庞大的数字。为了解决这一难题，应把覆盖的路径数压缩到一定的限度内，例如，循环体只执行一次。基本路径测试是在程序控制流程图的基础上，通过分析控制构造的环路复杂性，导出基本路径集合，从而设计测试用例，保证这些路径至少通过一次。

基本路径测试的步骤为：以详细设计或源程序为基础，导出控制流程图的拓扑结构——程序图。

程序图是退化了的程序流程图，是反映控制流程的有向图。其中，小圆圈称为结点，代表了流程图中每个处理符号（矩形、菱形框），有箭头的连线表示控制流向，称为程序图中的边或路径。

图 5-2（a）是一个程序流程图，可以将它转换成图 5-2（b）的程序图（假设菱形框表示的判断内没有复合的条件）。在转换时注意以下几点：一是一条边必须终止于一个结点，在选择结构中的分支汇聚处即使无语句也应有汇聚点；二是若判断中的逻辑表达式是复合条件，应分解为一系列只有单个条件的嵌套判断，如对于图 5-3（a）的复合条件判定应画成图 5-3（b）所示的程序图。

● 计算程序图 G 的环路复杂性 V（G）。

McCabe 定义程序图的环路复杂性为此平面图中区域的个数。区域个数为边和结点圈定的封闭区域数加上图形外的区域数 1。例如图 5-3（b）中的 V（G）=区域数＋1。

● 确定只包含独立路径的基本路径集。

环路复杂性可导出程序基本路径集合中的独立路径条数，这是确保程序中每个执行语句至少执行一次所必需的测试用例数目的上界。独立路径是指包括一组以前没有处理的语句或条件的一条路径。

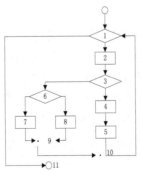

图 5-2（a）　程序流程图

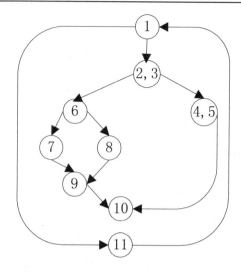

图 5-2（b） 程序图

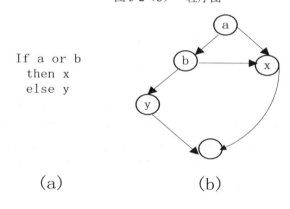

```
If a or b
then x
else y
```

(a)   (b)

图 5-3　复合条件下的程序图

从程序图来看，一条独立路径是至少包含有一条在其他独立路径中未有过的边的路径。例如，在图 5-2（b）所示的图中，一组独立的路径是：

path1:1-11

path2:1-2-3-4-5-10-1-11

path3:1-2-3-6-8-9-10-1-11

path4:1-2-3-6-7-9-10-1-11

从例中可知，一条新的路径必须包含有一条新边。这四条路径组成了图 5-2（b）所示程序图的一个基本路径集，4 是构成这个基本路径集的独立路径数的上界，这也是设计测试用例的数目。只要测试用例确保这些基本路径的执行，就可以使程序中每个可执行语句至少执行一次，每个条件的取"真"和取"假"分支也能得到测试。基本路径集不是唯一的，对于给定的程序图，可以得到不同的基本路径集。

● 设计测试用例，确保基本路径集合中每条路径的执行。

2. 黑盒技术

黑盒测试是功能测试，因此设计测试用例时，需要研究需求规格说明和概要设计说明中有关程序功能或输入、输出之间的关系等信息，从而与测试后的结果进行分析比较。用黑盒技术设计测试用例的方法一般有以下介绍的四种，但没有一种方法能提供一组完整的测试用例，以检查程序的全部功能。在实际测试中，应该把各种方法结合起来使用。

（1）等价类划分

为了保证软件质量，需要做尽量多的测试，但不可能用所有可能的输入数据来测试程序，而只能从输入数据中选择一个子集进行测试。如何选择适当的子集，使其发现更多的错误呢？等价类划分是解决这一问题的办法。它将输入数据域按有效的或无效的（也称合理的或不合理的）划分成若干个等价类，测试每个等价类的代表值就等于对该类其他值的测试。也就是说，如果从某个等价类中任选一个测试用例未发现程序错误，该类中其他测试用例也不会发现程序的错误。这样就把漫无边际的随机测试改变为有针对性的等价类测试，用少量有代表性的例子代替大量测试目的相同的例子，能有效地提高测试效率。

用等价类划分的方法设计测试用例的步骤为：

● 划分等价类

从程序的功能说明（如需求规格说明书）找出一个输入条件（通常是一句话或一个短语），然后将每一个输入条件划分成为两个或多个等价类，将其列表，其格式如表 5-2 所示。

表 5-2　等价类表

输入条件	合理等价类	不合理等价类
⋮	⋮	⋮

表中合理等价类是指各种正确的输入数据，不合理的等价类是其他错误的输入数据。划分等价类是一个比较复杂的问题，以下提供了几条经验供参考。

一是如果某个输入条件规定了取值范围或值的个数，则可确定一个合理的等价类（输入值或个数在此范围内）和两个不合理等价类（输入值或个数小于这个范围的最小值或大于这个范围的最大值）。

例如输入值是学生的成绩，范围为 0～100，确定一个合理的等价类为"0 ≤成绩≤100"，两个不合理的等价类为"成绩<0"和"成绩>100"。

二是如果规定了输入数据的一组值，而且程序对不同的输入值做不同的处理，则每个输入值是一个合理等价类，此外还有一个不合理等价类（任何一个不允许的输入值）。

例如，输入条件上说明教师的职称可为助教、讲师、副教授、教授四种职称之一，则分别取这 4 个值作为 4 个合理等价类。另外，把 4 个职称之外的任何职称作为不合理等价类。

三是如果规定了输入数据必须遵循的规则，那么可确定一个合理等价类（符合规则）和若干个不合理等价类（从各种不同角度违反规则）。

四是如果已划分的等价类中各元素在程序中的处理方式不同，那么应将此等价类进一步划分为更小的等价类。

以上这些划分输入数据等价类的经验也同样适用于输出数据，这些数据也只是测试时可能遇到情况的很小部分。为了能正确划分等价类，一定要正确分析被测程序的功能。

● 确定测试用例

根据已划分的等价类，按以下步骤设计测试用例。

一是为每一个等价类编号。

二是设计一个测试用例，使其尽可能多地覆盖尚未被覆盖过的合理等价类。重复此步，直到所有合理等价类被测试用例覆盖。

三是设计一个测试用例，使其只覆盖一个不合理等价类。重复这一步，直到所有不合理等价类被覆盖。之所以这样做，是因为某些程序逻辑对某一输入错误的检查往往会屏蔽对其他输入错误的检查。因此必须针对每一个不合理等价类，分别设计测试用例。

例 5-1　某一报表处理系统，要求用户输入处理报表的日期。假设日期限制在 2000 年 1 月到 2008 年 12 月，即系统只能对该段时期内的报表进行处理。如果用户输入的日期不在此范围内，则显示输入错误信息。该系统规定日期由年月的六位数字字符组成，前四位代表年，后两位代表月。现用等价类划分法设计测试用例，来测试程序的"日期检查功能"。

一是划分等价类并编号。划分成 3 个有效等价类，7 个无效等价类，如表 5-3 所示。

表 5-3　"报表日期"输入条件的等价类表

输入数据	合理等价类	不合理等价类
报表日期	1. 6 位数字字符	2. 有非数字字符 3. 少于 6 个数字字符 4. 多于 6 个数字字符
年份范围	5. 在 2000-2008 之间	6. 小于 2000 7. 大于 2008
月份范围	8. 在 1~12 之间	9. 等于 0 10. 大于 12

二是为合理等价类设计测试用例，对于表中编号为 1、5、8 对应的 3 个合理等价类，用一个测试用例覆盖。

测试数据	期望结果	覆盖范围
200605	输入有效	1、5、8

三是为每个不合理等价类至少设计一个测试用例。

测试数据	期望结果	覆盖范围
06MAY	输入无效	2
20005	输入无效	3
2005005	输入无效	4
198912	输入无效	6
200901	输入无效	7
200700	输入无效	9

200613	输入无效	10

注意，在 7 个不合理的测试用例中，不能出现相同的测试用例。否则，相当于一个测试用例覆盖了一个以上不合理等价类，使程序测试不完全。

等价类划分法比随机选择测试用例要好得多，但这个方法的缺点是没有注意选择某些高效的、能够发现更多错误的测试用例。

（2）边界值分析

实践经验表明，程序往往在处理边界情况时发生错误。边界情况指输入等价类和输出等价类边界上的情况。因此检查边界情况的测试用例是比较高效的，可以查出更多的错误。

例如，在做三角形设计时，要输入三角形的 3 个边长：a、b 和 c。这 3 个数值应当满足 a>0,b>0,c>0,a+b>c,a+c>b,b+c>a,才能构成三角形。如果把 6 个不等式中的任何一个"＞"错写成"≥"，那么不能构成三角形的问题恰出现在容易被疏忽的边界附近。在选择测试用例时，选择边界附近的值就能发现被疏忽的问题。

使用边界值分析方法设计测试用例与一般等价类划分结合起来。它不是从一个等价类中任选一个例子作为代表，而是将测试边界情况作为重点目标，选取正好等于、刚刚大于或刚刚小于边界值的测试数据。下面提供的一些设计原则可供参考。

- 如果输入条件规定了值的范围，可以选择正好等于边界值的数据作为合理的测试用例，同时还要选择刚好大于边界值的数据作为不合理的测试用例。如输入值的范围是［1，100］，可取［0，100］，［1，101］等值作为测试数据。
- 如果输入条件指出了输入数据的个数，则按最大个数、最小个数、比最小个数少 1、比最大个数多 1 等情况分别设计测试用例。如，一个输入文件可包括 1～255 个记录，则分别设计有 1 个记录、255 个记录，以及 0 个记录和 256 个记录的输入文件的测试用例。
- 对每个输出条件分别按照以上原则确定输出值的边界情况。如，一个学生成绩管理系统规定，只能查询 04～06 级大学生的成绩，可以设计测试用例，使得查询范围内的某一届或三届学生的学生成绩，还需设计查询 03 级、07 级学生成绩的测试用例（不合理输出等价类）。

由于输出值的边界不与输入值的边界相对应，所以要检查输出值的边界不一定可能，要产生超出输出值之外的结果也不一定能做到，但必要时还需试一试。

- 如果程序的规格说明给出的输入或输出域是个有序集合（如顺序文件、线性表、链表等），则应选取集合的第一个元素和最后一个元素作为测试用例。

例 5-2　题意同上一例题，用边界值分析设计测试用例。

程序中判断输入日期（年月）是否有效，假设使用如下语句：

if （ReportDate<=MaxDate）　&&　（ReportDate>=MinDate）

　产生指定日期报表

else

　显示错误信息

如果将程序中的"<="误写成"<"，则上例题中所有测试用例都不能发现这一错误，采用边界值分析法的测试用例如表 5-4 所示。

显然采用这 14 个测试用例发现程序中的错误要更彻底一些。

表 5-4　"报表日期"边界值分析法测试用例

输入等价类	测试用例说明	测试数据	期望结果	选取理由
报表日期	1 个数字字符	5	显示出错	仅有一个合法字符
	5 个数字字符	20005	显示出错	比有效长度少 1
	7 个数字字符	2002005	显示出错	比有效长度多 1
	有 1 个非数字字符	2002.5	显示出错	只有一个非法字符
	全部是非数字字符	May---	显示出错	6 个非法字符
	6 个数字字符	200705	输出有效	类型及长度均有效
日期范围	在有效范围边界上选取数据	200001	输入有效	最小日期
		200812	输入有效	最大日期
		200000	显示出错	刚好小于最小日期
		200813	显示出错	刚好大于最大日期
月份范围	月份为 1 月	200601	输入有效	最小月份
	月份为 12 月	200612	输入有效	最大月份
	月份<1	200600	显示出错	刚好小于最小月份
	月份>12	200613	显示出错	刚好大于最大月份

（3）错误推测

在测试程序时，人们可能根据经验或直觉推测程序中可能存在的各种错误，从而有针对性地编写检查这些错误的测试用例，这就是错误推测法。

错误推测法没有确定的步骤，凭经验进行。它的基本思想是列出程序中可能发生错误的情况，根据这些情况选择测试用例。如输入、输出数据为零是容易发生错误的情况等等。

例如：对于一个排序程序，列出以下几项需特别测试的情况。

● 　输入表为空。

● 　输入表只含一个元素。

● 　输入表中所有元素均相同。

● 　输入表中已排好序。

又如，测试一个采用二分法的检索程序，考虑以下情况。

● 　表中只有一个元素。

● 　表长是 2 的幂。

● 　表长为 2 的幂减 1 或 2 的幂加 1。

● 　要根据具体情况具体分析。

（4）因果图

等价类划分和边界值分析方法都只是孤立地考虑各个输入数据的测试功能，而没有考虑多个输入数据的组合引起的错误。如在前面"报表日期"的测试用例设计中，若年份、月份均有效或均无效时，系统可以正确判断。但对不同的组合，如年份有效而月份无效，或年份无效而月份有效，设计用例没有考虑这些情况。因果图能有效地检测输入条件的各种组合可能会引起的错误。因果图的基本原理是通过画因果图，把用自然语言描述的功能说明转换为判定表，最后为判定表的每一列设计一个测试用例。

（5）综合策略

前面介绍的软件测试方法，各有所长。每种方法都能设计一组相应的测试例子，用这组例子容易发现某种类型的错误，但可能不易发现另一种类型的错误。因此在实际测试中，综合使用各种测试方法，形成综合策略。通常先用黑盒法设计基本的测试用例，再用白盒法补充一些必要的测试用例。

具体做法如下。

①在任何情况下都应使用边界值分析法，用这种方法设计的用例发现程序错误能力最强。设计用例时，应该既包括输入数据的边界情况又尽量包括输出数据的边界情况。

②必要时用等价类划分方法补充一些测试用例。

③再用错误推测法补充测试用例。

④检查上述测试用例的逻辑覆盖程度，如未满足所要求的覆盖标准，再增加例子。

⑤如果规格说明中含有输入条件的组合情况，则一开始就可使用因果图法。

5.3 软件测试的步骤和策略

软件测试策略把软件测试用例的设计方法集成到一系列经过周密计划的步骤中去，从而使得软件开发获得成功。任何测试策略都必须与测试计划、测试用例设计、测试实施以及测试结果数据的收集与分析紧密地结合在一起。

软件测试并不等于程序测试。软件测试应贯穿于软件定义与开发的整个期间。

需求分析、概要设计、详细设计以及程序编码等各阶段所得到的文档，包括需求规格说明、概要设计规格说明、详细设计规格说明以及源程序，都应成为软件测试的对象。

5.3.1 软件测试的步骤

除非是测试一个小程序，否则开始就把整个系统作为一个单独的实体来测试是不现实的。与开发过程类似，测试过程也必须分步骤进行，后一个步骤在逻辑上是前一个步骤的继续。

从过程的观点考虑测试，在软件工程环境中的测试过程，实际上是顺序进行单元测试、集成测试、确认测试、系统测试。首先着重测试每个单独的模块，以确保它作为一个单元来说功能是正确的。因此，这种测试称为单元测试。单元测试大量使用白盒测试技术，检查模块控制结构中的特定路径，以确保做到完全覆盖并发现最大数量的错误。接着必须把模块装配（即集成）在一起形成完整的软件包。在装配的同时进行测试，因此称为集成测试。集成测试同时解决程序通信和程序构造这两个问题。在集成过程中最常用的是黑盒测试用例设计技术，当然，为了保证覆盖主要的控制路径，也可能使用一定数量的白盒测试。在软件集成完成之后，还需要进行一系列高级测试。必须测试在需求分析阶段确定的确认标准，确认测试是对软件满足所有功能的、行为的和性能的需求的最终保证。在确认测试过程中仅使用黑盒测试技术。

高级测试的最后一个步骤已经超出了软件工程的范畴，而成为计算机系统工程的一部分。软件一旦经过确认之后，就必须和其他系统元素（例如，硬件、人员、数据库）结合在一起。系统测试的任务是，验证所有系统元素都能正常配合，从而可以完成整个系统的功能，达到预期的性能。

5.3.2　软件测试的策略

测试过程按 4 个步骤进行，即单元测试、组装（集成）测试、确认测试和系统测试。图 5-4 给出软件测试经历的 4 个步骤。

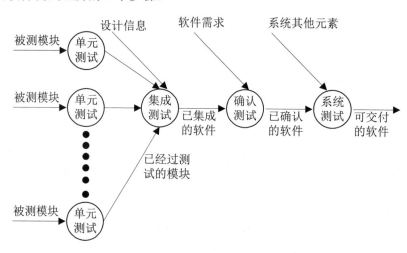

图 5-4　软件测试经历的步骤

首先是单元测试，集中对用源代码实现的每一个程序单元进行测试，检查各个程序模块是否正确地实现了规定的功能。然后把已测试过的模块组装起来，进行组装测试，主要对与设计相关的软件体系的构造进行测试。在将每一个实施了单元测试并确保无误的程序模块组装成软件系统的过程中，对正确性和程序结构等方面进行检查。确认测试则是要检查已实现的软件是否满足了需求规格说明中确定了的各种需求，以及软件配置是否完全、正确。最后是系统测试，把已经经过确认的软件纳入实际运行环境中，与其他系统组合在一起进行测试。严格地说，系统测试已超出了软件工程的范围。

1．单元测试（Unit Testing）

单元测试又称模块测试，是针对软件设计的最小单位——程序模块，是进行正确性检验的测试工作。其目的在于发现各模块内部可能存在的各种差错。单元测试需要从程序的内部结构出发设计测试用例。多个模块可以平等地独立进行单元测试。

（1）单元测试的内容

在单元测试时，测试者需要依据详细设计说明书和源程序清单，了解该模块的 I/O 条件和模块的逻辑结构，主要采用白盒测试的测试用例，辅之以黑盒测试的测试用例，使之对任何合理的输入和不合理的输入都能鉴别和响应。这要求对所有局部的和全局的数据结构、外部接口和程序代码的关键部分，都要进行桌前检查和严格的代码审查。

在单元测试中进行的测试工作主要包括 5 个方面，如图 5-5 所示。

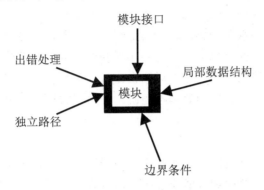

图 5-5　单元测试的工作

（2）模块接口测试

在单元测试的开始，应对通过所测模块的数据流进行测试。如果数据不能正确地输入和输出，就谈不上进行其他测试。对模块接口可能需要如下的测试项目：调用所测模块时的实际输入参数与模块的形式参数在个数、属性、顺序上是否匹配；所测模块调用子模块时，输入模块的参数与子模块中的形式参数在个数、属性、顺序上是否匹配；输出给标准函数的参数在个数、属性、顺序上是否正确；全局变量的定义在各模块中是否一致；限制是否通过形式参数来传送。

当模块通过外部设备进行输入 / 输出操作时，必须附加如下的测试项目：文件属性是否正确；fopen 语句与 fclose 语句是否正确；规定的 I/O 格式说明与 I/O 语句是否匹配；缓冲区容量与记录长度是否匹配；在进行读写操作之前是否打开了文件；在结束文件处理时是否关闭了文件；正文输入 / 输出错误，以及 I/O 错误是否检查并做了处理。

（3）局部数据结构测试

模块的局部数据结构是最常见的错误来源，应设计测试用例以检查以下各种错误：不正确或不一致的数据类型说明；使用尚未定义或尚未初始化的变量；错误的初始值或错误的缺省值；变量名拼写错或书写错；不一致的数据类型。可能的话，除局部数据之外的全局数据对模块的影响也需要查清。

（4）路径测试

由于通常不可能做到穷举测试，所以在单元测试期间要选择适当的测试用例，对模块中重要的执行路径进行测试。应当设计测试用例查找由于错误的计算、不正确的比较或不正常的控制流而导致的错误。对基本执行路径和循环进行测试可以发现大量的路径错误。

常见的不正确计算有：运算的执行次序不正确；运算的方式错，即运算的对象彼此在类型上不相容；算法错；初始化不正确；运算精度不够；表达式的符号表示不正确等。

常见的比较和控制流错误有：不同数据类型量的相互比较；不正确的逻辑运算符；因浮点数运算精度问题而造成的两值比较不等；关系表达式中不正确的变量和比较符；"差1"错，即不正确地多循环一次或少循环一次；错误的或不可能的循环终止条件；当遇到发散的迭代时不能终止的循环；不适当地修改了循环变量等。

（5）错误处理测试

比较完善的模块设计要求能预见出错的条件，并设置适当的出错处理，以便在一旦程序出错时，能对出错程序重做安排，保证其逻辑上的正确性。这种出错处理也应当是模块功能的一部分。若出现下列情况之一，则表明模块的错误处理功能包含有错误或缺陷：出错的描述难以理解；出错的描述不足以对错误定位，不足以确定出错的原因；显示的错误与实际的错误不符；对错误条件的处理不正确；在对错误进行处理之前，错误条件已经引起系统的干预等。

（6）边界测试

在边界上出现错误是常见的。例如，在一段程序内有一个 n 次循环，当到达第 n 次重复时就可能会出错。还有在取最大值或最小值时也容易出错。要特别注意数据流、控制流中刚好等于、大于或小于确定的比较值时出错的可能性。对这些地方要仔细地选择测试用例，认真加以测试。

此外，如果对模块运行时间有要求的话，还要专门进行关键路径测试，以确定最坏情况下影响模块运行时间的因素。这类信息对进行性能评价是十分有用的。

虽然模块测试通常是由编写程序的人自己完成的，但是项目负责人应当关心测试的结果。所有测试用例和测试结果都是模块开发的重要资料，必须妥善保存。

总之，针对程序规模较小的模块进行测试，易于查错；发现错误后容易确定错误的位置，易于排错，同时多个模块可以并行测试。做好模块测试将可为后续的测试打下良好的基础。

（7）单元测试的步骤

通常单元测试是在编码阶段进行的。在源程序代码编制完成，经过评审和验证，确认没有语法错误之后，就开始进行单元测试的测试用例设计。对于每一组输入，应有预期的正确结果。

模块并不是一个独立的程序，在考虑测试模块时，同时要考虑它和外界的联系，用一些辅助模块去模拟与所测模块相联系的其他模块。这些辅助模块分为以下两种。

一是驱动模块（driver）——相当于所测模块的主程序。它接收测试数据，把这些数据传送给所测模块，再输出实测结果。

二是桩模块（stub）——也叫做存根模块，用以代替所测模块调用的子模块。桩模块可以做少量的数据操作，不需要把子模块的所有功能都带进来，但不允许什么事情也不做。

所测模块、与它相关的驱动模块及桩模块共同构成了一个"测试环境"，如图 5-6 所示。驱动模块和桩模块的编写会给测试带来额外的开销。因为它们在软件交付时不作为产品的一部分一同交付，而且它们的编写需要一定的工作量。特别是桩模块，不能只简单地给出"曾经进入"的信息。为了能够正确地测试软件，桩模块可能需要模拟实际子模块的功能，这样，桩模块的建立就不是很轻松了。

模块的内聚程度高，可以简化单元测试过程。如果每一个模块只完成一种功能，那么需要的测试用例数目将明显减少，模块中的错误也容易预测和发现。

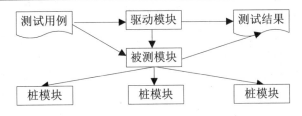

图 5-6　单元测试的测试环境

如果一个模块要完成多种功能，且以程序包（package）的形式出现的也不少见。例如 Java 中的包，C 语言中的头文件，这时可以将这个模块看成由几个小程序组成。必须对其中的每个小程序先进行单元测试要做的工作，对关键模块还要做性能测试。对支持某些标准规程的程序，更要着手进行互联测试。通常把这个情况特别称为模块测试，以区别于单元测试。

2．组装测试（Integrated Testing）

组装测试也叫做集成测试或联合测试。通常，在单元测试的基础上，需要将所有模块按照设计要求组装成为系统。这时需要考虑以下问题。

①在把各个模块连接起来的时候，穿越模块接口的数据是否会丢失。

②一个模块的功能是否会对另一个模块的功能产生不利的影响。

③各个子功能组合起来，能否达到预期要求的父功能。

④全局数据结构是否有问题。

⑤单个模块的误差累积起来，是否会放大，从而达到不能接受的程度。

在单元测试的同时可进行组装测试，发现并排除在模块连接中可能出现的问题，最终构成要求的软件系统。

子系统的组装测试特别称为部件测试，它所做的工作是要找出组装后的子系统与系统需要规格说明之间的不一致。

选择什么方式把模块组装起来形成一个可运行的系统，直接影响到模块测试用例的费用和调试的费用。通常，把模块组装成为系统的方式有两种形式：一次性组装方式和增殖式组装方式。

（1）一次性组装方式（big bang）

它是一种非增殖组装方式，也叫做整体拼装。使用这种方式，首先对每个模块分别进行模块测试，然后再把所有模块组装在一起进行测试，最终得到要求的软件系统。例如，有一个模块系统，如图 5-7（a）所示，其单元测试和组装顺序如图 5-7（b）所示。

在图 5-7 中，模块 d1、d2、d3、d4、d5 是对各个模块做单元测试时建立的驱动模块，s1、s2、s3、s4、s5 是为单元测试而建立的桩模块。这种一次性组装方式试图在辅助模块的协助下，在分别完成模块单元测试的基础上，将所测模块连接起来进行测试。但是由于程序中不可避免地存在涉及模块间接口、全局数据结构等方面的问题，所以一次试运行成功的可能性很小。其结果是发现有错误，但很难找到原因。查错和改错都会比较困难。

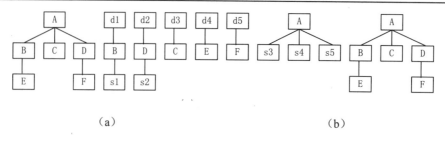

（a）　　　　　　　　　　　　　　　　　　（b）

图 5-7　一次性组装方式

（2）增殖式组装方式

这种组装方式又称渐增式组装，首先对一个模块进行模块测试；然后将这些模块逐步组装成较大的系统，在组装的过程中边连接边测试，以发现连接过程中产生的问题；最后通过增殖逐步组装成为要求的软件系统。

①自顶向下的增殖方式

这种组装方式是将模块按系统程序结构，沿控制层次自顶向下进行组装。其步骤如下。

步骤一：以主模块为所测模块兼驱动模块，所有直属于主模块的下属模块全部用桩模块代替，对主模块进行测试。

步骤二：采用深度优先（见图 5-8）或分层的策略，用实际模块替换相应桩模块，与已测试的模块或子系统组装成新的子系统。

步骤三：进行回归测试（即重新执行以前做过的全部测试或部分测试），排除组装过程中引入新的错误的可能。

步骤四：判断是否所有的模块都已组装到系统，如果是则结束测试，否则转到步骤二去执行。

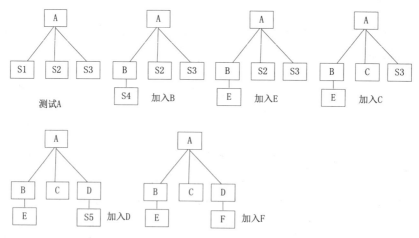

图 5-8　自顶向下增殖方式测试的例子

自顶向下的增殖方式在测试过程中较早地验证了主要的控制和判断点。在一个功能划分合理的程序模块结构中，判断常出现在较高的层次里，因而较早就能遇到。如果主要控制有问题，尽早发现它能够减少以后的返工，因此这是十分必要的。如果选用按深度方向组装的方式，可以实现和验证完整的软件功能，先对逻辑输入的分支进行组装和测试，检查和克服潜藏的错误和缺陷，验证其功能的正确性，就为其后对主要加工分支的组装和测试提供了保证。此外，功能可行性较早得到证实，还能够给开发者和用户带来成功的信心。

自顶向下的组装和测试存在一个逻辑次序问题，在为了充分测试较高层的处理而需要较低层处理的信息时，就会出现这类问题。在自顶向下组装阶段，还需要用桩模块代替较低层的模块，因此关于桩模块的编写，根据情况的不同有如图 5-9 所示的几种选择。

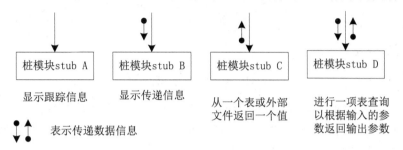

图 5-9　桩模块的几种选择

为了能够准确地实施测试，应使桩模块正确而有效地模拟子模块的功能和合理的接口，不是只包含返回语句或只显示该模块已调用信息，不执行任何功能的哑模块。如果不能使桩模块正确地向上传递有用的信息，那么可以采用以下解决方法：

一是将很多测试推迟到桩模块用实际模块替代了之后进行。

二是进一步开发能模拟实际模块功能的桩模块。

三是自底向上组装和测试软件。

②自底向上的增殖方式

这种组装方式是从程序模块结构最底层的模块开始组装和测试。因为模块是自底向上进行组装，对于一个给定层次的模块，它的子模块（包括子模块的所有下属模块）已经组装并测试完成，所以不再需要桩模块。在模块的测试过程中需要从子模块得到的信息可以直接运行子模块得到。自底向上增殖的步骤如下。

步骤一：由驱动模块控制最底层模块的并行测试，也可以把最底层模块组合成实现某一特定软件功能的簇，由驱动模块控制它进行测试。

步骤二：用实际模块代替驱动模块，与它已测试的直属子模块组装成为子系统。

步骤三：为子系统配备驱动模块，进行新的测试。

步骤四：判断是否已组装到达主模块。如果是则结束测试，否则执行步骤二。

以图 5-7（a）所示的系统结构为例，用图 5-10 来说明自底向上组装和测试的顺序。

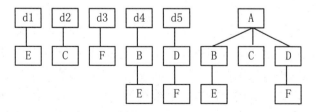

图 5-10　自底向上增殖方式的例子

自底向上进行组装和测试时，需要为所测模块或子系统编制相应的驱动模块，如图 5-11 所示。

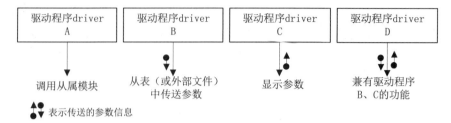

图 5-11　驱动模块的几种选择

随着组装层次的向上移动，驱动模块将大为减少。如果对程序模块结构的最上面两层模块采用自顶向下进行组装和测试，可以明显地减少驱动模块的数目，而且可以大大减少把几个子系统组装起来所需要做的工作。

③混合增殖式测试

自顶向下增殖的方式和自底向上增殖的方式各有优缺点。一般来讲，一种方式的优点是另一种方式的缺点。

自顶向下增殖方式的缺点是需要建立桩模块。要使桩模块能够模拟实际子模块的功能十分困难，因为桩模块在接收了所测模块发送的信息后需要按照它所代替的实际子模块功能返回应该回送的信息，这必将增加建立桩模块的复杂度，而且导致增加一些附加的测试。同时涉及复杂算法和真正输入 / 输出的模块一般在底层，它们是最容易出问题的模块，到组装和测试的后期才遇到这些模块，一旦发现问题，导致过多的回归测试。而自顶向下增殖方式的优点是能够较早地发现在主要控制方面的问题。

自底向上增殖方式的缺点是"程序一直未能作为一个实体存在，直到最后一个模块加上去后才形成一个实体"。就是说，在自底向上组装和测试的过程中，对主要的控制直到最后才接触到。但这种方式的优点是不需要桩模块，而建立驱动模块一般比建立桩模块容易，同时由于涉及到复杂算法和真正输入 / 输出的模块最先得到组装和测试，可以在早期解决最容易出问题的部分。此外，自底向上增殖的方式可以实施多个模块的并行测试，提高了测试效率。因此，通常是把以上两种方式结合起来进行组装和测试。下面简单介绍 3 种常见的综合的增殖方式。

一是衍变的自顶向下的增殖测试：它的基本思想是强化对输入 / 输出模块和引入新算法模块的测试，并自底向上组装成为功能相当完整且相对独立的子系统，然后由主模块开始自顶向下进行增殖测试。

二是自底向上－自顶向下的增殖测试：它首先对含读操作的子系统自底向上直至根结点模块进行组装和测试，然后对含写操作的子系统做自顶向下的组装与测试。

三是回归测试：这种方式采取自顶向下的方式测试所修改的模块及其子模块，然后将这一部分视为子系统，再自底向上测试，以检查该子系统与其上级模块的接口是否适配。

在组装测试时，测试者应当确定关键模块，对这些关键模块尽早进行测试。关键模块至少应具有以下几种特征之一：满足某些软件需求；在程序的模块结构中位于较高的层次

（高层控制模块）；较复杂、较易发生错误；有明确定义的性能要求。

在做回归测试时，也应该集中测试关键模块的功能。

- 组装测试的组织和实施

组装测试是一种正规测试过程，必须精心计划，并与单元测试的完成时间联系起来，在制定测试计划时，应考虑如下几个因素。

一是采用何种系统组装方法来进行组装测试。

二是组装测试过程中连接各个模块的顺序。

三是模块代码编制和测试进度是否与组装测试的顺序一致。

四是测试过程中是否需要专门的硬件设备。

解决了上述问题之后，就可以列出各个模块的编制、测试计划表，标明每个模块单元测试完成的日期、首次组装测试的日期、组装测试全部完成的日期，以及需要的测试用例和所期望的测试结果。

在缺少软件测试所需的硬件设备时，应检查该硬件的交付日期是否与组装测试计划一致。例如，若测试需要交换机和路由器，则相应测试应安排在这些设备能够投入使用之时，并需要为硬件的安装和交付使用保留一段时间，以留下时间余量。此外，在测试计划中需要考虑测试所需软件（驱动模块、桩模块、测试用例生成程序等）的准备情况。

- 组装测试完成的标志

组装测试完成的标志有以下几个。

一是成功地执行了测试计划中规定的所有组装测试。

二是修正了所发现的错误。

三是测试结果通过了专门小组的评审。

组装测试应由专门的测试小组来进行，测试小组由有经验的系统设计人员和程序员组成。整个测试活动要在评审人员出席的情况下进行。

在完成预定的组装测试工作之后，测试小组应负责对测试结果进行整理、分析，形成测试报告。测试报告中要记录实际的测试结果、在测试中发现的问题、解决这些问题的方法，以及解决之后再次测试的结果。此外，还应提出目前不能解决、还需要管理人员和开发人员注意的一些问题，提供测试评审和最终决策，以提出处理意见。

组装测试需要提交的文档有组装测试计划、组装测试规格说明、组装测试分析报告。

3. 确认测试（Validation Testing）

确认测试又称有效性测试。它的任务是验证软件的功能和性能，以及其他特性是否与用户的要求一致。对软件的功能和性能要求在软件需求规格说明中已经明确规定。在软件需求规格说明中描述了全部用户可见的软件属性，其中有一节叫作有效性准则，它包含的信息就是软件确认测试的基础。

在确认测试阶段需要做的工作如图 5-12 所示。首先要进行有效性测试以及软件配置复审，然后进行验收测试和安装测试，在通过了专家鉴定之后，才能成为可交付的软件。

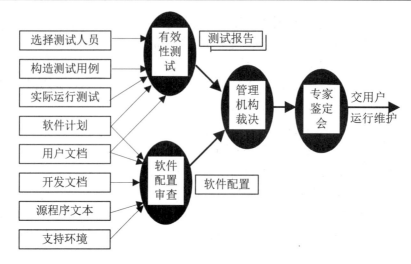

图 5-12 确认测试的步骤

（1）进行有效性测试（黑盒测试）

有效性测试是在模拟的环境（可能就是开发的环境）下，运用黑盒测试的方法，验证所测软件是否满足需求规格说明书列出的需求。为此，需要首先制定测试计划，规定要做测试的种类。还需要制定一组测试步骤，描述具体的测试用例。通过实施预定的测试计划和测试步骤，确定软件的特性是否与需求相符，确保所有的软件功能需求都能得到满足，所有的软件性能需求都能达到，所有的文档都是正确且便于使用。同时，对软件的其他需求，如可移植性、兼容性、出错自动恢复、可维护性等，也都要进行测试，确认是否满足。

在全部软件测试的测试用例运行完后，所有的测试结果可以分为以下两类。

①测试结果与预期的结果相符。这说明软件的这部分功能或性能特征与需求规格说明书相符合，从而接受了这部分程序。

②测试结果与预期的结果不符。这说软件的这部分功能或性能特征与需求规格说明不一致，因此要为它提交一份问题报告。

（2）软件配置复查

软件配置复查的目的是保证软件配置的所有成分都齐全，各方面的质量都符合要求，具有维护阶段所需的细节，而且已经编排好分类的目录。

除了按合同规定的内容和要求，由人工审查软件配置之外，在确认测试的过程中，应当严格遵守用户手册和操作手册中规定的使用步骤，以便检查这些文档资料的完整性和正确性。必须仔细记录发现的遗漏和错误，并且适当地补充和改正。

软件配置请参看有关软件配置管理的章节。

（3）α测试和β测试

在软件交付使用之后，用户将如何实际使用程序，对于开发者来说是无法预测的。因为用户在使用过程中常会发生对使用方法的误解、输入异常的数据组合，以及产生对某些用户来说似乎是清晰的但对另一些用户来说却难以理解的输出等。

当软件是为特定用户开发的时候，需要进行一系列的验收测试，让用户验证所有的需求是否已经满足。这些测试是以用户为主，而不是以系统开发者为主进行的。验收测试可以是一简单的非正式的"测试运行"，也可以是一组复杂的有组织、有计划的测试活动。事实上，验收测试可能持续相当一段时间。

如果软件是为多个用户开发产品的时候，让每个用户逐个执行正式的验收测试是不切实际的。很多软件产品开发者采用 α 测试和 β 测试的方法，以发现可能只有最终用户才能发现的错误。

α 测试是由一个用户在开发环境下进行的测试，也可以是开发机构内部的用户在模拟实现操作环境下进行的测试。软件在一个自然设置状态下使用。开发者随时记下错误情况和使用中的问题。这是在受控制的环境下进行的测试。α 测试的目的是评价软件产品的FLURPS（即功能、局域化、可使用性、可靠性、性能和支持），尤其注重产品的界面和特色。α 测试人员是除产品开发人员之外首先见到产品的人，他们提出的功能和修改意见特别有价值。α 测试可以从软件产品编码结束之时开始，或在模块（子系统）测试完成之后开始，也可以在确认测试过程中产品达到一定的稳定和可靠程度之后再开始。有关的手册（草稿）等应事先准备好。

β 测试是由软件的多个用户在一个或多个用户的实际使用环境下进行的测试。这些用户是与公司签订了支持产品预发合同的外部客户，他们要求使用该产品并愿意返回有关错误信息给开发者。与 α 测试不同的是，开发者通常不在测试现场。因而，β 测试是在开发者无法控制的环境下进行的软件现场应用。在 β 测试中，由用户记下遇到的所有问题，包括真实的以及主观认定的，定期向开发者报告；开发者在综合用户的报告之后，做出修改；最后将软件产品交付给全体用户使用。β 测试主要衡量产品的 FLURPS。着重于产品的支持性，包括文档、客户培训和支持产品生产能力。只有当 α 测试达到一定的可靠程度时，才能开始 β 测试。由于它处在整个测试的最后阶段，不能指望这时发现主要问题。同时，产品的所有手册应该在此阶段完全定稿。

由于 β 测试的主要目标是测试可支持性，所以 β 测试应尽可能由主持产品发行的人员来管理。

（4）验收测试（Acceptance Testing）

在通过了系统的有效性测试及软件配置审查之后，就应开始系统的验收测试。验收测试是以用户为主的测试。软件开发人员和 QA（质量保证）人员也应参加。由用户参加设计测试用例，使用用户界面输入测试数据，并分析测试的输出结果。一般使用生产中的实际数据进行测试。在测试过程中，除了考虑软件的功能和性能外，还应对软件的可移植性、兼容性、可维护性、错误的恢复功能等进行确认。

验收测试实际上是对整个测试计划进行的一种"走查"（Walkthrough）。

（5）确认测试的结果

确认测试的结果有两种情况：一是功能和性能与用户的要求一致，软件可以接受；二是功能和性能与用户的要求有差距。

出现后一种情况，通常与软件需求分析阶段的差错有关。这时需要开列一张软件各项缺陷表或软件问题报告，通过与用户的协商，解决所发现的缺陷和错误。

确认测试应交付的文档有确认测试分析报告、最终的用户手册和操作手册、项目开发总结报告。

4. 系统测试（System Testing）

系统测试是将通过确认测试的软件，作为整个基于计算机系统的一个元素，与计算机硬件、外设、某些支持软件、数据和人员等其他系统元素结合在一起，在实际运行环境下，对计算机系统进行一系列的组装测试和确认测试。

系统测试的目的在于通过与系统的需求定义作比较，发现软件与系统定义不符合或与之矛盾的地方。系统测试的测试用例应根据需求分析说明书来设计，并非在实际使用环境下来运行。

5. 测试的步骤及相应的测试种类

软件测试实际上是由一系列不同的测试组成。它的主要目的是对以计算机为基础的系统进行充分的测试。尽管每种测试各有不同的目的，但是所有的工作都是为了判断系统元素组装是否正确，并且是否执行为各自分配的功能。下面着重介绍几种软件的测试及其与各个测试步骤的关系。

（1）功能测试（Function Testing）

功能测试是在规定的一段时间内运行软件系统的所有功能，以验证这个软件系统有无严重错误。

（2）结构测试（Structure Testing）

参看有关白盒测试的介绍。

（3）回归测试（Regression Testing）

这种测试用于验证对软件修改后有没有引出新的错误，或者说，验证修改后的软件是否仍然满足系统的需求规格说明。

（4）可靠性测试（Reliability Testing）

如果系统需求说明书中有可靠性的要求，则需进行可靠性测试。通常使用以下几个指标来度量系统的可靠性：平均失效间隔时间 MTBF（Mean Time Between Failures）是否超过规定时限，因故障而停机的时间 MTTR（Mean Time To Repairs）在一年中应不超过多少时间。

（5）强度测试（Stress Testing）

强度测试是要检查在系统运行环境不正常到发生故障的情况下，系统可以运行到何种程度的测试。因此，强度测试总是在提供非正常数量、频率或总量资源的情况下运行系统的。例如：

- 在平均每秒钟产生 1 个到 2 个中断的情况下，设计每秒钟产生 10 个中断的特殊用例进行测试。
- 把输入数据速率提高一个数量级，确定输入功能将如何响应。
- 设计需要占用最大存储量或其他资源的测试用例进行测试。
- 设计出在虚拟存储管理机制中引起"颠簸"的测试用例进行测试。
- 设计出会对磁盘常驻内存的数据过度访问的测试用例进行测试。

强度测试的一个变种就是敏感性测试。在数学算法中经常可以看到，在程序有效数据界限内一个非常小的范围内的一组数据可能引起极端的或不平衡的错误处理出现，或者导致极度的性能下降的情况发生。因此利用敏感性测试以发现在有效输入类中可能引起某种不稳定性或不正常处理的某些数据的组合。

（6）性能测试（Performance Testing）

性能测试是要检查系统是否满足在需求说明书中规定的性能。特别是对于实时系统或嵌入式系统，软件只满足要求的功能而达不到要求的性能是不行的，所以还需要进行性能测试。性能测试可以出现在测试过程的各个阶段，甚至在单元层次上也可以进行性能测试。不但需要对单个程序的逻辑进行白盒测试（结构测试），而且可以对程序的性能进行评估。只有当所有系统的元素全部组装完毕，系统性能才能完全确定。

性能测试常需要与强度测试结合起来进行，并要求同时进行硬件和软件检测。例如，对资源利用（如处理机周期）等进行精密的度量，对执行间隔、日志事件（如中断）等进行监测。通常，对软件性能的检测表现在以下几个方面：响应时间、吞吐量、辅助存储区（例如缓冲区，工作区的大小等）、处理精度等。

（7）恢复测试（Recovery Testing）

恢复测试是要证实在克服硬件故障（包括掉电、硬件或网络出错等）后，系统能否正常地继续进行工作，对系统造成损害的程度。为此，可采用各种人工干预的手段，模拟硬件故障，故意造成软件出错。并由此检查：

- 系统能否发现硬件失效与故障（错误探测功能）。
- 能否切换或启动备用的硬件。
- 在故障发生时能否保护正在运行的作业和系统状态。
- 在系统恢复后是自动的（由系统来执行），则应对重新初始化、数据恢复、重新启动等逐个进行正确性评价。如果恢复需要人工干预，就需要对修复的平均时间进行评估以判定它是否在允许的范围之内。

在恢复测试中，掉电是具有特殊意义的一类测试。其目的是测试软件系统在发生电源中断时能否保护当时的状态，然后在电源恢复时从保留的断点处重新进行操作。必须验证不同长短时间内电源中断和在恢复过程中反复多次中断电源的情况。

（8）启动 / 停止测试（Startup/Shutdown Testing）

这类测试的目的是验证在机器启动及关机阶段，软件系统正确处理的能力。这类测试包括反复启动软件系统（例如，操作系统自举、网络的启动、应用程序的调用等），以及在尽可能多的情况下关机。

（9）配置测试（Configuration Testing）

这类测试是要检查计算机系统内各个设备或各种资源之间的相互联结和功能分配中的错误。它主要包括以下两种。

- 配置命令测试：验证全部配置命令的互操作性（有效性）；特别是对最大配置和最小配置要进行测试。软件配置参数有内存的大小、不同的操作系统版本和网络软件、系统表格的大小以及可使用的规程等。硬件配置参数有节点的数量、外设的类型和数量及配置的拓扑结构等。
- 修复测试：检查每种配置状态及设备状况，并用自动的或手工的方式进行配置状态间的转换。

（10）安全性测试（Security Testing）

系统的安全性测试是要检验在系统中已经存在的系统安全性、保密性措施是否发挥作用，有无漏洞。为此要了解破坏安全性的方法和工具并设计一些模拟测试用例对系统进行测试。力图破坏系统的保护机构以进入系统的主要方法有以下几种。

- 从正面攻击或从侧面、背面攻击系统中易受损坏的那些部分。
- 以系统输入为突破口，利用输入的容错性进行正面攻击。
- 申请和占用过多的资源压垮系统，如缓冲区溢出攻击、拒绝服务攻击等，以破坏安全措施，从而进入系统。
- 故意使系统出错，利用系统恢复的过程，窃取用户口令及其他有用的信息。
- 通过浏览残留在计算机各种资源中的垃圾（无用信息），以获取如口令、安全码、译码关键字等重要信息。
- 浏览全局数据，期望从中找到进入系统的关键字。
- 网络攻击，如口令入侵、植入特洛伊木马程序、WWW 的欺骗技术、电子邮件攻击、网络监听、黑客漏洞攻击、端口扫描攻击等。

假如有充分的时间和资源，好的安全性测试最终应当能突破保护，进入系统。系统设计者的任务是：尽可能增大进入的代价，使进入付出的代价比进入系统后能得到的好处还要大。

（11）可使用性测试（Usability Testing）

可使用性测试主要从使用的合理性和方便性等角度对软件系统进行检查，发现人为因素或使用上的问题。要保证在足够详细的程度下，用户界面便于使用；对输入量可容错、响应时间和响应方式合理可行、输出信息有意义、正确并前后一致；出错信息能够引导用户去解决问题；软件文档全面、正规、确切；由于衡量可使用性有一定的主观因素，因此必须以原型化方法等获得的用户反馈作为依据。

（12）可支持性测试（Supportability Testing）

可支持性测试是要验证系统的支持策略对于公司与用户方面是否切实可行。它所采用的方法是试运行支持过程（如对有错部分打补丁的过程、热线界面等），对其结果进行质量分析，评审诊断工具、维护过程、内部维护文档；衡量修复一个明显错误所需的平均最少时间。还有一种常用的方法是，在发行前把产品交给用户，向用户提供支持服务的计划，从用户处得到对支持服务的反馈。

（13）安装测试（Installation Testing）

安装测试的目的不是找软件错误，而是找安装错误。在安装软件系统时，会有多种选择。要分配和装入文件与程序库，布置适用的硬件配置，进行程序的联结。安装测试就是要找出在这些安装过程中出现的错误。

安装测试是在系统安装之后进行测试，它要检验以下几点。

- 用户选择的一套任选方案是否相容。
- 系统的每一部分是否都齐全。
- 所有文件是否都已产生并确有所需要的内容。

● 硬件的配置是否合理等等。

在一些大型的系统中，部分工作由软件自动完成，其他工作需由各种人员（包括操作员、数据库管理员、终端用户等）按一定规程同计算机配合，靠人工来完成。指定由人工完成的过程也需经过仔细的检查，这就是过程测试（Procedure Testing）。

（14）互连测试（Interoperability Testing）

互连测试是要验证两个或多个不同系统之间的互连性。这类测试对支持标准规格说明，或承诺支持与其他系统互连的软件系统有效。例如，HP 公司的文件传送存取方法FTAM、Honeywell 公司 NS/9000 机器上的 FTAM 与 NFT 可以互连。

（15）兼容性测试（Compatibility Testing）

兼容性测试主要验证软件产品在不同版本之间的兼容性。它有两类基本的兼容性测试：向下兼容和交错兼容。向下兼容测试是测试软件新版本保留它早期版本的功能的情况；交错兼容测试是测试共同存在的两个相关但不同的产品之间的兼容性。

（16）容量测试（Volume Testing）

容量测试是检验系统的能力最高能达到什么程度。例如，对于编译程序，让它处理特别长的源程序；对于操作系统，让它作业队列"满员"；对于有多个终端的分时系统，让它所有的终端都运行；对于信息检索系统，让它的使用频率达到最大。在使系统的全部资源达到"满负荷"的情形下，测试系统的承受能力。

（17）文档测试（Documentation Testing）

文档测试是检查用户文档（如用户手册）的清晰性和精确性。用户文档中所使用的例子必须在测试中一一试过，确保叙述正确无误。

5.4　停止测试

对测试所投入的资金和时间总是有限的，在这有限的资源内无法实现穷尽搜索，因此一个首要的问题就是如何在有限的时间内尽可能多地发现错误，又应在何时停止工作。如图 5-13 表示了发现错误的模型。假如错误是随机分布的，那么进行随机测试发现错误的情况为直线。事实上，错误的分布往往是集中的，而且相互关联，所以若先把测试的时间和资金用于复杂的、规模大的、易出错的程序，则可显著提高测试工作的效率，使直线成为向上的曲线。

从图 5-13 可看出，何时停止测试是资金、时间的约束问题。从技术本身来讲，很难作为测试的基础数据，决定测试的进行程度。一般情况下，当测试达到一定程度，而且时间和资金已耗费完，测试就可以结束了。下面是常用的五类停止测试的标准。

（1）第一类标准：测试时间超过了预定期限，则停止测试。这类标准不能用来衡量测试质量。

（2）第二类标准：执行了所有测试用例，但并没有发现故障，则停止测试。这类标准测试也没有好的指导作用，相反却鼓励测试人员不用去编出更好的、能暴露出更多故障的测试用例。

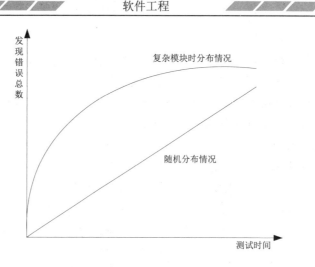

图 5-13　错误发现模型

（3）第三类标准：使用特定的测试用例设计方案作为判断测试停止的基础。这类标准仍然是一个主观衡量尺度，无法保证测试人员准确、严格地使用某种测试方法。因为这类标准只是给出测试用例设计的方法，并非确定的目标，而且这类标准只对某些测试阶段适用。

（4）第四类标准：正面指出了停止测试的具体要求，即停止测试的标准可定义为查出某一预定数目的故障，如规定发现并修改了 60 个故障就可停止测试。对系统测试的标准是，发现并修改若干个故障或至少系统要运行一定时间，如 2 个月等。使用第四类标准需要解决两个问题：一个是如何知道将要查出的故障数目；另一个是可能会过高地估计故障数目。解决的办法是根据过去的经验和软件开发业界常用的一些平均估值方法。

（5）第五类标准：根据单位时间内查出故障的数量决定是否停止测试。这一类标准看似容易，但在实际操作中要用到很多直觉和判断。通常使用某个图表表示某个测试阶段中单位时间检查出的故障数量，通过分析表确定应继续测试还是停止测试。

5.5　自动化测试工具

5.5.1　白盒测试工具

白盒测试工具一般是针对被测源程序进行的测试，测试发现的故障可以定位到代码级。根据测试工具的原理不同，它可分为静态测试工具和动态测试工具。

1．静态测试工具

静态测试工具是指在不执行程序的情况下，分析软件的特性。静态分析主要集中在需求文档、设计文档及程序结构上，可以进行类型分析、接口分析、输入/输出规格说明分析等。

常用的静态测试工具有 MaCabe 公司的 MaCabe、Telelogic 公司的 Logiscope 分析工具等。

按照完成的职能不同，静态测试工具有以下几种类型。

（1）代码审查工具：代码审查工具帮助测试员了解不太熟悉的代码，了解代码的相关性、跟踪程序逻辑、浏览程序的图示表达，确认"死"代码，检查源程序是否遵循了程序的规则等。代码审查工具通常称为代码审查器。

（2）一致性检查工具：这项检查是检测程序的各个单元是否使用了统一的记法或术语，检查设计是否遵循了规格说明。

（3）错误检查工具：检查用以确定差异和分析错误的严重性和原因。

（4）接口分析工具：检查程序单元之间接口的一致性，以及是否遵循了预先确定的规则或原则。分析检查传送给子程序的参数以及检查模块的完整性。

（5）输入/输出规格说明分析检查工具：此项分析的目标是借助于分析输入/输出规格说明生成测试输入数据。

（6）数据分析工具：检测数据的赋值与引用之间是否出现了不合理的现象，比如引用未赋值的变量，对未曾引用的变量再次赋值。

（7）类型分析工具：主要检测命名的数据项和操作是否得到正确的使用。通常类型分析检测某一实体的值域（或函数）是否按照正确的、一致的形式构成。

（8）单元分析工具：检查单元或者构成实体的物理元件是否定义正确和使用一致。

（9）复杂度分析工具：这项分析帮助测试人员精确计划测试活动，即对于复杂的代码域是必须补充测试用例深入进行审查的域。一般认为复杂度分析是软件测试成本/进度或程序当中存在故障的指示器。

2．动态测试工具

动态测试工具直接执行被测程序以提供测试支持。它包括功能确认与接口测试、覆盖率分析、性能测试、内存分析等。其代表工具有 Numega 公司的 Truecoverage、Rational 公司的 Purecoverage、Quantify、Purify。

动态测试工具有以下几种类型。

（1）功能确认与接口测试工具：包括对各模块功能、模块间的接口、局部数据结构、主要执行路径、错误处理等进行测试。

（2）覆盖率分析工具：对所涉及的程序结构元素进行度量，以确定测试执行的充分性。覆盖率分析主要用于单元测试中。

（3）性能测试工具：主要查找影响性能的瓶颈所在，是改善系统性能的关键。

（4）内存分析工具：内存泄漏是指程序没有释放应释放的内存单元块，这些内存块从可供分配给所有程序的内存区中"漏"掉了。最终这种故障将"耗尽"所有的内存，而导致程序无法正常运行。通过分析内存的使用状况，能够了解程序内存分配的真实情况，发现内存的非正常使用，在问题暴露前现征兆，并在系统崩溃前找出内存泄露错误、分配错误、找出发生故障的原因。

5.5.2　黑盒测试工具

黑盒测试是在明确软件产品应具有的功能条件下，完全不考虑被测程序的内部结构和内部特性的情况下，通过测试来检验功能是否都能按照需求规格说明正常工作。

常用的黑盒测试工具包括以下两个。

（1）功能测试工具：用于检测程序能否达到预期的功能要求并正常运行。

（2）性能测试工具：用于确定软件和系统的性能，如可用于 C/S 系统的加载和性能测量，用于生成、控制并分析 C/S 应用性能。客户端主要关注应用的业务逻辑、用户界面和功能测试等，服务器端的测试主要关注服务器的性能、联接数、衡量系统的响应时间、事务处理速度和其他的时间敏感性能。

常用的黑盒测试工具有 Rational 公司的 Robot、Compuware 公司的 QACenter。

习题 5

一、填空题

1. 被测试程序不在机器上运行，而采用人工检测和计算机辅助分析检测的手段称为_____测试，被测试程序在机器上运行的测试方法称为_____测试。

2. 在动态测试中，主要测试软件功能的方法称为_____法和_____法。

3. 要覆盖含有循环结构的所有路径是不可能的，一般通过限制_____来测试。

4. 用黑盒技术设计测试用例的方法有_____、_____、_____ 和_____。

5. 用等价类划分法设计一个测试用例时，使其覆盖_____尚未被覆盖的合理等价类、_____不合理等价类。

6. 集成测试的方法有_____和_____，渐增式测试组合模块的方法有_____和_____，自顶向下结合可采用_____和_____策略。

7. 在单元测试时，需要设计_____模块和_____模块。

二、选择题

1. 软件测试中，白盒法是通过分析程序的_____来设计测试用例的。
    A. 应用范围   B. 内部逻辑
    C. 功能   D. 输入数据

2. 黑盒法是根据程序的_____来设计测试用例的。
    A. 应用范围   B. 内部逻辑
    C. 功能   D. 输入数据

3. 为了提高测试的效率，应该_____。
    A. 随机地选取测试数据
    B. 取一切可能的输入数据作为测试数据
    C. 在完成编码以后制定软件的测试计划
    D. 选择发现错误可能性大的数据作为测试用例

4. 与设计测试用例无关的文档是_____。
    A. 项目开发计划   B. 需求规格说明书
    C. 设计说明书   D. 源程序

5. 软件测试用例主要由输入数据和_____两部分组成。

    A. 测试计划　　　　　　　　　　B. 测试规则

    C. 预期输出结果　　　　　　　　D. 以往测试记录分析

6. 成功的测试是指运行测试用例后_____。

    A. 未发现程序错误　　　　　　　B. 发现了程序错误

    C. 证明程序正确　　　　　　　　D. 改正了程序错误

7. 软件测试的目的是_____。

    A. 试验性运行软件　　　　　　　B. 发现软件错误

    C. 证明软件正确　　　　　　　　D. 找出软件中的全部错误

8. 在黑盒测试中，着重检查输入条件的组合是_____。

    A. 等价类划分法　　　　　　　　B. 边界值分析法

    C. 错误推测法　　　　　　　　　D. 因果图法

9. 软件测试过程中的集成测试主要是为了发现_____阶段的错误。

    A. 需求分析　　　　　　　　　　B. 概要设计

    C. 详细设计　　　　　　　　　　D. 编码

10. 不属于白盒测试的技术是_____。

    A. 语句覆盖　　　　　　　　　　B. 判定覆盖

    C. 条件覆盖　　　　　　　　　　D. 边界值分析

11. 集成测试时，能较早发现高层模块接口错误的测试方法为_____。

    A. 自顶向下渐增式测试　　　　　B. 自底向上渐增式测试

    C. 非渐增式测试　　　　　　　　D. 系统测试

12. 确认测试以_____文档作为测试的基础。

    A. 需求规格说明书　　　　　　　B. 设计说明书

    C. 源程序　　　　　　　　　　　D. 开发计划

13. 下列叙述中正确的是_____。

    A. 软件测试应该由程序开发者来完成

    B. 程序经调试后一般不需要再测试

    C. 软件维护只包括对程序代码的维护

    D. 以上三种说法都不对

14. 下列对软件测试的描述中正确的是_____。

    A. 软件测试的目的是证明程序是否正确

    B. 软件测试的目的是使程序运行结果正确

    C. 软件测试的目的是尽可能多地发现程序中的错误

    D. 软件测试的目的是使程序符合结构化原则

15. 下面哪些测试属于黑盒测试_____。

    A. 路径测试　　　　　　　　　　B. 等价类划分

    C. 条件判断　　　　　　　　　　D. 循环测试

16. 检查软件产品是否符合需求定义的过程称为_____。

    A. 确认测试   B. 集成测试   C. 验收测试   D. 验证测试

三、简答题

1. 软件测试的目的是什么？软件调试的目的是什么？

2. 白盒法有哪些逻辑覆盖标准？

3. 属于黑盒法的具体设计用例方法有哪几种？试对这些方法做比较。

4. 软件测试要经过哪几个阶段？各个阶段与什么文档有关？

第6章 软件维护

◇教学目标
1. 理解：软件维护的内容、特点，软件的可维护性，提高软件可维护性。
2. 了解：软件维护任务的实施、各种困难、维护活动的评价。
3. 关注：软件维护的文档。

6.1 软件维护的内容及特点

软件投入使用后就进入软件维护阶段。维护阶段是软件生存周期中时间最长的一个阶段，所花费的精力和费用也是最多的一个阶段。这是因为计算机程序总是会发生变化的，隐含的错误要修改；新增的功能要加入进去；随着环境的变化，要对程序进行变动等等。所以如何提高可维护性，减少维护的工作量和费用，这是软件工程的一个重要任务。

6.1.1 软件维护的内容

软件维护的内容主要有校正性维护、适应性维护、完善性维护和预防性维护4种。

1. 校正性维护

在软件交付使用后，由于在软件开发过程中产生的错误并没有完全彻底地在测试中发现，因此必然有一部分隐含的错误被带到维护阶段。这些隐含的错误在某些特定的使用环境下会暴露出来。为了识别和纠正错误，修改软件性能上的缺陷，应进行确定和修改错误的过程，称为校正性维护。校正性维护约占整个维护工作的21%。

2. 适应性维护

随着计算机技术的飞速发展，计算机硬件和软件环境不断发生变化，数据环境也在不断发生变化。为了使应用软件适应这种变化而修改软件的过程称为适应性维护。例如，某个应用软件原来是在 Windows 7 环境下运行的，现在要把它移植到 Windows 10 环境下运行；某个应用软件原来是在一种数据库环境下工作的，现在要改到另一种安全性较高的数据库环境下工作，这些变动都需要对相应的软件作修改。这种维护活动约占整个维护活动的25%。

3. 完善性维护

在软件漫长的运行时期中，用户往往会对软件提出新的功能要求与性能要求。这是因为用户的业务会发生变化，组织机构也会发生变化。为了适应这些变化，应用软件原来的功能和性能需要扩充和增强。这种增加软件功能、增强软件性能、提高软件运行效率而进行的维护活动称为完善性维护。例如，软件原来的查询响应速度较慢，要提高响应速度；软件原来没有帮助信息，使用不方便，现在要增加帮助信息。这种维护性活动数量较大，约占整个维护活动的50%。

4. 预防性维护

为了提高软件的可维护性和可靠性而对软件进行的修改称为预防性维护。这为以后进一步的运行和维护打好基础。这需要采用先进的软件工程方法对需要维护的软件或软件中的某一部分进行设计、编码和测试。预防性维护占很小的比例，约整个维护活动的 4%。

6.1.2 软件维护的特点

1. 非结构化维护和结构化维护

软件的开发过程对软件的维护有较大的影响。若不采用软件工程的方法开发软件，则软件只有程序而无文档，维护工作非常困难，这是一种非结构化的维护。若采用软件工程的方法开发软件，则各阶段都有相应的文档，容易进行维护工作，这是一种结构化的维护。

（1）非结构化维护

因为只有源程序，而文档很少或没有文档，维护活动只能从阅读、理解、分析源程序开始。由于没有需求说明文档和设计文档，只有通过阅读源程序来了解系统功能、软件结构、数据结构、系统接口、设计约束等。这样做，第一是非常困难，第二是难以搞清楚这些问题，第三是常常误解这些问题。要想搞清楚，要花费大量的人力、物力，最终对源程序修改的后果是难以估量的。因为没有测试文档，不可能进行回归测试，很难保证程序的正确性。这就是软件工程时代以前进行维护的情况。

（2）结构化维护

用软件工程思想开发的软件具有各个阶段的文档，这对于理解和掌握软件功能、性能、系统结构、数据结构、系统接口和设计约束有很大作用。进行维护活动时，首先从评价需求说明开始，搞清楚功能、性能上的改变，然后对设计说明文档进行评价、修改和复查；根据设计的修改，再进行程序的变动；其后根据测试文档中的测试用例进行回归测试；最后，把修改后的软件再次交付使用。这对于减少精力、减少花费、提高软件维护效率有很大的作用。

2. 维护的困难性

软件维护的困难性是由于软件需求分析和开发方法存在缺陷。软件生存周期中的开发阶段没有严格而又科学的管理和规划，就会引起软件运行时的维护困难。这种困难表现在如下几个方面。

（1）读懂别人的程序是困难的

要修改别人编写的程序，首先要看懂、理解别人的程序，而理解别人的程序是非常困难的。这种困难程度随着程序文档的减少而很快的增加，如果没有相应的文档，困难就达到非常严重的地步。

（2）文档的不一致性

文档不一致性是维护工作困难的又一因素。它会导致维护人员不知所措，不知根据什么进行修改。这种不一致表现在各种文档之间的不一致以及文档与程序之间的不一致，这是由于开发过程中文档管理不严造成的。在开发中，经常会出现修改程序却遗忘了修改与其相关的文档；或某一文档做了修改，却没有修改与其相关的另一文档这类现象。要解决文档不一致性，就要加强开发工作中的文档版本管理工作。

（3）软件开发和软件维护在人员和时间上的差异

如果软件维护工作是由该软件的开发人员来进行，则维护工作就变得容易，因为他们熟悉软件的功能、结构等。通常开发人员与维护人员是不同的，这种差异会导致维护的困难。由于维护阶段持续时间很长，正在运行的软件可能是多年前开发的，开发工具方法、技术与当前的工具方法、技术差异很大，这又是维护困难的另一因素。

（4）软件维护不是一项吸引人的工作

由于维护工作的困难性，维护工作经常遭受挫折，而且很难出成果，不像软件开发工作那样吸引人。

3. 软件维护的费用

软件维护的费用在总费用中的比重是在不断增加的。上世纪七十年代约占 35%～40%，八十年代上升到 40%～60%，到九十年代已上升到 70%～80%，到现在软件维护的成本还在上升。

软件维护费用不断上升，这只是软件维护有形的代价。另外还有无形的代价，即要占用更多的资源。由于大量软件的维护活动要使用较多的硬件、软件、软件工程师等资源，这样一来，投入新的软件开发的资源就因不足而受到影响。由于维护时的改动，在软件中引入了潜在的故障，从而降低了软件的质量。

软件维护费用增加的主要原因是软件维护的生产率非常低。例如，在 1976 年美国的飞行控制软件每条指令的开发成本是 75 美元，而维护成本是每条指令大约 4 700 美元，也就是说生产率下降了 50 倍。

用于软件维护工作的活动可分为生产性活动和非生产性活动两种。生产性活动包括分析评价、修改设计和编写程序代码等。非生产性活动包括理解程序代码功能、解释数据结构、接口特点和设计约束。维护活动总的工作量用下列公式表示：

$$M=P+K \cdot e^{(C-D)}$$

其中：M 表示维护工作的总工作量；

P 表示生产性活动工作量；

K 表示经验常数；

C 表示复杂性程度；

D 表示维护人员对软件的熟悉程度。

上述表明，若 C 越大，D 越小，那么维护工作将成指数增加；C 增加表示软件因未用软件工程方法开发，从而使得软件为非结构化设计，文档缺少，程序复杂性高。D 表示维护人员不是原来的开发人员，对软件熟悉程度低，重新理解软件花费很多时间。

6.2　软件可维护性

软件的维护是十分困难的，这是因为软件的源程序和文档难以理解、难以修改，因此造成软件维护工作量、成本上升，修改出错率高。软件维护工作面广，维护难度大，稍有不慎就会在修改中给软件带来新问题。为了使软件能够易于维护，必须考虑使软件具有可维护性。

6.2.1　可维护性的定义

所谓软件可维护性是指软件能够被理解、校正、适应及增强功能的容易程度。

软件的可维护性、可使用性、可靠性是衡量软件质量的几个主要特性，也是用户十分关心的几个问题。但是影响软件质量的这些主要因素，目前还没有对它们普遍适用的定量度量的方法，就其概念和内涵来说则是很明确的。

软件的可维护性是软件开发阶段的关键目标。影响软件可维护性的因素较多，设计、编码及测试中的疏忽和低劣的软件配置，缺少文档等都对软件的可维护性产生不良影响。软件可维护性可用下面 7 个质量特性来衡量，即可理解性、可测试性、可修改性、可靠性、可移植性、可使用性和效率。对于不同类型的维护，这 7 种特性的侧重点也不相同。这些质量特性通常体现在软件产品的许多方面。为使每一个质量特性都达到预定的要求，需要在软件开发的各个阶段采取相应的措施加以保证，即这些质量要求要渗透到各开发阶段的各个步骤中。软件的可维护性是产品投入运行以前各阶段针对上述各质量特性要求进行开发的最终结果。

6.2.2　可维护性的度量

目前有若干对软件可维护性进行综合度量的方法，但要对可维护性作出定量度量还是困难的。下面是度量一个可维护的软件的 7 种特性时常采用的方法，即质量检查表、质量测试、质量标准。

质量检查表是用于测试程序中某些质量特性是否存在的一个问题清单。检查者对检查表上的每一个问题，依据自己的定性判断，回答"是"或者"否"。质量测试与质量标准用于定量分析和评价程序的质量。由于许多质量特性是相互抵触的，所以要考虑几种不同的度量标准去度量不同的质量特性。

6.2.3　提高可维护性的方法

怎样才能得到可维护性高的程序呢？可从下面 5 个方面来解决这个问题。

第一，建立明确的软件质量目标。

第二，利用先进的软件开发技术和工具。

第三，建立明确的质量保证工作。

第四，选择可维护的程序设计语言。

第五，改进程序文档。

1. 建立明确的软件质量目标

如果要程序满足可维护性 7 个特性的全部要求，那么要付出很大的代价，甚至是不现实的。实际上，有一些可维护特性是相互促进的。例如，可理解性和可测试性，可理解性和可修改性。而另一些则是相互矛盾的，例如效率和可移植性、效率和可修改性等。为保证程序的可维护性，应该在一定程度上满足可维护性的各个特性，但各个特性的重要性随着程序用途的不同或计算机环境的不同而改变。例如对编译程序来说，效率和可移植性是主要的；对信息管理系统来说，可使用性和可修改性可能是主要的。通过大量实验证明，强调效率的程序包含的错误比强调简明性的程序所包含的错误要高出 10 倍。因此，明确软件所追求的质量目标，对软件的质量和生存周期的费用将产生很大的影响。

2. 使用先进的软件开发技术和工具

利用先进的软件开发技术能大大提高软件质量和减少软件费用。例如，面向对象的软件开发方法就是一个非常实用而先进的软件开发方法。

面向对象方法与人类习惯的思维方法一致，使用现实世界的概念来思考问题，从而自然地解决问题。它强调模拟现实世界中的概念而不强调算法，鼓励开发者在开发过程中都使用应用领域的概念去思考，开发过程自始至终都围绕着建立问题领域的对象模型来进行，从而按照人们习惯的思维方式建立起问题领域的模型，模拟客观世界，使描述问题的问题空间和描述解法的解空间在结构上尽可能一致，开发出尽可能直观、自然的表现求解方法的软件系统。

面向对象方法开发出的软件的稳定性较好。传统方法开发出来的软件系统的结构紧密依赖于系统所需要完成的功能。当功能需求发生变化时，将引起软件结构的整体修改，因而这样的软件结构是不稳定的。面向对象方法以对象为中心构造软件系统，用对象模拟问题领域中的实体，以对象间的联系刻画实体间的联系相对稳定，因此建立的模型也相对稳定。当系统功能需求发生变化时，并不会引起软件结构的整体变化，往往只需要做一些局部性的修改。所以面向对象方法构造的软件系统也比较稳定。

面向对象方法构造的软件可重用性好。对象所固有的封装性和信息隐蔽机制，使得对象内部的实现和外界隔离，具有较强的独立性。因此对象类提供了比较理想的模块化机制和比较理想的可重用的软件成分。

由于对象类是理想的模块机制，独立性好，所以修改一个类通常很少涉及到其他类。若只修改一个类的内部实现部分而不修改该类的对外接口，则可以完全不影响软件的其他部分。由于面向对象的软件技术符合人们习惯的思维方式，用这种方法所建立的软件系统的结构与问题空间的结构基本一致，因此面向对象的软件系统比较容易理解。

对面向对象的软件系统进行维护，主要通过从已有类派生出一些新类来实现。因此，维护时的测试和调试工作也主要围绕这些新派生出来的类进行。类是独立性很强的模块。向类的实例发消息即可运行它，观察它是否能正确地完成要求它做的工作。对类的测试通常比较容易实现，如果发现错误也往往集中在类的内部，比较容易调试。

总之，面向对象方法开发出来的软件系统，稳定性好，比较容易修改和理解，易于测试和调试。因此，可维护性好。

3. 建立明确的质量保证

这里提到的质量保证是指为提高软件质量所做的各种检查工作。质量保证检查是非常有效的方法，不仅在软件开发的各阶段中得到了广泛应用，在软件维护中也是一个非常主要的工具。为了保证可维护性，以下四类检查是非常有用的。

（1）在检查点进行检查

检查点是指软件开发的每一个阶段的终点。在检查点进行检查的目标是证实已开发的软件是否满足设计要求。在不同的检查点检查的内容是不同的。例如，在设计阶段检查的重点是可理解性、可修改性和可测试性；测试阶段检查的重点是可靠性和有效性等。

（2）验收检查

验收检查是一个特殊的检查点的检查，是交付使用前的最后一次检查。它对减少维护费用，提高软件质量是非常重要的。验收检查实际上是验收测试的一部分，只不过验收检查是从维护角度提出验收条件或标准。

（3）周期性的维护检查

上述两种软件检查适用于新开发的软件，对已运行的软件应进行周期性的维护检查。为了改正在开发阶段未发现的错误，使软件适应新的计算机环境并响应用户新的需求，对正在使用的软件进行改变是不可避免的。改变程序可能引入新错误并破坏原来程序概念的完整性。为了保证软件质量应该对正在使用的软件进行周期性维护检查。实际上，周期性维护检查是开发阶段对检查点进行检查的继续，采用的检查方法和检查内容都是相同的。把多次维护检查结果与以前进行的验收检查结果，以及检查点检查结果做比较，对检查结果的任何改变都要进行分析，找出原因。

（4）对软件包的检查

对软件包的维护通常采用下述方法：使用单位的维护程序员在分析研究卖方提供的用户手册、操作手册、培训教程、新版本策略指导、计算机环境和验收测试的基础上，深入了解本单位的希望和要求，编制软件包检验程序。软件包检验程序是一个测试程序，它检查软件包程序所执行的功能是否与用户的要求和条件相一致。为了建立这个程序，维护程序员可以利用卖方提供的验收测试实例或重新设计新的测试实例，根据测试结果检查和验证软件包的控制结构，从而完成软件包的维护。

4. 选择可维护的语言

程序设计语言的选择对维护影响很大。低级语言很难掌握和理解，因而很难维护。一般来说，高级语言比低级语言更容易理解。在高级语言中，一些语言可能比另一些语言更容易理解。当前非常流行的 Java、C#等语言开发的软件都是结构化的，也是易于维护的。

5．改进程序文档

程序文档是对程序功能、程序各组成部分之间的关系、程序设计策略、程序实现过程的数据等的说明和补充。程序文档对提高程序的可阅读性有重要作用。为了维护程序，人们必须阅读和理解程序文档。通常，过低估计文档的价值是因为人们过低估计用户对修改的需求。虽然人们对文档的重要性还有许多不同的看法，但大多数人同意以下的观点。

- 好的文档能提高程序的可阅读性，但差的文档比没有文档更坏。
- 好的文档意味着简明性，风格的一致性，容易修改。
- 程序编码中应该有必要的注释以提高程序的可理解性。
- 程序越长就越复杂，则它对文档的需求也越迫切。

为了支持应用软件，通常需要以下几类文档。

①用户文档。它提供用户如何使用程序的命令和指示，通常是指用户手册。更好的用户文档是联机的，用户在终端可以阅读到它，这给没有经验的用户提供必要的帮助和引导。

②操作文档。该文档指导用户如何运行程序，包括操作员手册、运行记录、备用文件目录等。

③数据文档。它是程序数据部分的说明，由数据模型和数据字典组成。数据模型表示数据内部结构和数据各部分之间的功能依赖性。通常数据模型用图形表示。数据字典列出了程序中使用的全部数据项，包括数据项的定义、数据项的使用以及在什么地方使用。

④程序文档。程序员利用程序文档来理解程序的内部结构，以及程序同系统内其他程序、操作系统和其他软件系统如何相互作用。程序文档包括源代码的注释、设计文档、系统流程图、程序流程图、交叉引用表等。

⑤历史文档。该文档用于记录程序开发和维护的历史。历史文档有三类：系统开发日志、出错历史和系统维护日志。了解系统如何开发和系统如何维护的历史对维护程序员来说是非常有用的信息，因为系统开发者和维护者是分开的。利用历史文档可以简化维护工作。例如，理解原设计意图，指导维护员如何修改代码而不破坏系统的完整性。

6.3　维护任务的实施

6.3.1　建立维护机构

为了有效地进行软件维护，应事先组织工作，建立维护机构。这种维护机构通常以维护小组形式出现。维护小组分为临时维护小组和长期维护小组。

1．临时维护小组

临时维护小组是非正式的机构，执行一些特殊的或临时的维护任务。例如，对程序排错，检查完善性维护的设计，进行质量控制的复审等。临时维护小组采用"同事复审"或"同行复审"等方法来提高维护工作的效率。

2．长期维护小组

对长期运行的复杂系统需要一个稳定的维护小组。维护小组由以下成员组成。

（1）组长。维护小组组长是该小组的技术负责人，负责向上级主管部门报告维护工作。组长应是一个有经验的系统分析员，具有一定的管理经验，熟悉系统的应用领域。

（2）副组长。副组长是组长的助手，在组长指导下开展工作，具有与组长相同的业务水平和工作经验。副组长还执行与开发部门或其他维护小组联系的任务。在系统开发阶段，收集与维护有关的信息；在维护阶段，与开发者继续保持联系，向他们传送程序运行的反馈信息。因为大部分维护要求是由用户提出的，所以副组长与用户保持密切联系也是非常重要的。

（3）维护负责人。维护负责人是维护小组的行政负责人，通常管理几个维护小组的人事工作，负责维护小组成员的人事管理工作。

（4）维护程序员。维护程序员负责分析程序改变的要求和执行修改工作。维护程序员不仅具有软件开发方面的知识和经验，也应具有软件维护方面的知识和经验，还应熟悉程序应用领域的知识。

6.3.2　维护流程

软件维护的流程如下：制定维护申请报告，审查申请报告并批准，进行维护并做详细记录，复审。

1. 制定维护申请报告

所有软件维护申请报告应按规定的方式提出。该报告也称为软件问题报告，是维护阶段的一种文档，由申请维护的用户填写。当遇到一个错误时，用户必须完整地说明错误产生的情况，包括输入数据、错误清单、源程序清单以及其他有关材料，即导致该错误的环境的完整描述。对于适应性或完善性的维护要求，要提交一份简要的维护规格说明。

维护申请报告是一种由用户产生的文档，用作计划维护任务的基础。在软件维护组织内部，还要制定一份软件修改报告，该报告是维护阶段的另一种文档，用来指出以下几个方面。

- 为满足软件问题报告实际要求的工作量。
- 要求修改的性质。
- 请求修改的优先权。
- 关于修改的事后数据。

提出维护申请报告之后，由维护机构来评审维护请求。评审工作很重要，通过评审回答要不要维护，从而可以避免盲目的维护。

2. 维护的工作过程

一个维护申请提出之后，经评审需要维护，则按下列过程实施维护。

（1）确定要进行维护的类型。有许多情况，用户可以把一个请求看作校正性维护，而软件开发者可以把这个请求看作适应性或完善性维护。此时，对不同观点就要协商解决。

（2）对校正性维护从评价错误的严重性开始。如果存在一个严重的错误，例如一个系统的重要功能不能执行，则由管理者组织有关人员立即开始分析问题。如果错误并不严重，则可根据任务情况，视轻重缓急，统一安排，按计划进行维护工作。甚至会有这样一种情况：申请是错误的，因此经审查后发现并不需要修改软件。

（3）对适应性和完善性维护。如同它是另一个开发工作一样，建立每个请求的优先权，安排所要求的工作。若设置一个极高的优先权，也就意味着要立即开始此项维护工作了。

（4）实施维护任务。不管维护类型如何，大体上要开展相同的技术工作。这些工作包括修改软件设计、必要的代码修改、单元测试、集成测试、确认测试以及复审。每种维护类型的侧重点不一样。

（5）"救火"维护。有时候存在着并不完全适合上面所述的经过仔细考虑的维护申请，这时申请的维护称为"救火"维护，在发生重大的软件问题时，就会出现这种情况。例如，一个造纸厂的流程控制系统出现一个严重故障，这时要立即组织有关人员去"救火"，必须立即解决问题。显然，如果一个软件开发机构经常"救火"，这就必须认真检查，该机构的管理和技术存在什么重大问题。

3．维护的复审

在维护任务完成后，要对维护任务进行复审。进行复审时要回答下列问题。

（1）给出当前情况，即设计、代码、测试的哪些方面已经完成？

（2）各种维护资源已经用了哪些？还有哪些未用？

（3）对于这个工作，主要的、次要的障碍是什么？

复审对维护工作能否顺利进行有重大影响，对一个软件机构来说也是有效的管理工作的一部分。

6.3.3　保存维护记录

对于软件生命周期的所有阶段而言，以前记录保存都是不充分的，而软件维护则根本没有记录保存下来。由于这个原因，往往不能估价维护技术的有效性，不能确定一个产品程序的"优良"程度，而且很难确定维护的实际代价是什么。保存维护记录遇到的第一个问题就是，哪些数据是值得记录的？Swanson 提出了下述内容：

(1)程序标识；　　　　　　　　　　(2)源语句数；

(3)机器指令条数；　　　　　　　　(4)使用的程序设计语言；

(5)程序安装的日期；　　　　　　　(6)自从安装以来程序运行的次数；

(7)自从安装以来程序失效的次数；　(8)程序变动的层次和标识；

(9)因程序变动而增加的源语句数；　(10)因程序变动而删除的源语句数；

(11)每个改动耗费的人时数；　　　　(12)程序改动的日期；

(13)软件工程师的名字；　　　　　　(14)维护要求表的标识；

(15)维护类型；　　　　　　　　　　(16)维护开始和完成的日期；

(17)累计用于维护的人时数；　　　　(18)与完成的维护相联系的纯效益。

应该为每项维护工作都收集上述数据。可以利用这些数据构成一个维护数据库的基础，并且像下一小节介绍的那样对它们进行评价。

6.3.4 维护活动的评价

维护的目的是延长软件的寿命并让其创造更多的价值。经过一段时间的维护，软件中的错误减少了，功能增强了。但修改软件是危险的，每修改一次，潜伏的错误就可能增加。这种因修改软件而造成的错误或其他不希望出现的情况称为维护的副作用。维护的副作用有编码副作用、数据副作用、文档副作用三种。

1. 编码副作用

在使用程序设计语言修改源代码时可能引入错误。例如：

- 删除或修改一个子程序、一个标号、一个标识符。
- 改变程序代码的时序关系，改变占用存储的大小，改变逻辑运算符。
- 修改文件的打开或关闭。
- 改进程序的执行效率。
- 把设计上的改变翻译成代码的改变。
- 为边界条件的逻辑测试做出改变。

以上这些变动都容易引入错误，要特别小心、仔细地修改，避免引入新的错误。

2. 数据副作用

在修改数据结构时，有可能造成软件设计与数据结构不匹配，因而导致软件错误。数据副作用是修改软件信息结构导致的结果。例如：

- 重新定义局部或全局的常量，重新定义记录或文件格式。
- 增加或减少一个数组或高层数据结构的大小。
- 修改全局或公共数据。
- 重新初始化控制标志或指针。
- 重新排列输入/输出或子程序的参数。

以上这些情况都容易导致设计与数据不相容的错误。数据副作用可以通过详细的设计文档加以控制，在此文档中描述了一种交叉引用，把数据元素、记录、文件和其他结构联系起来。

3. 文档副作用

对数据流、软件结构、模块逻辑或任何其他有关特性进行修改时，必须对相关技术文档进行相应修改。否则会导致文档与程序功能不匹配、缺省条件改变、新错误信息不正确等错误，使文档不能反映软件当前的状态。如果对可执行软件的修改没有反映在文档中，就会产生文档副作用。例如：

- 修改交互输入的顺序或格式，没有正确地记入文档中。
- 过时的文档内容、索引和文本可能造成冲突等。

因此，必须在软件交付之前对整个软件配置进行评审，以减少文档副作用。事实上，有些维护请示并不要求改变软件设计和源代码，而是指出在用户文档中不够明确的地方。在这种情况下，维护工作主要集中在文档。

为了控制因修改而引起的副作用，要做到以下几点。

- 按模块把修改分组。
- 自顶向下地安排被修改模块的顺序。
- 每次修改一个模块。
- 对每个修改了的模块，在安排修改下一个模块之前要确定这个修改的副作用。可使用交叉引用表、存储映像表，执行流程跟踪等。

习题 6

一、填空题

1. 维护阶段是软件生存周期中时间_____的阶段，花费精力和费用_____的阶段。

2. 在软件交付使用后，由于在软件开发过程中产生的_____没有完全彻底在_____阶段发现，必然有一部分隐含错误带到_____阶段。

3. 未采用软件工程方法开发软件，只有程序而无文档，维护困难，这是一种_____维护。

二、选择题

1. 在生存周期中，时间长、费用高、困难大的阶段是_____。
   A. 需求分析　　　　　　　　　B. 编码
   C. 测试　　　　　　　　　　　D. 维护

2. 为适应软硬件环境变化而修改软件的过程是_____。
   A. 校正性维护　　　　　　　　B. 适应性维护
   C. 完善性维护　　　　　　　　D. 预防性维护

3. 软件维护费用高的主要原因是_____。
   A. 生产率高　　　　　　　　　B. 生产率低
   C. 人员多　　　　　　　　　　D. 人员少

4. 产生软件维护的副作用，是指_____。
   A. 开发时的错误　　　　　　　B. 隐含的错误
   C. 因修改软件而造成的错误　　D. 运行时误操作

5. 可维护性的特性中相互促进的是_____。
   A. 可理解性和可测试性　　　　B. 效率和可移植性
   C. 效率和可修改性　　　　　　D. 效率和结构好

6. 可维护性的特性中，相互矛盾的是_____。
   A. 可修改性和可理解性　　　　B. 可测试性和可理解性
   C. 效率和可修改性　　　　　　D. 可理解性和可读性

7. 下列叙述中正确的是_____。

    A. 软件交付使用之后还需要维护

    B. 软件一旦交付使用之后就不需要维护

    C. 软件交付使用之后其生命周期结束

    D. 软件维护指修复程序中被破坏的指令

8. 下列叙述中正确的是_____。

    A. 软件测试应该由程序开发者来完成

    B. 程序经调试后一般不需要再测试

    C. 软件维护只包括对程序代码的维护

    D. 以上三种说法都不对

三、简答题

1. 软件维护的特点是什么？

2. 提高可维护性有哪些方法？

第7章 面向对象设计方法

◇**教学目标**

1. 理解：面向对象的基本思想、概念、原理；
   面向对象分析、设计、实现的内容、方法和步骤；
   对象类、类的层次结构，方法和消息的实质；
   面向对象的模型。
2. 应用：画对象图、状态图、数据流程图。
   确定对象类、关联、属性，继承、多态性。
3. 了解：面向对象语言；
   面向对象技术。
4. 关注：面向对象开发、分析的新技术。

7.1 基本概念

"对象"是面向对象方法学中使用的最基本的概念，前面已经多次用到这个概念，本节再从多种角度进一步阐述这个概念，并介绍面向对象的其他概念。

7.1.1 对象

在应用领域中有意义的、与所要解决的问题有关系的任何事物都可以作为对象（Object），它既可以是具体的物理实体的抽象，也可以是人为的概念，或者是任何有明确边界和意义的东西。例如，一名职工、一家公司、一个窗口、一座图书馆、一本图书、贷款、借款等，都可以作为一个对象，总之，对象是对问题域中某个实体的抽象，设立某个对象就反映了软件系统保存有关它的信息并且与它进行交互的能力。

对象是构成系统的基本单位。由于客观世界中的实体通常都既具有静态的属性，又具有动态的行为，因此面向对象方法学中的对象是由描述该对象属性的数据，以及可以对这些数据施加的所有操作封装在一起构成的统一体。对象可以做的操作表示它的动态行为，在面向对象分析和面向对象设计中，通常把对象的操作称为服务或方法。例如，人的特征：姓名、性别、年龄，行为——衣、食、住、行等。

对象有如下一些基本特点。

- 以数据为中心。操作围绕对其数据所需要做的处理来设置，不设置与这些数据无关的操作，而且操作的结果往往与当时所处的状态（数据的值）有关。
- 对象是主动的。它与传统的数据有本质不同，不是被动地等待对它进行处理，相反，它是进行处理的主体。为了完成某个操作，不能从外部直接加工它的私有数据，而是必须通过它的公有接口向对象发消息，请求它执行它的某个操作，处理它的私有数据。
- 实现了数据封装。对象好像是一只黑盒子，它的私有数据完全被封装在盒子内部，对外是隐藏的、不可见的，对私有数据的访问或处理只能通过公有的操作进行。

为了使用对象内部的私有数据，只需知道数据的取值范围（值域）和可以对该数据施加的操作（即对象提供了哪些处理或访问数据的公有方法），根本无需知道数据的具体结构以及实现操作的算法。这也就是抽象数据类型的概念。因此，一个对象类型也可以看作是一种抽象数据类型。

- 本质上是具有并行性。对象是描述其内部状态的数据，以及可以对这些数据施加的全部操作的集合。不同对象各自独立地处理自身的数据，彼此通过发送消息传递信息来完成通信。因此，本质上具有并行工作的属性。

- 模块独立性好。对象是面向对象的软件的基本模块，为了充分发挥模块化简化开发工作的优点，希望模块的独立性强。具体来说，也就是要求模块的内聚性强，耦合性弱。如前所述，对象是由数据及可以对这些数据施加的操作所组成的统一体，而且对象是以数据为中心的，操作围绕对其数据所需做的处理来设置，没有无关的操作。因此，对象内部各种元素彼此结合得很紧密，内聚性相当强。由于完成对象功能所需要的元素（数据和方法）基本上都被封装在对象内部，它与外界的联系自然就比较少，因此对象之间的耦合通常比较松。

7.1.2 类和实例

1. 类（Class）

现实世界中存在的客观事物有些是彼此相似的，例如，张三、李四、王五……虽说每个人职业、性格、爱好、特长等各有不同，但他们的基本特征是相似的，都是黄皮肤、黑眼睛，于是人们把他们统称为"中国人"。人类习惯于把有相似特征的事物归为一类，分类是人类认识客观世界的基本方法。

在面向对象的软件技术中，"类"就是对具有相同数据和相同操作的一组相似对象的定义，也就是说，类是对具有相同属性和行为的一个或多个对象的描述，通常在这种描述中也包括对怎样创建该类的新对象的说明。

例如，一个面向对象的图形程序在屏幕左下角显示一个半径为 4 cm 的红颜色的圆，在屏幕中部显示一个半径为 6 cm 绿颜色的圆，在屏幕右上角显示一个半径为 1 cm 的黄颜色的圆。这 3 个圆心位置、半径大小和颜色均不相同的圆，是三个不同的对象。但它们都有相同的数据（圆心坐标、半径、颜色）和相同的操作（显示自己、放大缩小半径、在屏幕上移动位置等），因此它们是同一类事物，可以用"Circle 类"来定义。

2. 实例（Instance）

实例就是由某个特定的类所描述的一个具体的对象。类是对具有相同属性和行为的一组相似的对象的抽象。类在现实世界中并不能真正存在，在地球上并没有抽象的"中国人"，只有一个个具体的中国人，例如，张三、李四、王五……同样，谁也没见过抽象的"圆"，只有一个个具体的圆。

实际上类是建立对象时使用的"样板"，按照这个样板所建立的一个具体的对象，就是类的实际例子，通常称为实例。

当使用"对象"这个术语时，既可以指一个具体的对象，也可以泛指一般的对象；当使用"实例"这个术语时，必然是指一个具体的对象。

7.1.3　继承性（Inheritance）

继承是使用已存在的（现存）定义作为基础建立新定义的技术。在面向对象的软件技术中，继承是子类自动地共享基类定义的数据和方法的机制。

面向对象软件技术的许多强有力的功能和突出的优点，都来源于把类组成一个层次结构的系统（类等级）：一个类的上层可以有父类，下层可以有子类。这种层次结构系统的一个重要性质是继承性，一个类直接继承其父类的全部描述（数据和操作）。为了更深入、具体地理解继承性的含义，图 7-1 描绘了实现继承机制的原理。

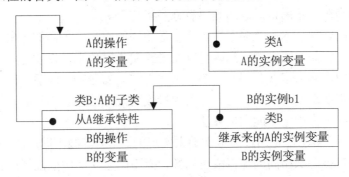

图 7-1　实现继承机制的原理

图中以 A、B 两个类为例，其中 B 类是从 A 类派生出来的子类，它除了具有自己定义的特性（数据和操作）之外，还从父类 A 继承特性。当创建 A 类的实例 al 的时候，al 以 A 类为样板建立实例变量（在内存中分配所需要的空间），但是它并不从 A 类中拷贝所定义的方法。

当创建 B 类的实例 b1 的时候，b1 既要以 B 类为样板建立实例变量，又要以 A 类为样板建立实例变量，b1 所能执行的操作既有 B 类中的定义又有 A 类中的操作。

继承具有传递性，如果类 C 继承类 B，类 B 继承类 A，则类 C 继承类 A，因此一个类实际上继承了它所在的类等级中在它上层的全部基类的所有描述。也就是说，属于某类的对象除了具有该类所描述的性质外，还具有类等级中该类上层全部基类描述的一切性质。

当一个类只允许有一个父类时，也就是说，当类等级为树形结构时，类的继承是单继承；当允许一个类有多个父类时，类的继承是多重继承。多重继承的类可以组合多个父类的性质构成所需要的性质。因此，功能更强，使用更方便；但使用多重继承时要注意避免二义性。

继承性使得相似的对象可以共享程序代码和数据结构，从而大大减少了程序中的冗余信息。在程序执行期间，对对象某一性质的查找是从该对象类在类等级中的层次开始，沿类等级逐层向上进行的，并把第一个被找到的性质作为所要的性质。因此，低层的性质将屏蔽高层的同名性质。

使用从原有类派生出新的子类的办法，使得对软件的修改变得比过去容易得多了。当需要扩充原有的功能时，派生类的方法可以调用其基类的方法，并在此基础上增加必要的程序代码；当需要完全改变原有操作的算法时，可以在派生类中实现一个与基类方法同名而算法不同的方法；当需要增加新的功能时，可以在派生中实现一个新的方法。

继承性使得用户在开发新的应用系统时不必完全从零开始，可以继承原有的相似系统的功能或者从类库中选取需要的类，再派生出新的类以实现所需要的功能。

继承性还可以用把已有一般性的具体化的办法，来达到软件重用的目的：使用抽象的类开发出一般性问题的解；在派生类中增加少量代码使一般性的解具体化，从而开发出符合特定应用需要的具体解。

7.1.4 多态性（Polymorphism）

多态性一词来源于希腊语，意思是"有许多形态"。

在面向对象的软件技术中，多态性是指发送相同的消息给不同的对象时，不同的对象执行不同的功能。例如，同样的消息既可以发送给父类对象也可以发送给子类对象，在类等级的不同层次中可以共享（公用）一个行为（方法）的名字，然而不同层次中的每个类却各自按自己的需要来实现这个行为。当对象接收到发送给它的消息时，根据该对象所属于的类动态选用在该类中定义的实现算法。

在 C++语言中，多态性是通过虚拟函数来实现的。在类等级不同层次中可以说明名字、参数特征和返回值类型都相同的虚拟成员函数，而不同层次类中的虚拟函数实现算法各不相同。虚拟函数机制使得程序员能在一个类等级中使用相同函数的多个不同版本，在运行时刻才根据接收消息的对象所属于的类，决定到底执行哪个特定的版本，这称为动态联编，也叫滞后联编。

多态性机制不仅增加了面向对象软件系统的灵活性，进一步减少了信息冗余，还显著提高了软件的可重用性和可扩充性。当扩充系统功能增加新的实体类型时，只须派生出与新实体类相应的新的子类，并在新派生出的子类定义符合该类需要的虚拟函数，完全无须修改原有的程序代码，甚至不需要重新编译原有的程序（仅需编译新派生类源程序，再与原有程序的.OBJ 文件连接）。

7.2 面向对象开发技术

7.2.1 面向对象的模型

1. 对象模型

对象模型表示了静态的、结构化的系统数据性质，描述了系统的静态结构，是从客观世界实体的对象关系角度来描述。表现了对象的相互关系。该模型主要关心系统中对象的结构、属性和操作，使用了对象图的工具来刻画，是分析阶段 3 个模型的核心，也是其他两个模型的框架。

（1）对象和类

● 对象

对象建模的目的就是描述对象。每个对象可用它本身的一组属性和它可以执行的一组操作来定义。对象主要用途一是促进客观世界的理解，二是为计算机实现提供实际基础。把问题分解为若干对象，有利于对问题进行判断。对象的符号表示如图 7-2 所示。

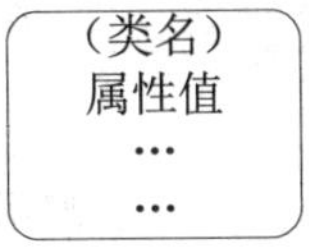

图 7-2　对象的符号表示

● 类

通过将对象抽象成类，可以使问题抽象化，抽象增强了模型的归纳能力。类的图形表示如图 7-3 所示，图中的属性和操作可写可不写，这取决于所需的详细程度。

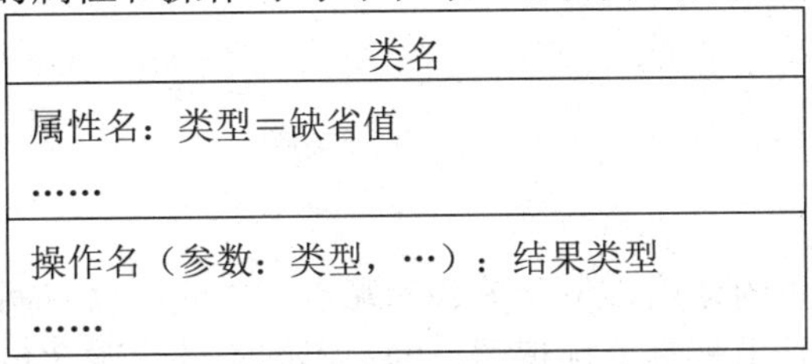

类名
属性名：类型＝缺省值 ……
操作名（参数：类型，…）：结果类型 ……

图 7-3　类的图形表示

● 属性

属性指的是类中对象所具有的性质（数据值）。不同对象的同一属性可以具有相同或不同的属性值。类中的各属性名是唯一的。

属性的表示如图 7-3 的中间区域所示。每个属性名后可附加一些说明，即为属性的类型及缺省值，冒号后紧跟着缺省值。

● 操作和方法

操作是类中对象所使用的一种功能或变换。类中的各对象可以共享操作，每个操作都有一个目标对象作为其隐含参数。

方法是类控制操作的实现步骤。例如文件这个类有打印操作，可以设计不同的方法来实现 ASCII 文件打印、二进制文件的打印、数字图像文件的打印，所有这些方法逻辑上均是做同一工作，即打印文件。因此可以用类中的 print 操作去执行它们，但每个方法均是由不同的一段代码来实现。

操作的表示如图 7-3 底部区域所示。操作名后可跟通用参数表，用括号括起来，每个参数之间用逗号分开，参数名后可以跟类型，用冒号与参数名分开，参数表后面用冒号来分隔结果类型，结果类型不能省略。

（2）关联和链

关联是建立类之间关系的一种手段，而链则是建立对象之间关系的一种手段。

● 关联和链的含义

链表示对象间的物理与概念联结，如张三为通达公司工作。关联表示类之间的一种关系，就是一些可能的链的集合。正如对象与类的关系一样，链是关联的实例，关联是链的抽象。两个类之间的关联称为二元关联，三个类之间的关联称为三元关联，关联的表示是在类之间画一直线。图 7-4 表示二元关联，图 7-5 表示一种三元关联，该图的例子说明了程序员使用计算机语言开发项目。三元关联的三个类之间的连线上画上一个菱形符号。

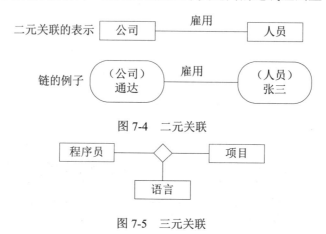

图 7-4　二元关联

图 7-5　三元关联

● 角色

角色说明类在关联中的作用，位于关联的端点。二元关联有两个角色，每个角色有各自的角色名称，角色名是用来唯一标识端点的。不同类的关联角色可有可无，同类的关联角色不能省略，角色的表示如图 7-6 所示。

图 7-6　关联的角色的表示

在图 7-6 中，公司和人员两个类之间存在"雇用"关联，公司在该关联中起雇用者作用，人员在该关联中起受雇佣作用。在人员类中存在着"管理"关联，经理在该关联中起管理者的作用，职员在该关联中起被管理的作用。

● 受限关联

受限关联由两个类及一个限定词组成。限定词是一种特定的属性，用来有效地减少关联的重数，限定词在关联的终端对象集中说明。

受限关联的表示如图 7-7 所示，图中有目录和文件两个类，一个文件只属于一个目录。在目录的内容中，文件名唯一确定一个文件，目录与文件名合并即可找到对应的文件。一个文件与目录及文件名有关，限定减少了一对多的重数，一个目录下含有多份文件，各文件都有唯一的文件名。

图 7-7　受限关联

限定提高了语义的精确性，增强了查询能力。在现实世界中，常常出现限定词。

●　关联的多重性

关联的多重性是指类有多少个对象与关联的类的一个对象相关。重数常描述为"一"或"多"，但常见的情况是非负整数子集。如轿车的车门数目为 2 到 4 的范围，关联重数可用对象图关联连线的末端的特定符号来表示。

图 7-8 表示了各种关联的重数。小实心圆表示"多个"，从零到多。小空心圆表示零或一。没有符号表示的是一对一关联。

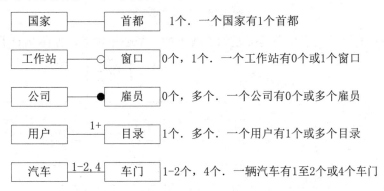

图 7-8　关联的重数

（3）类的层次结构

●　聚集关系

聚集是一种"整体—部分"关系中，有整体类和部分类之分。聚集最重要的性质是传递性，也具有逆对称性。

聚集的符号表示与关联相似，不同的只是在关联的整体类端多了一个菱形框，如图 7-9 所示。该类图中的例子说明了一个字处理应用的对象模型的一部分。文件中有多个段，每个段又有多个句子，每个句子又有多个词。

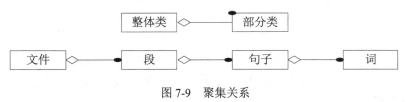

图 7-9　聚集关系

聚集可以有不同层次，可以把部分类聚集起来得到一棵简单的聚集树。聚集树是一种简单表示，比画很多线来将部分类联系起来简单得多，对象模型应该容易地反映各级层次。图 7-10 表示一个关于微机的多级聚集。

●　一般化关系

一般化关系是在保留对象差异的同时共享对象相似性的一种高度抽象方式。它是"一般—具体"的关系。有一般化类和具体类之分，一般化类又称父类，具体类又称子类，各子类继承了父类的性质，而各子类的一些共同性质和操作又归纳到父类中。因此，一般化关系和继承是同时存在的。

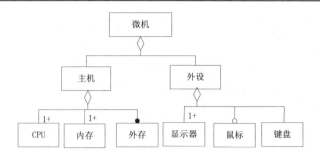

图 7-10　多级聚集

一般化关系的符号表示是在类关联的连线上加一个小三角形，如图 7-11 所示。

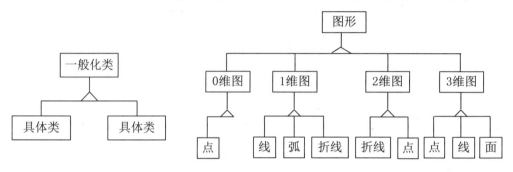

图 7-11　一般化关系

继承有单重继承和多重继承。单重继承指的是子类只有一个父类，在一个类层次结构中，若只有单重继承，则该类层次结构是树型层次结构。多重继承指的是子类继承了多个父类的性质，即子类有多个父类，这是一种比单重继承更为复杂的一般化关系。在一个类层次结构中，若有多重继承，则该类层次结构是网状层次结构。多重继承的优点是在明确类时更有效，同时增加了重用机会，这使得概念建模更接近人的思维。缺点是丢失了概念及实现上的简单性。

（4）对象模型

●　模板

模板是类、关联、一般化结构的逻辑组成。一个模板只反映问题的一个侧面。如房间、电线、自来水管、通风设备等模板反映的就是建筑物的不同侧面。模板的边界大都由人来设置。

●　对象模型

对象模型是由一个或若干模板组成。模板将模型分为若干个便于管理的子块，在整个对象模型和类及关联的构造块之间，模板提供了一种集成的中间单元，模板中的类名及关联名必须是唯一的。各模板也可能使用一致的类名和关联名。模板名一般列在表的顶部，模板没有其他特殊的符号表示。

在不同模板之间可查找相同的类，在多个模板中寻找同一类是将模板组合起来的一种机制。模板之间的链（外部联系）比模板内的链（内部联系）少。

2．动态模型

动态模型是与时间和变化有关的系统性质。该模型描述了系统的控制结构，表示瞬时的、行为化的系统控制性质。关心的是系统的控制，操作的执行顺序，从对象的事件和状态的角度出发，表现了对象的相互行为。

该模型描述的系统属性是触发事件、事件序列、状态、事件与状态的组织。使用状态图作为描述工具。它涉及到事件、状态、操作等重要概念。

（1）事件

事件是指定时刻发生的某件事情。它是某事情发生的信号，没有持续时间，是一种相对性的快速事件。如按下左按钮，航班 2385 起飞到海口。

现实世界中，各对象之间相互触发，一个触发行为就是一个事件。对事件的响应取决于接收该触发的对象的状态，响应包括状态的改变或形成一个新的触发。事件可以看成是信息从一个对象到另一个对象的单向传送，改变事件的对象可能期望对方的答复，但这种答复也是一个受第二个对象控制下的独立事件，第二个对象可以发送也可不发送这个答复事件。

各事件将信息从一个对象传到另一个对象中去，因此要确定各事件的发送对象和接收对象。事件跟踪图用来表示事件、事件的接收对象和发送对象。接收对象和发送对象可用一条垂直线表示。各事件用水平箭头线表示。箭头方向是从发送对象指向接收对象，时间从上到下递增。图 7-12 给出打电话的事件跟踪图。

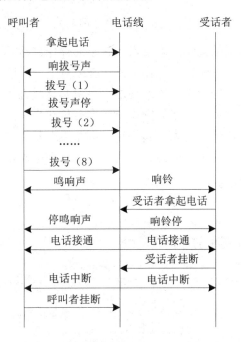

图 7-12　打电话事件跟踪图

（2）状态

状态是对象属性值的抽象。对象的属性值按照影响对象行为的性质将其归并到一个状态中去。状态指明了对象对输入事件的响应。

事件和状态是孪生的，一事件分开两种状态，一个状态分开两个事件。

说明一个状态可以采用下列描述内容：

状态名；状态目的描述；产生该状态的事件序列；表示状态特征的事件；在状态中接收的条件。

（3）状态图

状态图是一个标准的计算机概念，是有限自动机的图形表示，这里把状态图作为建立动态模型的图形工具。

状态图反映了状态与事件的关系。当接收一事件时，下一状态就取决于当前状态和所接收的该事件，由该事件引起的状态变化称为转换。状态图确定了由事件序列引起的状态序列。状态图描述了类中某个对象的行为，由于类的所有实例有相同的行为，那么这些实例共享同一状态图，正如它们共享相同的类性质一样。但因为各对象有自己的属性值，所以各对象也有自己的状态，按自己的步调前进。

状态图是一种图，用结点表示状态，结点用椭圆表示；椭圆内有状态名，用带箭头边线（弧）表示状态的转换，上面标记事件名，箭头方向表示转换的方向。状态图的表示如图 7-13 所示。

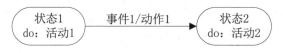

图 7-13　状态图

活动是一种有时间间隔的操作，是依附于状态的操作。活动可以是连续的操作，也可以是经过一段时间后自动结束的顺序操作。在状态结点上，活动表示为"do:活动名"，进入该状态时，则执行该活动的操作，该活动由来自引起该状态的转换的事件终止。动作是一种瞬时操作，是与事件联系在一起的操作，动作名放在事件之后，用"／动作名"来表示。该操作与状态图的变化比较起来，其持续时间是无关紧要的。

单程状态图是具有初始状态和最终状态的状态图。在创建对象时，进入初始状态，进入最终状态隐含着对象消失。

初始状态：用圆点来表示，可标注不同的起始条件。

最终状态：用圆圈中加圆点表示，可标注终止条件。

图 7-14 给出了象棋比赛中的单程状态图。

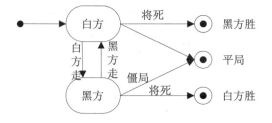

图 7-14　单程图的例子

3. 功能模型

功能模型描述了系统的所有计算。功能模型指出发生了什么，动态模型确定什么时候发生，而对象模型确定发生的客体。功能模型表明一个计算如何从输入值得到输出值，不考虑所计算的次序。功能模型由多张数据流图组成。数据流图说明数据流是如何从外部输入、经过操作和内部存储输出到外部的。功能模型也包括对象模型中值的结束条件。

功能模型说明对象模型中操作的含义、动态模型中动作的意义以及对象模型中约束的意义。一些不存在相互作用的系统，如编译器系统。它们的动态模型较小，因为其目的是功能处理，功能模型是这类系统的主要模型。

功能模型由多张数据流图组成。数据流图用来表示从源对象到目标对象的数据值的流向。数据流图不表示控制信息，控制信息在动态模型中表示。数据流图也不表示对象中值的组织，这种信息在对象模型中表示。

数据流图中有处理、数据流、动作对象和数据存储对象。

（1）处理

数据流图中的处理用来改变数据值。最低层处理是纯粹的函数，一张完整的数据流图是一个高层处理。

处理的表示如图 7-15 所示。用椭圆表示处理，椭圆中含有对处理的描述。各处理均有输入流和输出流，各箭头上方标识出输入输出流。图 7-15 表示了"整数除法"和"显示图标"两个处理。处理用类的操作的方法来实现。

图 7-15　处理

（2）数据流

数据流图中的数据流将对象的输出与处理、处理与对象的输入、处理与处理联系起来。在一个计算中，用数据流来表示一中间数据值，数据流不能改变数据值。

数据流图边界上的数据流是图的输入／输出流，这些数据流可以与对象相关，也可以不相关。图 7-15 中"显示图标"的输入流是图标名和位置，该输入流的产生对象应在上一层数据流图中说明。该图的输出流是像素操作，接收对象是屏幕缓冲区。

（3）动作对象

动作对象是一种主动对象，它通过生成或者使用数据值来驱动数据流图。动作对象即为数据流图的输入流的产生对象和输出流的接收对象，即动作对象位于数据流图的边界。作为输入流的源点或输出流的终点。

动作对象用长方形表示，说明它是一个对象，动作对象和处理之间的箭头线表明了该图的输入、输出流。

（4）数据存储对象

数据流图中的数据存储是被动对象，是用来存储数据。它与动作对象不一样，数据存储本身不产生任何操作，只响应存储和访问数据的要求。

数据存储用十条平行线段来表示。线段之间标注存储名，输入箭头表示更改所存储的数据，如增加元素、更改数据值、删除元素等。输出箭头表示从存储中查找信息。

动作对象和数据存储对象都是对象，由于它们的行为和用法不同，区分了这两种对象。存储可以用文件来实现，而动作对象可用外部设备来体现。

有些数据流也是对象。尽管在许多情况下，它们只代表纯粹的值含义。把对象看成是单纯的数值和把对象看成是包含有许多数值的数据存储，这二者是有明显差异的。

7.2.2 面向对象分析

面向对象的分析（Object Oriented Analysis，OOA）涉及到建立客观世界的精确、简洁、可理解的正确模型。在构造任何复杂的结构之前，设计者必须了解需求及问题所处的环境。

面向对象分析的目的是对客观世界的系统进行建模。为了做到这种模型化，必须调查所有需求，分析所有需求的实质含义，并重新严格定义。本节以上面介绍的模型要领为基础，结合"银行网络系统"的具体实例来构造客观世界问题的准确、严密的分析模型。

分析模型有三种用途：用来明确问题需求；为用户和开发人员提供明确需求；为用户和开发人员提供一个协商的基础，作为后继的设计和实现的框架。

1. 面向对象分析的过程

面向对象分析的过程如图 7-16 所示。

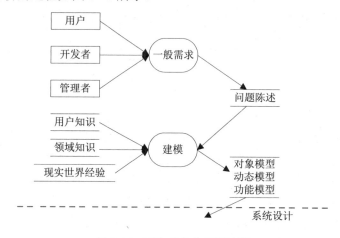

图 7-16　面向对象分析的过程

系统分析开始于用户和开发者对问题的陈述。该陈述可能是不完整的或不正确的，分析可以使陈述更精确并且提示陈述的二义性和不一致性。问题陈述不是一成不变，应该是细化实际需求的基础。

接着必须理解问题陈述中描述的客观世界，将它的本质属性抽象成模型表示。自然语言的描述通常是二义性、不完整并且也是不一致的。分析模型应该是问题的精确而又简洁的表示，后继的设计阶段必须参考模型的内容，更重要的是开发早期的错误可以通过分析模型来修正。

　　分析不可能按照严格顺序来执行，大型模型需要反复构造，先构造模型的子集，然后扩充直至理解整个问题。

　　分析并非是机械过程，大多数问题陈述缺少必要的信息。这种信息可从用户或从分析者对问题域的背景中得到。分析者必须与用户接触、交流，目的是澄清二义性和错误概念。开发任何系统的第一步都是陈述需求，如果目标模糊，只会推迟决策，导致修改麻烦。问题陈述应该阐述"要干什么"，而不是"如何做"。它应该是需求的陈述，而不是解决问题的方法。

　　问题陈述可详细也可简略，传统问题的需求一般相当详细，而对一个新的领域的研究项目的需求可能缺少许多详情，应假设这种研究有一些目标，这样就可陈述清楚。

　　分析者必须同用户一块工作来提炼需求，因为这样才表示了用户的真实意图，其中涉及对需求的分析及查找丢失的信息。

　　下面以"银行网络系统"为例，用面向对象方法进行开发。

　　银行网络系统问题陈述：

　　设计支持银行网络的软件，银行网络包括出纳站和分行共享的自动出纳机。每个分析通信，出纳站录入用户和事务数据；自动出纳机与分行计算机通信，分行计算机与拨款分理处结账，自动出纳机与用户接口接受现金卡，与分行计算机通信完成事务，发放现金，打印收据；系统需要记录保管和安全措施；系统必须正确处理同一账户的并发访问；每个分理处为自己的计算机准备软件，银行网络费用根据顾客和现金卡的数目分摊给各分理处。图 7-17 给出银行网络系统的示意图。

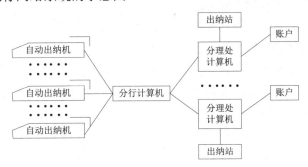

图 7-17　银行网络系统的示意图

2. 建立对象模型

　　首先标识类和关联，因为它们影响了整体结构和解决问题的方法；其次是增加属性，进一步描述类和关联的基本网络，使用继承合并和组织类；最后将操作增加到类中去作为构造动态模型和功能模型的副产品。

　　（1）确定类

　　构造对象模型的第一步是标出来自问题域的相关的对象类，对象包括物理实体和概念。所有类在应用中都必须有意义，在问题陈述中，并非所有类都是明显给出的，有些是隐含在问题域或一般知识中的。

按图 7-18 所示的过程确定类。

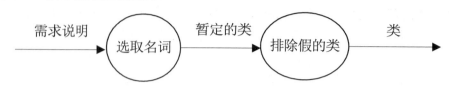

图 7-18　确定类

检查问题陈述中的所有名词，产生如下的暂定类：

软件	银行网络	出纳员	自动出纳机	分行
分理处	分理处计算机	账户	事务	出纳站
事务数据	分行计算机	现金卡	用户	现金
收据	系统	顾客	费用	账户数据
访问	安全措施	记录保管		

根据下列标准，去掉不必要的类和不正确的类。

①冗余类：若两个类表述了同一个信息，保留最富有描述能力的类。如"用户"和"顾客"就是重复的描述，因为"顾客"最富有描述性，因此保留它。

②不相干的类：除掉与问题没有多少关系或根本无关的类。

③模糊类：类必须是确定的，有些暂定类边界定义模糊或范围太广。如"记录保管"就是模糊类，是"事务"中的一部分。

④属性：某些名词描述的是其他对象的属性，则从暂定类中删除。如果某一性质的独立性很重要，就应该把它归属到类，而不把它作为属性。

⑤操作：如果问题陈述中的名词有动作含义，则描述的操作就不是类。但是具有自身性质而且需要独立存在的操作应该描述成类。如只构造电话模型，"拨号"是一个重要的类，它有日期、时间、受话地点等属性。

在银行网络系统中，模糊类是"系统""安全措施""记录保管""银行网络"等。属于属性的有："账户数据""收据""现金""事务数据"。属于实现的如，"访问""软件"等，这些均应除去。

（2）准备数据字典

为所有建模实体准备一个数据字典。准确描述各个类的精确含义，描述当前问题中的类的范围，包括对类的成员、用法方面的假设或限制。

（3）确定关联

两个或多个类之间的相互依赖就是关联。一种依赖表示一种关联，可用各种方式来实现关联，但在分析模型中应删除实现的考虑，以便设计时更为灵活。

关联常用描述性动词或动词词组来表示，其中有物理位置的表示、传导的动作、通信、所有者关系、条件的满足等。从问题陈述中抽取所有可能的关联表述，把它们记下来，但不要过早去细化这些表述。

下面是银行网络系统中所有可能的关联，大多数是直接抽取问题中的动词词组而得到的。在陈述中，有些动词词组表述的关联是不明显的。还有一些关联与客观世界或人的假设有关，必须同用户一起核实这种关联，因为这种关联在问题陈述中找不到。

银行网络问题陈述中的关联：

- 银行网络包括出纳站和自动出纳机；
- 分行共享自动出纳机；
- 分理处提供分理处计算机；
- 分理处计算机保存账户；
- 分理处计算机处理账户支付事务；
- 分理处拥有出纳站；
- 出纳站与分理处计算机通信；
- 出纳员为账户录入事务；
- 自动出纳机接受现金卡；
- 自动出纳机与用户接口；
- 自动出纳机发放现金；
- 自动出纳机打印收据；
- 系统处理并发访问；
- 分理处提供软件；
- 费用分摊给分理处。

隐含的动词词组：

- 分行由分理处组成；
- 分理处拥有账户；
- 分行拥有分行计算机；
- 系统提供记录保管；
- 系统提供安全；
- 顾客有现金卡。

基于问题域知识的关联：

- 分理处雇用出纳员；
- 现金卡访问账户。

使用下列标准去掉不必要和不正确的关联。

①若某个类已被删除，那么与它有关的关联也必须删除或者用其他类来重新表述。在上例中，删除了"银行网络"，相关的关联也要删除。

②不相干的关联或实现阶段的关联：删除所有问题域之外的关联或涉及实现结构中的关联。如"系统处理并发访问"就是一种实现的概念。

③动作：关联应该描述应用域的结构性质而不是瞬时事件，因此应删除"自动出纳机接受现金卡""自动出纳机与用户接口"等。

④派生关联：省略那些可以用其他关联来定义的关联。因为这种关联是冗余的。银行网络系统的初步对象图如图 7-19 所示，其中含有关联。

（4）确定属性

属性是个体对象的性质，通常用修饰性的名词词组来表示。形容词常表示具体的可枚举的属性值。属性不可能在问题陈述中完全表述出来，必须借助于应用域的知识及对客观世界的知识才可以找出它们。

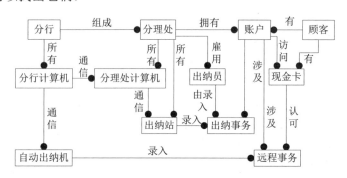

图 7-19　银行网络系统的初始对象图

只考虑与具体应用直接相关的属性，不要考虑那些超出问题范围的属性。首先找出重要属性，避免那些只用于实现的属性，要为各个属性取有意义的名字。

按下列标准删除不必要的和不正确的属性。

①对象：若实体的独立存在比它的值重要，那么这个实体不是属性而是对象。如在邮政目录中，"城市"是一个属性，然而在人口普查中，"城市"则被看作是对象。在具体应用中，具有自身性质的实体一定是对象。

②限定词：若属性值取决于某种具体上下文，则可考虑把该属性重新表述为一个限定词。

③名称：名称常常作为限定词而不是对象属性，当名称不依赖于上下文关系时，名称即为一个对象属性，尤其是它不唯一时。

④标识符：在考虑对象模型时，引入对象标识符表示，在对象模型中不列出这些对象标识符。它是隐含在对象模型中，只列出存在于应用域的属性。

⑤内部值：若属性描述了对外不透明的对象的内部状态，则应从对象模型中删除该属性。

⑥细化：忽略那些不可能对大多数操作有影响的属性。

（5）使用继承来细化类

使用继承来共享公共结构，以此来组织类，可以用以下两种方式来进行。

①自底向上通过把现有类的共同性质一般化成父类，寻找具有相似的属性、关联或操作的类来发现继承。例如"远程事务"和"出纳事务"是类似的，可以一般化为"事务"。有些一般化结构常常是基于客观世界边界的现有分类，只要可能，尽量使用现有概念。对称性常有助于发现某些丢失的类。

②自顶向下将现有类细化为更具体的子类。具体化常常可从应用域中明显看出来。应用域中各枚举子类情况是最常见的具体化的来源。例如，菜单可以有固定菜单、顶部菜单、弹出菜单、下拉菜单等，这就可以把菜单类细化为各种具体菜单的子类。当同一关联名出现多次且意义也相同时，应尽量具体化为相联系的类。例如"事务"从"出纳站"和"自动出纳机"进入，则"录入站"就是"自动出纳机"的一般化。在

类层次中，可以为具体的类分配属性和关联。各属性和关联都应该分配给最一般的合适的类，有时也加上一些修正。

（6）完善对象模型

对象建模不可能一次就能保证模型是完全正确，软件开发的整个过程就是一个不断完善的过程。模型的不同组成部分多半是在不同的阶段完成，如果发现模型的缺陷就必须返回到前期阶段去修改，有些细化工作是在动态模型和功能模型完成之后才开始进行的。

①几种可能丢失对象的情况及解决方法。同一类中若存在毫无关系的属性和操作，则分解这个类，使各部分相互关联。

②查找多余的类。若类中缺少属性、操作和关联，则可删除这个类。

③查找丢失的关联。若丢失了操作的访问途径，则加入新的关联以回答查询。

④针对银行网络系统的具体情况作如下的修改：现金卡有多个独立的特性。把它分解为两个对象——卡片权限和现金卡。

卡片权限：是银行用来鉴别用户访问权限的卡片，表示一个或多个用户账户的访问权限；各个卡片权限对象中可能具有好几个现金卡，每张都带有安全码、卡片码，它们附在现金卡上，表示银行的卡片权限。

现金卡：是自动出纳机得到标识码的数据卡片，也是银行代码和现金代码的数据载体。

"事务"不能体现对账户之间的传输描述的一般性，因它只涉及一个账户。一般来说，在每个账户中，一个"事务"包括一个或多个"更新"，一个"更新"是对账户的一个动作，它们是取款、存款、查询之一。一个"事务"中所有"更新"应该是一个原子操作。

"分理处"和"分理处计算机"之间、"分行"和"分行计算机"之间的区分不影响分析，计算机的通信处理实际上是实现的概念，将"分理处计算机"并入到"分理处"，将"分行计算机"并入到"分行"。

图 7-20 表示一个修改后的对象模型，它更为简单和清晰。

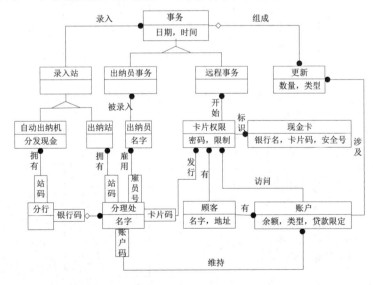

图 7-20　修改后的银行网络的对象模型

3. 建立动态模型

（1）准备脚本

动态分析从寻找事件开始，然后确定各对象的可能事件的顺序。在分析阶段不考虑算法的执行，算法是实现模型的一部分。

考虑用户和系统之间的一个或多个典型对话，这样对目标系统的行为就有个初步的认识。有时问题陈述中描述了完整的交互过程，但还要构思交互的形式。银行网络系统的问题陈述表明了需要从用户处获得事务的数据，但确切需要什么参数、动作顺序是如何等还是模糊的。

（2）确定事件

确定所有外部事件。事件包括所有来自或发往用户的信息、外部设备的信号、输入、转换和动作，可以发现正常事件，但不要遗漏条件和异常事件。将各种类型的事件放入发送它和接受它的对象中，事件对发送者是输出事件，但对接收者则是输入事件。有时对象把事件发送给自身。这种情况下事件是输出事件也是输入事件。

（3）准备事件跟踪表

把脚本表示在一个事件跟踪表，即不同对象间的事件排序表。对象为表中的列，给每个对象分配一个独立的列。图 7-21 给出了银行网络系统的事件跟踪表。图 7-22 给出了事件流图，它给出类之间的所有事件。事件流图是对象图的一个动态对照，对象图中路径反映了可能性的信息流，而事件流图反映了可能的控制流。

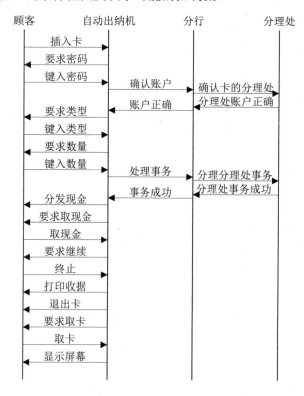

图 7-21 银行网络系统的事件跟踪

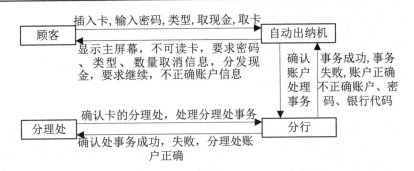

图 7-22　银行网络系统的事件流图

（4）构造状态图

对各对象类建立状态图，反映对象接收和发送的事件，每个事件跟踪都对应于状态图中的一条路径。

在银行网络系统的例子中，自动出纳机、出纳站、分行和分理处对象都是动作对象，它们用来交换事件。而现金卡、事务和账户都是被动对象，不交换事件。顾客和出纳员都是动作对象，它们同录入站的交互作用已经表示出来了。但顾客和出纳员对象都是系统外部的因素，不在系统内部实现。图 7-23 给出了"自动出纳机"类的状态图。

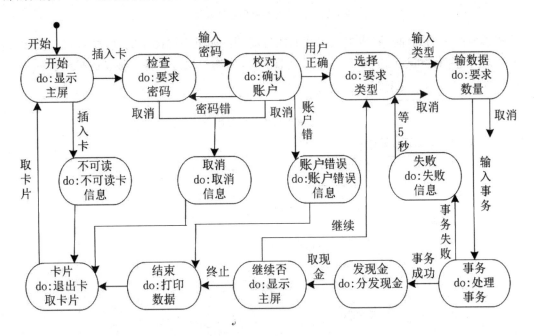

图 7-23　"自动出纳机"类的状态图

4．建立功能模型

功能模型用来说明值是如何计算的，表明值之间的依赖关系及其相关的功能。数据流图有助于表示功能依赖关系，其中的处理对应于状态图的活动和动作，数据流对应于对象图中的对象或属性。

（1）确定输入值、输出值

输入、输出值是系统与外部世界之间的事件的参数。检测问题陈述，从中找到遗漏的所有输入、输出值。由于所有系统与外部世界之间的交互都经过自动出纳机，因而所有输入、输出值都是自动出纳机事件的参数。

（2）建立数据流图

数据流图说明输出值是怎样从输入值得来的，通常按层次组织。最顶层由单个处理组成，也可由收集输入、计算值、生成结果的一个综合处理构成。图 7-24 给出自动出纳机顶层数据流图。图中的空三角表示产生对象的数据流。

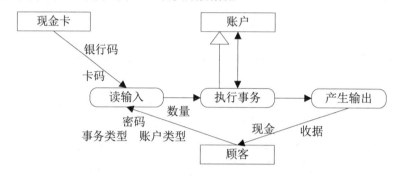

图 7-24　自动出纳机顶层数据流图

将顶层图中的处理扩展成更低层次的数据流图，如果下层图中的处理仍包含一些可细化的处理，它们还可递归扩展，图 7-25 是图 7-24 中的"执行事务"处理的扩展。

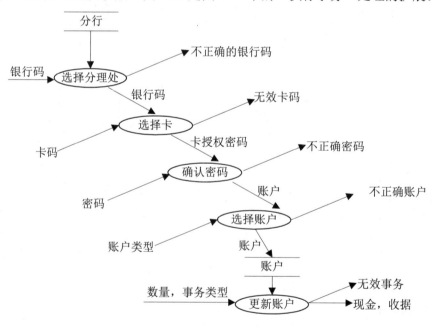

图 7-25　自动出纳机"执行事务"处理的数据流图

5．确定操作

在建立对象模型时，确定了类、关联、结构和属性，还没有确定操作。只有建立了动态模型和功能模型之后，才可能最后确定类的操作。

操作与对象模型中属性和关联的查询有关，与动态模型的事件有关，与功能模型的处理有关。这些操作应添加到对象模型中。

（1）对象模型中的操作

来自对象结构中的操作有读、写属性值。这些操作没有在对象模型中明确表示出来。但可从属性中推出。

（2）来自事件的操作

发往对象的各个事件对应于对象上的各个操作。这些操作修改对象的属性值，同时也可启动新的操作。

（3）来自状态动作和活动的操作

状态图中的活动和动作可能是操作，这些活动依附于状态，这些动作依附于事件，它们应该定义成对象模型中的操作。

（4）来自处理的操作

数据流图中各个处理对应一个对象上的操作，这些处理常常具有计算结构，并且应该添加到对象模型中。

7.2.3　面向对象设计

面向对象设计（Object Oriented Design，OOD）是把分析阶段得到的需求转变成符合成本和质量要求的、抽象的系统实现方案的过程。从面向对象分析到面向对象设计，是一个逐渐扩充模型的过程。或者说，面向对象设计就是用面向对象观点建立求解域模型的过程。

尽管面向对象分析和面向对象设计的定义有明显区别，但是在实际的软件开发过程中二者的界限是模糊的。许多分析结果可以映射成设计结果，而在设计过程中又往往会加深和补充对系统需求的理解，从而进一步完善分析结果。因此，分析和设计活动是一个多次反复迭代的过程。面向对象方法学在概念和表示方法上的一致性，保证了在各项开发活动之间的平滑（无缝）过渡，领域专家和开发人员能够比较容易地跟踪整个系统开发过程，这是面向对象方法与传统方法比较起来所具有的一大优势。

瀑布模型把设计进一步划分成概要设计和详细设计两个阶段，类似地，也可以把面向对象设计再细分为系统设计和对象设计。系统设计确定实现系统的策略和目标系统的高层结构。对象设计确定解空间中的类、关联、接口形式及实现操作的算法。

1．面向对象设计的准则

模块化设计有几条基本原理，这些原理在进行面向对象设计时仍然适用，但是增加一些与面向对象方法密切相关的新特点，从而具体化为下列的面向对象设计准则。

（1）模块化

面向对象开发方法很自然地支持了把系统分解成模块的设计原理：对象就是模块。它是把数据结构和操作这些数据的方法紧密地结合在一起所构成的模块。

（2）抽象

面向对象方法不仅支持过程抽象，还支持数据抽象。类型实际上是一种抽象数据类型，它对外开放的公共接口构成类的规格说明（即协议）。这种接口规定了外界可以使用的合法操作，利用这些操作可以对类实例中包含的数据进行操作。使用者无须知道这些操作的实现算法和类中数据元素的具体表示方法，就可以通过这些操作使用类中定义的数据。通常把这类抽象称为规格说明抽象。

此外，某些面向对象的程序设计语言还支持参数化抽象。所谓参数化抽象是指当描述类的规格说明时并不具体指定所要操作的数据类型，而是把数据类型作为参数。这使得类的抽象程度更高，应用范围更广，可重用性更高。例如，C++语言提供的"模板"机制就是一种参数化抽象机制。

（3）信息隐蔽

在面向对象方法中，信息隐蔽通过对象的封装性来实现。类结构分离了接口与实现，从而支持了信息隐蔽。对于类的用户来说，属性的表示方法和操作的实现算法都应该是隐蔽的。

（4）低耦合

在面向对象方法中，对象是最基本的模块，因此耦合主要指不同对象之间相互关联的紧密程度。低耦合是设计的一个重要标准，因为这有助于使得系统中某一部分的变化对其他部分的影响降到最低程度。在理想情况下，对某一部分的理解、测试或修改，无须涉及系统的其他部分。

如果一类对象过多地依赖其他类对象来完成自己的工作，那么不仅给理解、测试或修改这个类带来很大困难，还将大大降低该类的可重用性和可移植性。显然，类之间的这种相互依赖关系是高耦合的。应该避免对象之间的高耦合，强调对象间的低耦合。

当然，对象不可能是完全孤立的，当两个对象必须相互联系、相互依赖时，应该通过类型的协议（即公共接口）来实现耦合，而不应该依赖于类型的具体实现细节。

（5）高内聚

在面向对象设计中存在下述3种内聚。

①操作内聚。一个操作应该完成一个且仅完成一个功能。

②类内聚。设计类的原则是一个类应该只有一个用途，它的属性和操作应该是高内聚的。类的属性和操作应该全都是完成该类对象的任务所必需的，其中不包含无用的属性或操作。如果某个类有多个用途，通常应该把它分解成多个专用的类。

③一般—具体内聚。设计出的一般—具体内聚结构，应该符合多数人的概念。更准确地说，这种结构应该是对相应的领域知识的正确抽取。

例如，虽然表面看来飞机与汽车有相似的地方（都用发动机驱动，都有轮子……），但是，如果把飞机和汽车都作为"机动车"类的子类，则明显违背了人们的常识，这样的一般—具体结构是低内聚的。正确的做法是，设置一个抽象类"交通工具"，把飞机和机动车作为交通工具类的子类，而汽车又是机动车类的子类。

一般说来，紧密的继承耦合与高度的一般—具体内聚是一致的。

2．面向对象设计的启发规则

人们使用面向对象方法开发软件的历史虽然不长，但也积累了一些经验。总结这些经验得出了几条启发规则，它们往往能帮助软件开发人员提高面向对象设计的质量。

（1）设计结果应该清晰易懂

使设计结果清晰、易读、易懂是提高软件可维护性和可重用性的重要措施。保证设计结果清晰易懂的主要因素如下。

● 用词一致。应该使名字与它所代表的事物一致，而且应该尽量使用人们习惯的名字。不同类中相似操作的名字应该相同。

● 使用已有协议。如果开发同一软件的其他设计人员已经建立了类的协议，或者在使用的类库中已有相应的协议，则应该使用这些已有的协议。

● 减少消息模式的数目。如果已有标准的消息模式，设计人员应该遵守这些模式。如果确需自己建立消息模式，设计人员应该尽量减少消息模式的数目，只要可能，就使消息具有一致的模式，以利于读者理解。

● 避免模糊的定义。一个类的用途应该是有限的，而且应该从类名可以较容易地推想出它的用途。

（2）一般—具体结构的深度应适中

应该使类结构中包含适当的层次数。一般说来，在一个中等规模（大约包含 100 个类）的系统中，类结构层次数应保持为 5 至 9。不应该仅仅从方便编码的角度出发随意创建派生类，应该使一般—具体结构与领域知识或常识保持一致。

（3）设计简单的类

应该尽量设计小而简单的类，这样便于开发和管理。当类很大的时候，要记住它的所有操作是非常困难的。经验表明，如果一个类的定义不超过一页纸（或两屏），则使用这个类是比较容易的。要类保持简单，应该注意以下几点。

● 避免包含过多的属性。属性过多通常表明这个类过于复杂了，它所完成的功能可能太多了。

● 有明确的定义。为了使类的定义明确，分配给每个类的任务应该简单，最好能用一两个简单句描述它的任务。

● 尽量简化对象之间的合作关系。如果需要多个对象协同配合才能做好一件事，则破坏了类的简明性和清晰性。

● 不要提供太多的操作。一个类提供的操作过多，同样表明这个类过分复杂。典型地，一个类提供的公共操作不超过 7 个。

在开发大型软件系统时，遵循上述启发规则也会带来另一个问题：设计出大量较小的类，这同样会带来一定的复杂性。解决这个问题的办法是把系统中的类按逻辑分组，也就是划分"模板"。

（4）使用简单的协议

一般说来，消息中的参数不要超过 3 个。当然，不超过 3 个的限制也不是绝对的，但是通过复杂消息相互关联的对象是高耦合的，对一个对象的修改往往导致其他对象的修改。

（5）使用简单的操作

面向对象设计出来的类中的操作通常都很小，一般只有 3 至 5 行源程序语句，可以用仅含一个动词和一个宾语的简单句子描述它的功能。如果一个操作中包含了过多的源程序语句，或者语句嵌套层次太多，或者使用了复杂的 CASE 语句，则应该仔细检查这个操作，设法分解或简化它。一般说来，应该尽量避免使用复杂的操作。如果需要在操作中使用 CASE 语句，通常应该考虑用一般—具体结构代替这个类的可能性。

（6）把设计变动减至最小

通常，设计的质量越高，设计结果保持不变的时间也越长。即使出现必须修改设计的情况，也应该使修改的范围尽可能小。

在设计的早期阶段，变动较大；随着时间的推移，设计方案日趋成熟，改动也越来越小了。

3. 系统设计

系统设计是问题求解及建立解答的高级策略。必须制定解决问题的基本方法，系统的高层结构形式包括子系统的分解、它的固有并发性、子系统分配给硬软件、数据存储管理、资源协调、软件控制实现、人机交互接口。

系统的总体组织称为系统体系结构，存在大量、常见的系统结构风格，不同的风格用于不同的实际应用。不同的风格对三种模型的强调程度也不相同。

（1）系统设计概述

设计阶段先从高层入手，然后细化。系统设计要决定整个结构及风格，这种结构为后面设计阶段更详细策略的设计提供了基础。

①系统分解。系统中主要的组成部分称为子系统，子系统既不是一个对象也不是一个功能，而是类、关联、操作、事件和约束的集合。每次分解的各子系统数目不能太多，最底层子系统称为模块。

②确定并发性。分析模型、现实世界及硬件中不少对象均是并发的。系统设计的一个重要目标就是确定哪些必须是同时动作的对象，哪些不是同时动作的对象。后者可放在一起，综合成单个控制线或任务。

③处理器及任务分配。各并发子系统必须分配给单个硬件单元，要么是一个一般的处理器，要么是一个具体的功能单元，必须完成下面的工作：估计性能要求和资源需求；选择实现子系统的硬软件；将软件子系统分配给各处理器以满足性能要求和极小化处理器之间的通信；决定实现各子系统的各物理单元的联结。

④数据存储管理。系统中的内部数据和外部数据的存储管理是一项重要的任务。通常各数据存储可以将数据结构、文件、数据库组合在一起，不同数据存储要在费用、访问时间、容量及可靠性之间做出折中考虑。

⑤全局资源的处理。必须确定全局资源，并且制定访问全局资源的策略。全局资源包括：物理资源，如处理器、驱动器等；空间，如磁盘空间，工作站屏幕等；逻辑名字，如对象标识符、类名、文件名等。

如果资源是物理对象，则可以通过建立协议实现对并发系统的访问，以达到自身控制。

如果资源是逻辑实体，如对象标识符，那么在共享环境中有冲突访问的可能；如独立的事务可能同时使用同一个对象标识符，则各个全局资源都必须有一个保护对象，由保护对象来控制对该资源的访问。

⑥选择软件控制机制。分析模型中所有交互行为都表示为对象之间的事件。系统设计必须从多种方法中选择某种方法来实现软件的控制。

⑦人机交互接口设计。设计中的大部分工作都与稳定的状态行为有关，但必须考虑用户使用系统的交互接口。

（2）系统结构的一般框架

现有系统存在不少共同原型的结构框架，其中各框架都能很好地适合不同的系统。若某一应用具有类似的性质，则可以使用相应的框架来节省设计时间。

常见的系统种类有批变换、连续变换、交互式接口、动态模拟、实时系统、事务管理。有些总是需要新的结构形式，但大多数问题只是上述结构的变种，许多问题是多种结构的形式的组合。

（3）系统分解——建立系统的体系结构

使用面向对象方法开发软件时，在分析与设计之间并没有明确的分界线。分析与设计是性质不同的两类开发工作，分析工作可以且应该与具体实现无关。设计工作在很大程度上受具体实现环境的约束。在开始进行设计工作之前（至少在完成设计之前），设计者应该了解本项目预计要使用的编程语言和可用的构件库（主要是类库）以及程序员的编程经验。

通过面向对象分析得到的问题域精确模型，为设计体系结构奠定了良好的基础，建立了完整的框架。只要可能，就应该保持面向对象分析所建立的问题域结构。通常，面向对象设计仅需从实现角度对问题域模型做一些补充或修改，主要是增添、合并或分解类、属性及操作，调整继承关系等等。

使用面向对象方法开发软件，能够保持问题域组织框架的稳定性，从而便于追踪分析、设计和编程的结果。在设计与实现过程中所做的细节修改（例如，增加具体类，增加属性或操作），并不影响开发结果的稳定性，因为系统的总体框架是基于问题域的。

银行网络系统是交互式接口和事务管理系统的混合物。自动工作站是交互式接口，它们的目的是通过与人的交互来收集构造事务处理所需的信息。自动出纳机由对象模型和动态模型组成，功能模型可忽略不计，分行和分理处主要是分布式事务管理系统，它们的目的是维护数据库信息，在控制条件下允许在分布式网络上多次修改该数据库。所确定的事务管理部分是主要的对象。

图 7-26 表示了银行网络系统的结构，其中含 3 个主要子系统：自动出纳机工作站、分行计算机、分理处计算机。其拓扑结构为星状，如图 7-27 所示。分行计算机同所有自动出纳机工作站、分理处计算机通信，各个联结为专用电话线，工作站码和银行码用来区分联结分行的电话线。

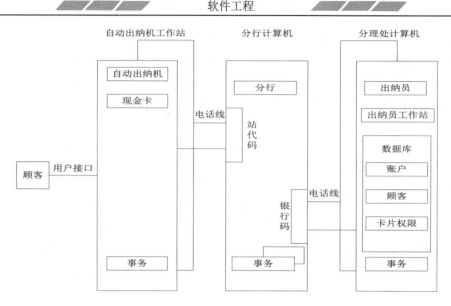

图 7-26　银行网络系统的结构

图 7-27　银行网络系统的拓扑结构

（4）选择软件控制机制

软件系统中存在两种控制流：外部控制流与内部控制流。外部控制流是系统中对象之间外部事件的事件流，有三种外部事件控制流：过程驱动序列、事件驱动序列、并发序列。所采用的控制风格取决于所用资源和应用交互的模式。内部控制流是一个处理内部的控制，如程序调用或事务调用等，为方便起见，均可结构化。

（5）数据存储管理

数据存储管理是系统存储或检索对象的基本设施，是建立在某种数据存储管理系统之上，并且隔离了数据存储管理模式（文件、关系数据库或面向对象数据库）的影响。

不同数据存储管理模式有不同的特点，适用范围也不相同，设计者应该根据应用系统的特点选择适用的模式。

从图 7-26 中可以看出，唯一的永久性数据存储放在分理处计算机中，因为必须保持数据的一致性和完整性，而且常常有多个并发事务同时访问这些数据，因此采用成熟的商品化关系数据库管理系统来存储数据。应该把每个事务作为一个不可分割的批操作来处理，由事务封锁账户直到该事务结束为止。

在这个例子中，需要存储的对象主要是账户类的对象。为了支持数据存储管理的实现，账户类对象必须知道自己是怎样存储的，有两种方法可以达到这个目的。

①每个对象自己保存自己。账户类对象在接到"存储自己"的通知后，知道怎样把自

身存储起来（需要增加一个属性和一个操作来定义上述行为）。

②由数据管理子系统负责存储对象。账户类对象在接到"存储自己"的通知后，知道应该向数据管理子系统发送什么消息，以便由数据管理子系统把它的状态保存起来，为此也需要增加属性和操作来定义上述行为。使用这种方法的优点是无须修改对象模型。应该定义一个数据管理类 ObjectServer，并声明它的对象。这些类提供下列操作：通知对象保存自身或保存需长期存储的对象的状态；检索已存储的对象并使之"复活"。

（6）设计人机交互接口

在面向对象分析的过程中，已经对用户界面需求作了初步分析。在面向对象设计的过程中，则应该对系统的人机交互接口进行详细设计，以确定人机交互的细节，其中包括指定窗口和报表的形式、设计命令层次等项内容。

4．对象设计

对象设计要确定实现用到的类、关联的完整定义、接口的形式以及实现操作方法的算法，可以增加实现必需的内部对象，对数据结构和算法进行优化。

（1）对象设计概括

在对象设计中，必须按照系统设计中确定的设计策略进行设计，完善相应的细节，设计工作的重心必须从强调应用域的概念转到强调计算机实现概念上来。分析中得到的对象可作为设计的框架，要选择相应的方法来实现这个框架。选择方法的标准是尽可能减少执行时间，占用内存少，开销小。分析中得到的类、属性和关联等都必须用具体的数据结构来实现，不定期必须引入新的类来存储中间结果，从而避免重复设计。

（2）三种模型的结合

①获得操作。对象模型是组织对象设计的主要框架，来自分析阶段的对象模型可能未表示操作，必须将动态模型中的动作及活动以及功能模型中的处理转换成操作，加入到对象类中。各对象图描述了对象的自下而上周期，状态转换是指对象状态的变化，应把它映射成对象上的操作。

某对象发出的事件可能表示了另一对象上的操作，事件常常成对出现。第一事件触发一个动作，而第二事件返回结果或者说明该动作已经完成。在这种情况下，事件映射成执行该动作的操作和返回控制，只要这两个事件位于对象之间的单个控制线上。

②确定操作的目标对象。状态图中转换所触发的动作或活动可以扩展为功能模型的数据流图，数据流图的处理网络表示了操作的主体，图中的数据流是该操作的中间值，必须将这种图表结构转换成算法的线性步骤序列。数据流图中的处理组成了子操作，其中一些子操作可能是原始目标对象或其他对象上的操作。

（3）算法设计

对象类中确定的各个操作都必须用算法来表示，算法设计按如下过程进行。

- 选择极小化开销的算法。
- 选择适用于该算法的数据结构。
- 定义必需的新的内部类和操作。
- 将操作响应赋给合适的类。

选择算法时涉及选择算法所使用的数据结构，许多实现的数据结构都是包容类的实例，大多数面向对象语言提供了基本数据结构供用户自选组合定义。

在展开算法时，可能引入一些新的对象类，用来存放中间结果，在分解高层操作时也可引入新的低层操作。必须定义这些低层操作，因为大多数这类操作是外部不可见的。

（4）优化设计

效率低但语法正确的分析模型应该进行优化，其目的是使实现更为有效。但优化后的系统有可能会产生二义性且减少了可重用的能力，必须在清晰性和效率之间寻找一种适宜的折中方案。

（5）控制的实现

作为系统设计的一部分，已为动态模型的实现选择了一种基本策略，而对象设计中必须完善这种策略。

（6）调整继承

随着对象设计的深入，常要调整类及操作的定义以提高继承的数目。

（7）关联的设计

关联是对象模型的纽带，提供了对象之间的访问路径。关联是用于建模和分析的概念实体，在对象设计时要实现对象模型中的关联。

①关联的遍历。从抽象角度看，关联是双向的，但是有些应用中的关联是单向的。这种单向关联实现起来就简单，但应用的需求也可能是变化的，将来有可能增加新的操作时，该操作需从反向遍历这个过去的单向关联。

②单向关联。如果关联只是单向遍历，则可用指针来实现，指针是一个含有对象引用的属性。如果重数是一元的，则为一个简单指针，如果重数为多元的，则就是一个指针集合。

③双向关联。许多关联是双向遍历的，各方向的遍历频度不是相等的。有以下三种方法可以实现它们。

● 只将一个方向用属性实现，当需要反向遍历时就执行一项查找，当两个方向的遍历的频度相差较大时，使用这种方法很有效。

● 双向均用属性实现，这种方法允许快速访问。

● 用独立的关联对象实现，该对象独立于关联中的任何一个类，关联对象是一个相关对象对的集合。

7.2.4 面向对象的实现

面向对象实现主要包括两项工作：第一项工作是把面向对象设计的结果，翻译成用某种程序设计语言书写的面向对象程序；第二项工作是测试并调试面向对象的程序。

面向对象程序的质量基本上由面向对象设计的质量决定，但所采用的程序设计语言的特点和程序设计风格也将对程序的可靠性、可重用性和可维护性产生深远的影响。

目前，软件测试仍然是保证软件可靠性的主要措施，对于面向对象的软件来说，情况也是如此。面向对象测试的目标是用尽可能低的测试成本和尽可能少的测试方案，发现尽可能多的错误。面向对象程序中特有的封装、继承和多态等机制，也给面向对象测试带来一些新特点，增加了测试和调试的难度。

1. 程序设计语言

（1）面向对象语言的优点

面向对象设计的结果，既可以用面向对象语言，也可以用非面向对象语言实现。使用面向对象语言时，由于语言本身充分支持面向对象概念的实现，因此编译程序可以自动把面向对象概念映射到目标程序中。例如，C 语言并不直接支持类或对象的概念，程序员只能在结构（struct）中定义变量和相应的函数（事实上，不能直接在结构中定义函数，而是要利用指针间接定义）。所有非面向对象语言都不支持一般—特殊结构的实现，使用这类语言编程时，要么完全回避继承的概念，要么在声明特殊化类时，把对一般化类引用嵌套在它里面。

到底应该选用面向对象语言还是非面向对象语言，关键不在于语言功能强弱。从原理上说，使用任何一种通用语言都可以实现面向对象概念。使用面向对象语言实现面向对象概念，远比使用非面向对象语言方便，但方便性也并不是决定选择何种语言的关键因素。选择编程语言的关键因素，是语言的一致的表达能力、可重用性及可维护性。从面向对象观点来看，能够更完整、更准确地表达问题域语义的面向对象语言的语法是非常重要的，因为这会带来下述几个重要优点。

①一致的表示方法。面向对象开发基于不随时间变化的、一致的表示方法。这种表示方法应该从问题域到 OOA，从 OOA 到 OOD，最后从 OOD 到面向对象编程（OOP），始终稳定不变。一致的表示方法既有利于在软件开发过程中始终使用统一的概念，也有利于维护人员理解软件的各种配置成分。

②可重用性。为了能带来可观的商业利益，必须在更广泛的范围中运用重用机制，而不是仅仅在程序设计这个层次上进行重用。在 OOA、OOD 直到 OOP 中，都显示表示问题域语义。随着时间的推移，软件开发组织既可能重用它在某个问题域内的 OOA 结果，也可能重用相应的 OOD 和 OOP 结果。

③可维护性。尽管人们反复强调保持文档与源程序一致的必要性，但是，在实际工作中很难做到同时修改两类不同的文档，并使它们保持彼此完全一致。特别是考虑到进度、预算、能力和人员等限制因素时，做到两类文档完全一致几乎是不可能的。因此，维护人员最终面对的往往只有源程序本身。

以 ATM 系统为例，说明在程序内部表达问题域语义对维护工作的意义。假设在维护该系统时没有合适的文档资料可供参阅，于是维护人员人工浏览程序或使用软件工具扫描程序，记下或打印出程序显式陈述的问题域语义，维护人员看到"ATM""账户"和"现金兑换卡"等，这对维护人员理解所要维护的内容将有很大帮助。

在选择编程语言时，考虑的首要因素是在供选择的语言中哪个语言能最好地表达问题域语义。一般来说，应该尽量选用面向对象语言来实现面向对象分析、设计的结果。

（2）面向对象语言的技术特点。面向对象语言的形成借鉴了历史上许多程序语言的特点，从中吸取了丰富的营养。当今的面向对象语言，从 20 世纪 50 年代诞生的 LISP 语言中引进了动态联编的概念和交互式开发环境的思想，到 20 世纪 60 年代推出的 SIMULA 语言中引进了类的概念和继承机制。此外，还受到 20 世纪 70 年代末期开发的 Modula_2

语言和 ADA 语言中数据抽象机制的影响。

20 世纪 80 年代以来，面向对象语言形成了两大类面向对象语言：一类是纯面向对象语言，如 Smalltalk 和 Eiffel 等语言；另一类是混合型面向对象语言，也就是在过程语言的基础上增加面向对象机制，如 C++等语言。

一般说来，纯面向对象语言支持面向对象方法研究和快速原型的实现，而混合型面向对象语言的目标则是提高运行速度和使传统程序员容易接受面向对象思想。成熟的面向对象语义通常都提供丰富的类库和强有力的开发环境。

下面介绍在选择面向对象语言时应该郑重考察的一些技术特点。

①支持类与对象概念的机制。所有面向对象语言都允许用户动态创建对象，并且可以用指针引用来动态创建对象。允许动态创建对象，就意味着系统必须处理内存管理问题。如果不及时释放不再需要的对象所占有的内存，动态存储分配就有可能耗尽内存。

通常有两种管理内存的方法：一种是由语言的运行机制自动管理内存，即提供自动回收"垃圾"的机制；另一种是由程序员编写释放内存的代码。自动管理内存不仅方便还安全，但是必须采用先进的垃圾收集算法才能减少开销。某些面向对象的语言（C++语言）允许程序员定义析构函数（destructor）。每当一个对象超出范围或被显式删除时，就自动调用析构函数。这种机制使得程序员能够方便地构造和唤醒释放内存的操作，却又不是垃圾收集机制。

②实现整体—部分结构的机制。一般说来，有两种实现方法，分别使用指针和独立的关联对象实现整体—部分结构。大多数现有的面向对象语言并不显式支持独立的关联对象，使用指针是最容易的实现方法，通过增加内部指针可以方便地实现关联。

③实现一般—特殊结构的机制。既包括实现继承的机制也包括解决名字冲突的机制。所谓解决名字冲突，指的是处理在多个基类中可能出现的重名问题，这个问题在支持多重继承的语言中可能会遇到。某些语言拒绝接受有名字冲突的程序，另一些语言提供了解决冲突的协议。不论使用何种语言，程序员都应该尽力避免出现名字冲突。

④实现属性和服务的机制。对于实现属性的机制应该郑重考虑以下几个方面：支持实例连接的机制；属性的可见性控制；对属性值的约束。对于服务来说，主要应该考虑下列因素：支持消息连接（即表达对象交互关系）的机制；控制服务可见性的机制；动态联编。

所谓动态联编，是指应用系统在运行过程中，当需要执行一个特定服务的时候，选择（或联编）实现该服务的适当算法的能力。动态联编机制使得程序员在向对象发送消息时拥有较大自由，在发送消息前无须知道接受消息的对象当时属于哪个类。

⑤类型检查。程序设计语言可以按照编译时进行类型检查的严格程度来分类。如果语言仅要求每个变量或属性隶属于一个对象，则是弱类型的；如果语法规定每个变量或属性必须准确地属于某个特定的类，则这样的语言是强类型的。面向对象语言在这方面差异很大，例如，Smalltalk 实际上是一种无类型语言（所有变量都是未指定类的对象）；C++和 Java 则是强类型语言。混合型语言（C++、Objective_C 等）甚至允许属性值不是对象而是某种预定义的基本类型数据（如整数、浮点数等），这可以提高操作的效率。

强类型语言主要有两个优点：一是能在编译时发现程序错误；二是增加了优化的可能性。通常使用强类型编译型语言开发软件产品，使用弱类型解释型语言快速开发原型。总的来说，强类型语言有利于提高软件的可靠性和运行效率，现代的程序语言理论支持强类型检查，大多数新语言都是强类型的。

⑥类库。大多数面向对象语言都提供一个实用的类库。某些语言本身并没有规定提供什么样的类库，而是由实现这种语言的编译系统自选提供类库。存在类库，许多软构件就不必由程序员重头编写了，这为实现软件重用带来很大方便。

类库中往往包含实现通用数据结构（例如，动态数组、表、队列、栈和树等）的类，通常把这些类称为包容类。在类库中还可以找到实现各种关联的类。

更完整的类库通常还提供独立于具体设备的接口类（例如，输入 / 输出流）。此外，用于实现窗口系统的用户界面类也非常有用，它们构成一个相对独立的图形库。

⑦效率。许多人认为面向对象语言的主要缺点是效率低。产生这种印象的一个原因是，某些早期的面向对象语言是解释型的而不是编译型的。事实上，使用拥有完整类库的面向对象语言，有时能比使用非面向对象语言得到运行更快的代码。这是因为类库中提供了更高效的算法和更好的数据结构。例如，程序员已经无须编写实现哈希表或平衡树算法的代码了，类库中已经提供了这类数据结构，而且算法先进、代码精巧可靠。

认为面向对象语言效率低的另一个理由是，这种语言在运行时使用动态联编实现多态性，这需要在运行时查找继承树，以得到定义给定操作的类。事实上，绝大多数面向对象语言都优化了这个查找过程，从而实现了高效率查找。只要在程序运行时始终保持类结构不变，就能在子类中存储各个操作的正确入口点，从而使得动态联编成为查找哈希表的高效过程，不会由于继承树深度加大或类中定义的操作数增加而降低效率。

⑧持久保存对象。任何应用程序都对数据进行处理，如果希望数据能够不依赖于程序执行的生命期而长时间保存，则需要提供某种保存数据的方法。希望长期保存数据主要出于以下两个原因。

● 为实现在不同程序之间传递数据，需要保存数据。
● 为恢复被中断了的程序的运行，需要保存数据。

一些面向对象语言（如 C++），没有提供直接存储对象的机制。这些语言的用户必须自己管理对象的输入 / 输出，或者购买面向对象的数据库管理系统。

另外一些面向对象语言（例如，Smalltalk）把当前的执行状态完整地保存在磁盘上。还有一些面向对象语言提供了访问磁盘对象的输入 / 输出操作。

通过在类库中增加对象存储管理功能，可以在不改变语言定义或不增加关键字、而在开发环境中提供这种功能。可以从"可存储的类"中派生出需要持久保存的对象，该对象自然继承了对象存储管理功能。

理想情况下，应该使程序设计语言语法与对象存储管理语法实现无缝集成。

⑨参数化类。在实际的应用程序中，常看到即函数、类等软件成分。从它们的逻辑功能看，彼此是相同的，所不同的主要是处理的对象（数据）类型不同。例如，对于一个向量（一维数据组）类来说，不论是整型向量、浮点型向量，还是其他任何类型的向量，针对它的数据元素所进行的基本操作都是相同的（例如，插入、删除、检索等）。当然，不同向量的数据元素的类型是不同的。如果程序语言提供一种能抽象了的类共性的机制，则对减少冗余和提高可重用性是大有好处的。

所谓参数化类，就是使用一个或多个类型去参数化几个类的机制，有了这种机制，程序员就可以先定义一个参数化的类模板（即在类定义中包含以参数形式出现的一个或多个类型），然后把数据类型作为参数传递进来，从而把这个类模板应用在不同的应用程序中，或用在同一应用程序的不同部分。例如，C++语言就提供了类模板。

⑩开发环境。软件工具和软件工程环境对软件生产率有很大影响。由于面向对象程序中继承关系和动态联编等引入的特殊复杂性，面向对象语言所提供的软件工具或开发环境就显得尤其重要了。至少应该包括下列一些最基本的软件工具：编辑程序、编译程序或解释程序、浏览工具和调试器（debugger）等。

编译程序或解释程序是最基本、最重要的软件工具。编译与解释的差别主要是速度和效率不同。利用程序解释执行用户的源程序，虽然速度慢、效率低，但却可以更方便、更灵活地进行调试。编译型语言适于用来开发正式的软件产品，优化工作做得好的编译程序能生成效率很高的目标代码。有些面向对象语言（例如 Java）除提供编译程序外，还提供一个解释工具，从而给用户带来很大方便。

某些面向对象语言的编译程序，先把用户源程序翻译成一种中间语言程序，然后再把中间语言程序翻译成目标代码。这样做可能会使得调试器不能理解原始的源程序。在评价调试器时，首先应该弄清楚它是针对原始的面向对象源程序，还是针对中间代码进行调试。如果是针对中间代码进行调试，则会给调试人员带来许多不便。此外，面向对象的调试器，应该能够查看值和分析消息连接的后果。

在开发大型系统的时候，需要有系统构造工具和变动控制工具。因此应该考虑语言本身是否提供了这种工具，或者该语言能否与现有的这类工具很好地集成起来。经验表明，传统的系统构造工具（例如，UNIX 的 Make），目前对许多应用系统来说都已经太原始了。

（3）选择面向对象语言

开发人员在选择面向对象语言时，还应该着重考虑以下一些实际因素。

①将来能否占主导地位。在若干年以后，哪种面向对象的程序设计语言将占主导地位呢？为了使自己的产品在若干年后仍然具有很强的生命力，人们可能希望采用将来占主导地位的语言编程。根据目前占有的市场份额，以及专业书刊和学术会议上所做的分析、评价，人们往往能够对未来哪种面向对象语言将占据主导地位做出预测。但最终决定选用哪种面向对象语言的实际因素，往往是诸如成本之类的经济因素而不是技术因素。

②可重用性。采用面向对象方法开发软件的基本目的和主要优点，是通过重用提高软件生产率。因此，应该优先选用能够最完整、最准确地表达问题语义的面向对象语言。

③类库和开发环境。决定可重用性的因素，不仅仅是面向对象程序语言本身，开发环境和类库也是非常重要的因素。事实上，语言、开发环境和类库这三个因素综合起来，共同决定了可重用性。

考虑类库的时候，不仅应该考虑是否提供了类库，还应该考虑类库中提供了哪些有价值的类。随着类库的日益成熟和丰富，在开发新应用系统时，需要开发人员自己编写的代码将越来越少。

为便于积累可重用的类和重用已有的类，在开发环境中，除了提供前述的基本软件工具外，还应该提供使用方便的类库编辑工具和浏览工具。其中的类库浏览工具，应该具有强大的功能。

④其他因素。在选择编程语言时，应该考虑的其他因素还有：对用户学习面向对象分析、设计和编码技术所能提供的培训服务；在使用这个面向对象语言期间能提供的技术支持；能提供给开发人员使用的开发工具、开发平台、发行平台，对机器性能和内存的需求，集成已有软件的容易程度等。

2．程序设计风格

良好的程序设计风格对面向对象实现来说尤其重要，不仅能明显减少维护或扩充的开销，还有助于在新项目中重用已有的程序代码。

良好的面向对象程序设计风格，既包括传统的程序设计风格准则，也包括为适应面向对象方法所特有的概念（例如，继承性）而必须遵循的一些新准则。

（1）提高可重用性

面向对象方法的一个主要目标，就是提高软件的可重用性。软件重用有多个层次，在编码阶段主要考虑代码重用的问题。一般说来，代码重用有两种：一种是本项目内的代码重用；另一种是新项目重用旧项目的代码。内部重用主要是找出设计中相同或相似的部分，然后利用继承机制共享它们。为做到外部重用（即一个项目重用另一项目的代码），必须有长远眼光，需要反复考虑精心设计。虽然为实现外部重用所需要考虑的面，比为实现内部重用而需要考虑的面更广，但有助于实现这两类重用的程序设计准则却是相同的。下面讲述主要的准则。

①提高方法的内聚。一个方法（即服务）应该只完成单个功能。如果某个方法涉及两个或多个不相关的功能，则应该把它分解成几个更小的方法。

②减小方法的规模。应该减小方法的规模，如果某个方法规模过大（代码长度超过一页纸可能就太大了），则应该把它分解成几个更小的方法。

③保持方法的一致性。保持方法的一致性，有助于实现代码重用。一般来说，功能相似的方法应该有一致的名字、参数特征（包括参数个数、类型和次序）、返回值类型、使用条件及出错条件等。

④把策略与实现分开。从所完成的功能看，有两种不同类型的方法；一类方法负责做出决策，提供变元，并且管理资源，可称为策略方法；另一类方法负责完成具体的操作，但却并不做出是否执行这个操作的决定，也不知道为什么执行这个操作，可称为实现方法。

策略方法应该检查系统运行状态，并处理出错情况，它们并不直接完成计算或实现复杂的算法。策略方法通常紧密依赖于具体应用，这类方法比较容易编写，也比较容易理解。实现方法仅针对具体数据完成特定处理，通常用于实现复杂的算法。实现方法并不制定决策，也不管理全局资源。如果在执行过程中发现错误，它们应该只返回执行状态而不对错误采取行动。由于实现方法是自含式算法，相对独立于具体应用，因此在其他应用系统中也可能重用它们。

为提高可重用性，在编程时不要把策略和实现放在同一个方法中，应该把算法的核心部分放在一个单独的具体实现方法中。为此需要从策略方法中提取出具体参数，作为调用实现方法的变元。

⑤全面覆盖。如果输入条件的各种组合都可能出现，则应该针对所有组合写出方法，而不能仅仅针对当前用到的组合情况写方法。例如，如果在当前应用中需要写一个方法，以获取表中第一个元素，则至少还应该为获取表中最后一个元素再写一个方法。

此外，一个方法不应该只能处理正常值，对空值、极限值及界外值等异常情况也应该能够作出有意义的响应。

⑥尽量不使用全局信息。耦合程度，不使用全局信息是降低耦合度的一项主要措施。

⑦利用继承机制。在面向对象程序中，使用继承机制是实现共享和提高重用程度的主要途径。

⑧调用子过程。最简单的做法是把公共的代码分离出来，构成一个被其他方法调用的公用方法。可以在类中定义这个公用方法，供派生类中的方法调用，如图 7-28 所示。

图 7-28　通过调用公用方法实现代码重用

⑨分解因子。有时提高相似类代码可重用性的一个有效途径，是从不同类的相似方法中分解出不同的"因子"（即不同的代码），把余下的代码作为公用方法中的公共代码，把分解出的因子作为名字相同算法不同的方法，放在不同类中定义，并被这个公用方法调用，如图 7-29 所示。使用这种途径通常额外定义一个抽象基类，并在这个抽象基类中定义公用方法。把这种途径与面向对象语言提供的机制结合起来，让派生类继承抽象基类中定义的公用方法，可以明显降低为子类而需付出的工作量，因为只需在新子类中编写其特有的代码。

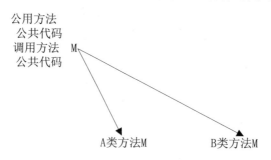

图 7-29　通过因子分解实现代码重用

⑩使用委托。继承关系的存在意味着子类"即是"父类，因此父类的所有方法和属性应该都适用于子类。仅当确实存在一般—特殊关系时，使用继承是恰当的。继承机制使用不当将造成程序难于理解、修改和扩充。

当逻辑上不存在一般—特殊关系时，为重用已有的代码，可以利用委托机制。

⑪把代码封装在类中。程序员往往希望重用其他方法编写的、解决同一类应用问题的程序代码。重用这类代码的一个比较安全的途径，是把被重用的代码封装在类中。

　　例如，在开发一个数学分析应用系统的过程中，已知有现成的实现矩阵变换的商品软件包，程序员不想用 C++语言重写这个算法，于是定义一个矩阵类把这个商品软件包的功能封装在该类中。

　　（2）提高可扩充性

　　上面所述的提高可重用性的准则，也能提高程序的可扩充性。此外，下列的面向对象程序设计准则也有助于提高可扩充性。

　　①封装实现策略。应该把类的实现策略（包括描述属性的数据结构、修改属性的算法等）封装起来，对外只提供公有的接口，否则将降低今后修改数据结构或算法的自由度。

　　②不要用一个方法遍历多条关联链。一个方法应该只包含对象模型中的有限内容。违反这条准则将导致方法过分复杂，既不易理解，也不易修改扩充。

　　③避免使用多分支语句。一般说来，可以利用 DO-CASE 语句测试对象的内部状态，而不要用来根据对象类型选择应有的行为，否则在增添新类时将不得不修改原有的代码。应该合理地利用多态性机制，根据对象当前类型，自动决定应有的行为。

　　④精心确定公有方法。公有方法是向公众公布的接口。对这类方法的修改会涉及许多其他类，因此修改公有方法的代价通常都比较高。为提高可修改性，降低维护成本，必须精心选择和定义公有方法。私有方法是仅在类内使用的方法，通常利用私有方法来实现方法。删除、增加或修改私有方法所涉及的面要窄得多，因此代价也比较低。

　　属性和关联也可以分为公有和私有两大类，公有的属性或关联又可进一步设置为具有只读权限或只写权限两类。

　　（3）提高健壮性

　　程序员在编写实现方法的代码时，既应该考虑效率，也应该考虑健壮性。通常需要在健壮性与效率之间做出适当的折中。必须认识到，对于任何一个实用软件来说，健壮性都是不可忽略的质量指标。为提高健壮性应该遵守以下几条准则。

　　①预防用户的操作错误。软件系统必须具有处理用户操作错误的能力。当用户在输入数据时发生错误，不应该引起程序运行中断，更不应该造成"死机"。任何一个接收用户输入数据的方法，对其接收到的数据必须进行检查，即使发现了非常严重的错误，也应该给出恰当的提示信息，并准备再次接收用户的输入。

　　②检查参数的合法性。对公有方法，尤其应该着重检查其参数的合法性，因为用户在使用公有方法时可能违反参数的约束条件。

　　③不要预先确定限制条件。在设计阶段，很难准确地预测出应用系统中使用的数据结构的最大容量需求，因此不应该预先设定限制条。如果有必要和可能，则应该使用动态内存机制，创建未预先设定限制条件的数据结构。

　　④先测试后优化。为在效率与健壮性之间做出合理的折中，应该在为提高效率而进行优化之前，先测试程序的性能，事实上大部分程序代码所消耗的运行时间并不多。应该仔细研究应用程序的特点，以确定哪些部分需要着重测试（例如，最坏情况出现的次数及处理时间，可能需要着重测试）。经过测试，合理地确定为提高性能应该着重优化的关键部分。如果实现某个操作的算法有许多种，则应该综合考虑内存需求、速度及实现的简易程度等因素，经合理折中选定适当的算法。

7.3　面向对象软件测试

测试计算机软件的经典策略，是从"小型测试"开始，逐步过渡到"大型测试"。用软件测试的专业术语来说，就是从单元测试开始，逐步进入集成测试，最后进行确认测试和系统测试。对于传统的软件系统来说，单元测试集中测试最小的可编译的程序单元（过程模块），一旦把这些单元都测试完之后，就把它们集成到程序结构中去。与此同时，应该进行一系列的回归测试，以发现模块接口错误和新单元加入到程序中所带来的副作用。最后，把系统作为一个整体来测试，以发现软件需求中的错误。测试面向对象软件的策略，与上述策略基本相同，但也有许多新特点。

7.3.1　面向对象的单元测试

当考虑面向对象的软件时，单元的概念改变了。"封装"导致了类和对象的定义，这意味着类和类的实例（对象）有了属性（数据）和处理这些数据的操作（也称为方法或服务）。现在，最小的可测试单元是封装起来的类和对象。一个类可以包含一组不同的操作，而一个特定的操作也可能存在于一组不同的类中。因此，对于面向对象的软件来说，单元测试的含义发生了很大变化。

不能孤立地测试单个操作，而应该把操作作为类的一部分来测试。举例说明：考虑一个类层次，操作 A 在超类中定义并被一组子类继承，每个子类都使用操作 A，但是，A 调用子类中定义的操作并处理子类的私有属性。由于在不同的子类中使用操作 A 的环境有很大的不同，因此有必要在每个子类的语境中测试操作 A。这就意味着，当测试面向对象软件时，传统的单元测试方法是无效的，我们不能再在"真空"中（即孤立地）测试操作 A。

7.3.2　面向对象的集成测试

因为在面向对象的软件中不存在层次的控制结构，所以传统的自顶向下和自底向上的集成策略就没有意义了。此外，由于构成类的成分彼此间存在直接或间接的交互，一次集成一个操作到类中（传统的渐增式集成方法），通常是不可能的。

面向对象软件的集成测试有两种不同的策略。一是基于线程的测试（thread-based testing），这种策略把响应系统的一个输入事件所需要的一组类集成起来。分别集成并测试每个线程，同时应用回归测试以保证没有产生副作用。二是基于使用的测试（use-based testing），这种方法首先测试几乎不使用服务器类的那些类（称为独立类），把独立类都测试完之后，接下来测试使用独立类的下一个层次的类。对依赖类的测试一个层次一个层次地持续进行下去，直至于把整个软件系统构造完为止。

集群测试（cluster testing）是面向对象软件集成测试的一个步骤。在这个测试步骤中，用精心设计的测试用例检查一群相互的协作的类（通过研究对象模型可以确定协作类），这些测试用例力图发现协作错误。

7.3.3　面向对象的确认测试

在确认测试或系统测试层次，不再考虑类之间相互连接的细节。和传统的确认测试一样，面向对象软件的确认测试也集中检查用户可见的动作和用户可识别的输出。为了导出确认测试用例，测试人员应该认真研究动态模型和描述系统行为的脚本，以确定最可能发现用户交互需求错误的情景。

当然，传统的黑盒测试方法也可用于设计确认测试用例，但对于面向对象的软件来说，主要不根据动态模型和描述系统行为的脚本来设计确认测试用例。

7.3.4　面向对象设计的测试用例

目前，面向对象软件的测试用例的设计方法还处于研究、发展阶段。与传统软件测试（测试用例的设计由软件包输入—处理—输出视图或单个模块的算法细节驱动）不同，面向对象测试关注于设计适当的操作序列以检查类的状态。

（1）测试类的方法

前面已经讲过，软件测试从"小型"测试开始，逐步过渡到"大型"测试。对面向对象的软件来说，小型测试着重测试单个类和类中封装的方法。测试单个类的方法主要有随机测试、划分测试和基于故障的测试等三种。

①随机测试。下面通过银行应用系统的例子，简要地说明这种测试方法。该系统的 account（账户）类有下列操作：open（打开），setup（建立），deposit（存款），withdraw（取款），balance（余额），summarize（清单），creditLimit（透支限额）和 close（关闭）。这些操作都可以应用于 account 类的实例，但该系统的性质也对操作的应用施加了一些限制。例如，必须在应用其他操作之前先打开账户，在完成了全部操作之后才能关闭账户。即使有这些限制，可做的操作也有许多种排列方法。一个 account 类实例的最小行为历史包括下列操作。

open•setup•deposit•withdraw•close

这是对 account 类的最小测试序列，但在下面的序列中可能发生许多其他行为：

open•setup•deposit•[deposit|withdraw|balance|summarize|creditLimit]^n•withdraw•close

从上面序列可以随机产生一系列不同的操作序列，例如：

测试用例#r1:open•setup•deposit•balance•summarize•withdraw•close

测试用例#r2:open•setup•deposit•withdraw•deposit•balance•creditLimit•withdraw•close

执行上述这些及其他一些随机产生的测试用例，可以测试类实例的生存历史。

②划分测试。与测试传统软件时采用等价划分方法类似，采用划分测试（partition testing）方法可以减少测试类时所需要的测试用例的数量。首先，把输入和输出分类，然后设计测试用例以测试划分出的每个类别。下面介绍划分类别的方法。

● 基于状态的划分

这种方法是根据类操作改变类状态的能力来划分类操作。account 类状态操作包括 deposit 和 withdraw，而非状态操作有 balance、summarize 和 creditLimit。设计测试用例，以分别测试改变状态的操作和不改变状态的操作。例如，用这种方法可以设计出如下的测试用例：

测试用例#p1:open•setup•deposit•deposit•withdraw•withdraw•close

测试用例#p2:open•setup•deposit•summarize•creditLimit•withdraw•close

测试用例#p1 改变状态，而测试用例#p2 不改变状态的操作（在最小测试序列中的操作除外）。

- 基于属性的划分

这种方法根据类操作使用的属性来划分类操作。对于 account 类来说，可以使用属性 balance 来定义划分，从而把操作划分成 3 个类别：使用 balance 的操作、修改 balance 的操作、不使用也不修改 balance 的操作，然后为每个类别设计测试序列。

- 基于功能的划分

这种方法根据类操作所完成的功能来划分类操作。例如，可以把 account 类中的操作分类为初始化操作（open、setup）、计算操作（deposit、withdraw）、查询操作（balance、summarize、creditLimit）和终止操作（close），然后为每个类别设计测试序列。

③基于故障的测试。基于故障的测试（fault-based testing）与传统的错误推测法类似，也是首先推测软件中可能有的错误，然后设计出最可能发现这些错误的测试用例。例如，软件工程师经常在问题的边界处犯错误，因此在测试 SQRT（计算平方根）操作（该操作在输入为负数时返回出错信息）时，应该着重检查边界情况—— 一个接近零的负数和零本身。其中"零本身"用于检查程序员是否犯了如下错误：

把语句

$$if（x>=0）calculate\_square\_root（）；$$

误写成

$$if（x>0）calculate\_square\_root（）；$$

为了推测出软件中可能有的错误，应该仔细研究分析模型和设计模型，而且在很大程度上要领先测试人员的经验和直觉。如果推测得比较准确，则使用基于故障的测试方法能够用相当低的工作量发现大量错误；反之，如果推测不准，则这种方法的效果并不比随机测试技术的效果好。

（2）集成测试方法

开始集成面向对象系统以后，测试用例的设计变得更加复杂。在这个测试阶段，必须对类间协作进行测试。为了举例说明设计类间测试用例的方法，扩充上一节引入的银行系统的例子，使它包含图 7-30 所示的类型和协作。图中箭头方向代表消息的传递方向，箭头线上的标注给出了作为由消息所蕴含协作的结果而调用的操作。

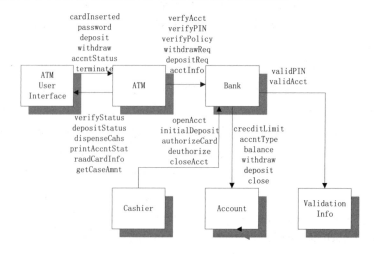

图 7-30　银行系统的类—协作图

和测试单个类相似，测试类协作可以使用随机测试方法和划分测试方法，以及基于情景的测试和行为测试来完成。

①多类测试。Kirani 和 Tsni 建议使用下列步骤，以生成多个类的随机测试用例。

● 对每个客户类使用类操作符列表来生成一系列随机测试序列。这些操作符向服务器类实例发送消息。

● 对所生成的每个消息确定协作类和在服务器对象中的对应操作符。

● 对服务器对象中的每个操作符（已经被来自客户对象的消息调用）确定传递的消息。

● 对每个消息确定下一层被调用的操作符，并把这些操作符结合进测试序列中。

为了说明怎样用上述步骤生成多个类的随机测试用例，考虑 Bank 类相对于 ATM 类（见图 7-30）的操作序列：

$$verifyAcct \cdot verifyPIN \cdot [[verifyPolicy.withdrawReq]|depositReq \backslash acctInfoREQ]^{n}$$

对 Bank 类的随机测试用例可能是：

测试用例#r3：verifyAcct•verifyPIN•depositReq

为了考虑上述这个测试需要考虑与测试用例#r3 中的每个操作相关联的消息。Bank 必须和 ValidationInfo 协作以执行 verifyAcct 和 verifyPIN，Bank 还必须和 Account 协作以执行 depositReq。因此，测试上面提到协作的新测试用例是：

测试用例＃r4：verifyAcct$_{Bank}$ •[validAcct$_{ValidationInfo}$] •verifyPIN$_{Bank}$•

[validPIN$_{validationInfo}$] •deposiReq•[deposit$_{account}$]

多个类的划分测试方法类似于单个类的划分测试方法。对于多类来说，应该扩充测试序列以包括那些通过发送给协作类的消息而被调用的操作。另一种划分测试方法，根据与特定类的接口来划分类操作。如图 7-30 所示，Bank 类接收来自 ATM 类和 Cashier 类的消息，因此可以通过把 Bank 类中的方法划分成服务于 ATM 的和服务于 Cashier 的两类来测试它们；还可以用基于状态的划分，进一步精化划分。

②从动态模型导出测试用例。类的状态图可以导出测试该类（及与其协作的那些类）的动态行为的测试用例。图 7-31 为 account 类的状态转换图。从图 7-31 可见，初始转换经过了 empty acct 和 setup acct 这两个状态，而类实例的大多数行为发生在 working acct 状态中，最终的 withdraw 和 close 使得 account 类分别向 nonworking acct 状态和 dead acct 状态转换。

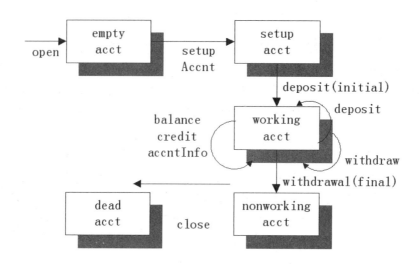

图 7-31   account 类的状态转换图

设计出的测试用例应该覆盖所有状态，也就是说，操作序列应该使得 account 类实例遍历所有允许的状态转换：

测试用例＃s1:open•setupAccnt•deposit（initial）•withdraw（final）•close

应该注意，上面列出的序列与最小测试序列相同。向最小序列中加入附加的测试序列，可以得出其他测试用例：

测试用例#s2:open•setupAccnt•deposit（initial）•deposit•balance• credit•withdraw（final）•close

测试用例#s3:open•setupAccnt•deposit（initial）•deposit•withdraw•accntInfo•withdraw（final）•close

还可以导出更多测试用例，以保证该类所有行为都被适当地测试了。在类的行为导致与一个或多个类协作的情况下，使用多个状态图去跟踪系统的行为流。

习题 7

一、填空题

1. 对象具有状态，对象用_____来描述它的状态。

2. 对象具有_____，用于改变对象的状态。对象实现了_____和_____的结合。

3. 对象的抽象是_____，类的实例化是_____。

4. 类具有属性，它是对象的_____的抽象，用_____来描述的属性。

5. 类具有_____，它是_____的行为的抽象。

6. 类之间有两种结构关系，它们是_____关系和_____关系。

7. 面向对象程序设计语言的最主要特点是_____，这是其他语言没有的。

8. 继承性是_____自动共享父类属性和_____的机制。

二、选择题

1. 汽车有一个发动机，汽车和发动机之间的关系是＿＿＿＿＿＿关系。
   A. 一般具体　　　　　　　B. 整体部分
   C. 分类关系　　　　　　　D. isa

2. 火车是一种陆上交通工具，火车和陆上交通工具之间的关系是＿＿＿＿＿关系。
   A. 组装　　　　　　　　　B. 整体部分
   C. hasa　　　　　　　　　D. 一般具体

3. 面向对象程序设计语言不同于其他语言的最主要特点是＿＿＿＿＿。
   A. 模块　　　　　　　　　B. 抽象性
   C. 继承性　　　　　　　　D. 共享性

4. 软件部件的内部实现与外部可访问性分离，这是指软件的＿＿＿＿＿。
   A. 继承性　　　　　　　　B. 共享性
   C. 封装性　　　　　　　　D. 抽象性

5. 面向对象分析阶段建立的三个模型中，核心模型是＿＿＿＿＿模型。
   A. 功能　　　　　　　　　B. 动态
   C. 对象　　　　　　　　　D. 分析

6. 对象模型的描述工具是＿＿＿＿＿。
   A. 状态图　　　　　　　　B. 数据流图
   C. 对象图　　　　　　　　D. 结构图

7. 动态模型的描述工具是＿＿＿＿＿。
   A. 对象图　　　　　　　　B. 结构图
   C. 状态图　　　　　　　　D. 设计图

8. 在只有单重继承的类层次结构中，类层次结构是＿＿＿＿＿层次结构。
   A. 树型　　　　　　　　　B. 网状型
   C. 星型　　　　　　　　　D. 环型

9. ＿＿＿＿＿模型表示了对象的相互行为。
   A. 对象　　　　　　　　　B. 动态
   C. 功能　　　　　　　　　D. 分析

10．描述类中某个对象的行为，反映了状态与事件关系的是_____。
    A．对象图   B．状态图
    C．流程图   D．结构图

11．在确定类时，所有_____是候选的类。
    A．名词   B．形容词
    C．动词   D．代词

12．常用动词或动词词组来表示_____。
    A．对象   B．类
    C．关联   D．属性

13．在确定属性时，所有_____是候选的属性。
    A．动词   B．名词
    C．修饰性名词词组   D．词组

14．在面向对象方法中，信息隐蔽是通过对象的_____来实现的。
    A．分类性   B．继承性
    C．封闭性   D．共享性

15．关于类和对象的叙述中，错误的是_____。
    A．一个类只能有一个对象   B．对象是类的具体实例
    C．类是某一类对象的抽象   D．类和对象的关系是一种数据类型和变量的关系

三、简答题

1. 说明构造对象模型的各个元素及图形表示。
2. 说明构造动态模型的各个元素及图形表示。
3. 说明构造功能模型的各个元素及图形表示。
4. 说明分析阶段建立的三个模型的关系。

第8章　软件管理

◇教学目标
  1. 理解：软件项目计划的重要性；
          软件工程标准化；
          文档的作用与分类。
  2. 了解：软件工程管理的内容；
          项目计划的内容；
          COCOMO 模型、Gantt 图。
  3. 关注：CMM 模型。

8.1　软件质量与质量保证

8.1.1　概述

1. 软件质量的定义

软件质量是贯穿软件生存期的一个极为重要的问题，关于软件质量的定义有多种说法，从实际应用来说，软件质量定义为：

- 与所确定的功能和性能需求的一致性。
- 与所成文的开发标准的一致性。
- 与所有专业开发的软件所期望的隐含特性的一致性。

上述软件质量定义反映了以下 3 个方面的问题。

（1）软件需求是度量软件质量的基础。不符合需求的软件就不具备质量。

（2）专门的标准中定义了一些开发准则，用来指导软件人员用工程化的方法来开发软件。如果不遵守这些开发准则，软件质量就得不到保证。

（3）有一些隐含的需求没有明确地提出来。例如，软件应具备良好的可维护性。如果软件只满足那些精确定义了的需求而没有满足这些隐含的需求，软件质量也不能保证。软件质量是各种特性的复杂组合。它随着应用的不同而不同，随着用户提出的质量要求不同而不同。

2. 软件质量的度量和评价

一般来说，影响软件质量的因素可以分为两大类。

（1）可以直接度量的因素，如单位时间内千行代码（KLOC）中所产生的错误数。

（2）只能间接度量的因素，如可用性或可维护性。

在软件开发和维护的过程中，为了定量地评价软件质量，必须对软件质量特性进行度量，以测定软件具有要求质量特性的程度。1976 年，Boehm 等人提出了定量评价软件质量的层次模型；1978 年 Walters 和 McCall 提出了从软件质量要素、准则到度量的三个层次式的软件质量度量模型；G.Murine 根据上述等人的工作，提出软件质量度量（SQM）技术，用来定量评价软件质量。其模型如图 8-1 所示。

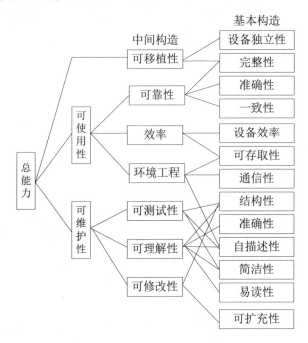

图 8-1　Boehm 软件质量度量模型

3. 软件质量保证

软件的质量保证就是向用户及社会提供满意的高质量的产品，确保软件产品从诞生到消亡为止的所有阶段的质量的活动，即确定、达到和维护需要的软件质量而进行的所有有计划、有系统的管理活动。它包括的主要功能有：质量保证方针和质量保证标准的制定；质量保证体系的建立和管理；明确各阶段的质量保证工作；各阶段的质量评审；确保设计质量；重要质量问题的提出与分析；总结实现阶段的质量保证活动；整理面向用户的文档、说明书等；产品质量鉴定；质量信息的收集、分析和使用。

（1）质量保证的策略

质量保证策略的发展大致可以分为以下 3 个阶段。

①以检测为重阶段。产品生产后才进行检测，这种检测只能判断产品的质量，不能提高产品质量。

②以过程管理为重阶段。把质量保证工作重点放在过程管理上，对制造过程的每一道工序都进行质量控制。

③以新产品开发为重阶段。许多产品的质量源于新产品的开发设计阶段，因此在产品开发设计阶段就应采取有力措施来消灭由于设计原因而产生的质量隐患。

由上可知，软件质量保证应从产品计划和设计开始，直到投入使用和售后服务的软件生存期的每一阶段中的每一步骤。

（2）质量保证的主要任务

为了提高软件的质量，软件质量保证的任务大致可归结为以下几点。

①正确定义用户要求。软件质量保证人员必须正确定义用户的要求，必须十分重视全体开发人员收集和积累的有关用户业务领域的各种业务资料和技术技能。

②技术方法的应用。开发新软件的方法，最普遍公认的成功方法就是软件工程学的方法。标准化、设计方法论、工具化、自动化等都属此列。应当在开发新软件的过程中大力使用和推行软件工程学中所介绍的开发方法和工具。

③提高软件开发的工程能力。只有高水平的软件工程能力，才能生产出高质量的软件产品。因此须在软件开发环境或软件工具箱的支持下，运用先进的开发技术、工具和管理方法提高开发软件的能力。

④软件的复用。利用已有的软件成果是提高软件质量和软件生产率的重要途径。为此，不要只考虑如何开发新软件，而应考虑哪些已有软件可以复用，并在开发过程中随时考虑所开发软件的复用性。

⑤发挥每个开发者的能力。软件生产是人的智能生产活动，依赖于开发组织团队的能力。开发者必须学习各专业业务知识、生产技术和管理技术。管理者或产品服务者要制定技术培训计划、技术水平标准，以及适用于将来需要的中长期技术培训计划。

⑥组织外部力量协作。一个软件自始至终由一软件开发单位来开发也许是最理想的，但在现实中难以做到。因此需要改善对外部协作部门的开发管理。这必须明确规定进度管理、质量管理、交接检查、维护体制等各方面的要求，建立跟踪检查的体制。

⑦排除无效劳动。最大的无效劳动是因需求规格说明有误、设计有误而造成的返工。定量记录返工工作量，收集和分析返工劳动花费的数据非常重要。另一种较大的无效劳动是重复劳动，即相似的软件在几个地方同时开发。这多是因软件开发计划不当，或者开发信息不流畅造成的。为此，要建立互相交流往来通畅、具有横向交流特征的信息流通网。

⑧提高计划和管理质量。对于大型软件项目来说，提高工程项目管理能力极其重要。它必须重视项目开发初期计划阶段的项目计划评价，计划执行过程中及计划完成报告的评价。将评价、评审工作在工程实施之前就归纳到整个开发工程的工程计划之中。

（3）质量保证与检验

软件质量必须在设计和实现过程中加以保证。如果工程能力不够，或者由于各种失误导致产生软件差错，其结果就会产生软件失效。为了确保每个开发过程的质量，防止把软件差错传递到下一个过程，必须进行质量检验。因此须在软件开发工程的各个阶段实施检验。检验的实施有两种形式：实际运行检验（即白盒测试和黑盒测试）和鉴定，它们可在各开发阶段中结合起来使用。

8.1.2　质量度量模型

下面是几个影响较大的软件质量模型。

1. McCall 质量度量模型

这是 McCall 等人于 1979 年提出的软件质量模型。针对面向软件产品的运行、修正、转移，软件质量概念包括 11 个特性。

各个质量特性直接进行度量是很困难的，在有些情况下甚至是不可能的。因此，McCall 定义了一些评价准则，使用它们对反映质量特性的软件属性分级，以此来估计软件质量特性的值。软件属性一般分级范围从 0（最低）到 10（最高）。

2. ISO 的软件质量评价模型

1991 年发布的 ISO/IEC9126 标准分为两部分：ISO/IEC9126（软件产品质量）和 ISO/IEC14598（软件产品评价）。2011 年发布了软件质量标准 ISO/IEC 25010:2011。目前，对应的国家标准为《系统与软件工程系统与软件质量要求和评价(SQuaRE) 第 10 部分：系统与软件质量模型》（GB/T 25000.10-2016）。

产品质量模型将系统/软件产品质量属性划分为 8 个特性：功能性、性能效率、兼容性、易用性、可靠性、信息安全性、维护性和可移植性。每个特性由一组相关子特性组成，如图 8-2 所示。

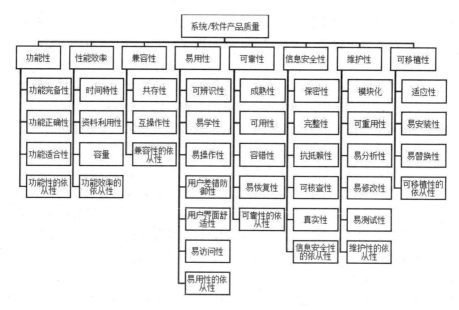

图 8-2 产品质量模型

8.1.3 软件复杂性

1. 软件复杂性的基本概念

软件度量的一个重要分支就是软件复杂性度量。对于软件复杂性，至今尚无一种公认的精确定义。软件复杂性与质量属性有着密切的关系，从某些方面反映了软件的可维护性、可靠性等质量要素。软件复杂性度量的参数很多，主要有以下几个。

- 规则，即总共的指令数，或源程序行数。
- 难度，通常由程序中出现的操作数的数目所决定的量来表示。
- 结构，通常用与程序结构有关的度量来表示。

- 智能度，即算法的难易度。

软件复杂性主要表现在程序的复杂性。程序的复杂性主要指模块内程序的复杂性。它直接关系到软件开发费用的多少、开发周期长短和软件内部潜藏错误的多少，同时也是软件可理解性的另一种度量。

减少程序复杂性，可提高软件的简单性和可理解性，并使软件开发费用减少、开发周期缩短、软件内部潜藏错误减少。为了度量程序复杂性，要求复杂性度量满足以下假设。

- 可以用来计算任何一个程序的复杂性。
- 对于不合理的程序，例如对于长度动态增长的程序，或者对于原则上无法排错的程序，不应当使用它进行复杂性计算。
- 如果程序中指令条数、附加存储量、计算时间增多，不会减少程序的复杂性。

2．软件复杂性的度量方法

程序复杂性主要有以下几种度量方法。

（1）代码行度量法

度量程序的复杂性，最简单的方法就是统计程序的源代码行数。此方法的基本考虑是统计一个程序的源代码行数，并以源代码行数作为程序复杂性的度量。

若设每行代码的出错率为每 100 行源程序中可能的错误数目，例如每行代码的出错率为 1%，则是指每 100 行源程序中可能有一个错误。Thayer 曾指出，程序出错率的估算范围是 0.04%～7%，即每 100 行源程序中可能存在 0.04～7 个错误。他还指出，每行代码的出错率与源程序行数之间不存在简单的线性关系。Lipow 进一步指出，对小程序，每行代码的出错率为 1.3%～1.8%；对于大程序，每行代码的出错率增加到 2.7%～3.2%，但这只是考虑了程序的可执行部分，没有包括程序中的说明部分。Lipow 及其他研究者得出一个结论：对于少于 100 行语句的小程序，源代码行数与出错率是线性相关的。随着程序的增大，出错率以非线性方式增长。代码行度量法只是一个简单的、很粗糙的方法。

（2）McCabe 度量法

McCabe 度量法是由 Thomas McCabe 提出的一种基于程序控制流的复杂性度量方法。McCabe 复杂性度量又称环路度量，它认为程序的复杂性很大程度上取决于控制的复杂性。单一的顺序程序结构最为简单，循环和选择所构成的环路越多，程序就越复杂。这种方法以图论为工具，先画出程序图，然后用该图的环路数作为程序复杂性的度量值。程序图是退化的程序流程图。也就是说，把程序流程图中每个处理符号都退化成一个结点，原来连接不同处理符号的流线变成连接不同结点的有向弧，这样得到的有向图就叫做程序图。

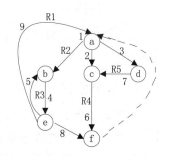

图 8-3　程序图的复杂性

程序图仅描述程序内部的控制流程，完全不表现对数据的具体操作，以及分支和循环的具体条件。因此，它往往把一个简单的 if 语句与循环语句的复杂性看成是一样的，把嵌套的 if 语句与 switch 语句的复杂性看成是一样的。下面给出计算环路复杂性的方法，如图 8-3 所示。

根据图论，在一个强连通的有向图 G 中，环的个数 $V(G)$ 由以下公式给出：

$$V(G)=m-n+2p$$

其中，$V(G)$ 是有向图 G 中环路数，m 是图 G 中弧数，n 是图 G 中结点数，p 是 G 中的强连通分量个数。在一个程序中，从程序图的入口点总能到达图中任何一个结点，因此程序总是连通的，但不是强连通的。为了使图成为强连通图，从图的入口点到出口点加一条用虚线表示的有向边，使图成为强连通图。这样就可以使用上式计算环路复杂性了。

以图 8-3 所给出的例子示范，其中，结点数 $n=6$，弧数 $m=9$，$p=1$，则有

$$V(G)=m-n+2p=9-6+2=5$$

即 McCabe 环路复杂度度量值为 5。这里选择的 5 个线性无关环路为（abefa）、（beb）、（abea）、（acfa）、（adcfa），其他任何环路都是这 5 个环路的线性组合。

当分支或循环的数目增加时，程序中的环路也随之增加，因此 McCabe 环路复杂度量值实际上是为软件测试的难易程度提供了一个定量量的方法，同时也间接地表示了软件的可靠性。实验表明，源程序中存在的错误数以及为了诊断和纠正这些错误所需的时间与 McCabe 环路复杂度度量值有明显的关系。

利用 McCabe 环路复杂度度量时，有以下几点说明。

①环路复杂度取决于程序控制结构的复杂度。当程序的分支数目或循环数目增加时其复杂度也增加。环路复杂度与程序中覆盖的路径条数有关。

②环路复杂度是可加的。例如，模块 A 的复杂度为 3，模块 B 的复杂度为 4，则模块 A 与模块 B 的复杂度是 7。

③McCabe 建议，对于复杂度超过 10 的程序应分成几个小程序，以减少程序中的错误。

④这种度量的缺点如下。

- 对于不同种类的控制流的复杂性不能区分。
- 简单 if 语句与循环语句的复杂性被同等看待。
- 嵌套 if 语句与简单 case 语句的复杂性是一样的。
- 一个具有 1 000 行的顺序程序与一行语句的复杂性相同。

尽管 McCabe 环路复杂度度量法有许多缺点，但它容易使用，而且在选择方案和估计排错费用等方面都是很有效的。

8.1.4 软件可靠性

软件可靠性是最重要的软件特性。通常它衡量在规定的条件与时间内，软件完成规定功能的能力。

1. 软件可靠性的定义

软件可靠性表明了一个程序按照用户的要求和设计的目标，执行基本功能的正确程度。一个可靠的程序要求是正确的、完整的、一致和健壮的。但在现实中，一个程序要达到完全可靠是不实际的，要精确地度量它也不现实。在一般情形下，只能通过程序的测试去度量程序的可靠性。软件可靠性是指在给定的时间内，在规定的环境条件下系统完成所

指定的功能的概率。

2. 软件可靠性指标

软件可靠性的定量指标，是指能够以数字概念来描述可靠性的数学表达式中所使用的量。人们常借用硬件可靠性的定量度量方法来度量软件的可靠性。下面主要讨论常用指标——平均失效等待时间 MTTF 与平均失效间隔时间 MTBF。

（1）MTTF（Mean Time To Failure）

假如对 n 个相同的系统（硬件或者软件）进行测试，它们的失效时间分别是 t_1, t_2, …, t_n，则平均失效等待时间 MTTF 定义为：

$$MTTF = \frac{1}{n} \sum_{i=1}^{n} t_i$$

对于软件系统来说，这相当于同一系统在 n 个不同的环境（即使用不同的测试用例）下进行测试。因此，MTTF 是一个描述失效模型或一组失效特性的指标量。这个指标的目标值应由用户给出，在需求分析阶段纳入可靠性需求，作为软件规格说明提交给开发部门。在运行阶段，可把失效率函数 $\lambda(t)$ 视为常数 λ，则平均失效等待时间 MTTF 是失效率 λ 的倒数：$MTTF = 1/\lambda$。

（2）MTBF（Mean Time Between Failures）

MTBF 是平均失效间隔时间，它是指两次相继失效之间的平均时间。MTBF 在实际使用时通常是指当 n 很大时，系统第 n 次失效与第 $n+1$ 次失效之间的平均时间。对于失效率 $\lambda(t)$ 为常数和修复时间（MTTR）很短的情况，MTTF 与 MTBF 几乎相等。

3. 软件可靠性模型

软件可靠性是软件最重要的质量要素之一。计算机硬件可靠性度量之一是它的稳定可用程度，用其错误出现和纠正的速率来表示。令 MTTF 是机器的平均无故障时间，MTTR 是错误的平均修复时间，则机器的稳定可用性可定义为：

A=MTTF/（MTTF+MTTR）

对软件可靠性数学理论的研究程度已经产生了一些有希望的可靠性模型，软件可靠性模型通常分为如下几类。

①由硬件可靠性理论导出的模型。

②基于程序内部特性的模型。

③植入模型。

硬件可靠性工作的模型有如下假设。

①错误出现之间的调试时间与错误出现率呈指数分布，错误出现率和剩余错误成正比。

②每个错误一经发现，立即排除。

③错误之间的故障率为常数。

对软件来说，每个假设的合法性可能还是个问题。例如，纠正一个错误的同时可能不当心而引入另一些错误，这样第二个假设显然并不总是成立。基于程序内部特性可靠性模型计算存在于软件中的错误的预计数。根据软件复杂性度量函数给出的定量关系，这类模型建立了程序的面向代码的属性（如操作符和操作数的数目）与程序中错误的初始估计数字之间的关系。

植入可靠性模型是在软件中"植入"已知的错误，并计算发现的植入错误数与发现的实际错误数之比。随机将一些已知的带标记的错误植入程序，在历经一段时间的测试之后，假定植入错误和程序中的残留错误都可以同等难易地被测试到，就可求出程序中尚未发现的残留错误总数。这种模型依赖于测试技术。但如何判定哪些错误是程序的残留错误，哪些是植入带记号的错误，不是件容易的事。而且植入带标记的错误有可能导致新的错误。还有其他软件可靠性模型，例如外延式等。关于软件可靠性模型的研究工作尚在初始阶段。

8.1.5 软件评审

人的认识不可能100%符合客观实际，因此在软件生存期每个阶段的工作中都可能引入人为的错误。在某一阶段中出现的错误，如果得不到及时纠正，就会传播到开发的后续阶段中去，并在后续阶段都要采用评审的方法，以揭露软件中的缺陷，然后加以改正。通常，把"质量"理解为"用户满意程度"。为使得用户满意，有以下两个必要条件。

条件一，设计的规格说明书要符合用户的要求。

条件二，程序要按照设计规格说明所规定的情况正确执行。

把上述条件一称为"设计质量"，条件二称为"程序质量"。过去多把程序质量当作设计质量，但优秀的程序质量是构成好的软件质量的必要条件，但不是充分条件。

软件的规格说明分为外部规格说明和内部规格说明。外部规格说明是从用户角度来看的规格，包括硬件/软件系统设计（在分析阶段进行）、功能设计（在需求分析阶段与概要设计阶段进行）。内部规格说明是为了实现外部规格的更详细的规格，即软件模块结构与模块处理过程的设计（在概要设计与详细设计阶段进行）。因此，内部规格说明是从开发者角度来看的规格说明。将上述两个概念联系起来，设计质量是由外部规格说明决定的，程序质量是由内部规格说明决定的。

1. 设计质量的评审内容

设计质量评审的对象是在需求分析阶段产生的软件需求规格说明、数据需求规格说明，在软件概要设计阶段产生的软件概要设计说明书等。通常需要从以下几个方面进行评审。

（1）评价软件的规格说明是否合乎用户的要求，即总体设计思想和设计方针是否明确；需求规格说明是否得到了用户或单位上级机关的批准；需求规格说明与软件的概要设计规格说明是否一致等。

（2）评审可靠性，即是否能避免输入异常（错误或超载等）、硬件失效及软件失效所产生的失效，一旦发生应能及时采取代替手段或恢复手段。

（3）评审保密措施实现情况，即是否提供对使用系统资格进行检查；对特定数据的使用资格、特殊功能的使用资格进行检查，在查出有违反使用资格情况后，能否向系统管理人员报告有关信息；是否提供对系统内重要数据加密的功能等。

（4）评审操作特性实施情况，即操作命令和操作信息的恰当性，输入数据与输入控制语句的恰当性；输出数据的恰当性；应答时间的恰当性等。

（5）评审性能实现情况，即是否达到所规定性能的目标值。

（6）评审软件是否具有可修改性、可扩充性、可互换性和可移植性。

（7）评审软件是否具有可测试性。

（8）评审软件是否具有复用性。

2．程序质量的评审内容

程序质量评审通常是从开发者的角度进行评审，直接与开发技术有关。它是着眼于软件本身的结构、与运行环境的接口、变更带来的影响而进行的评审活动。

（1）软件的结构

为了使得软件能够满足设计规格说明中的要求，软件的结构本身必须是优秀的。它主要包括以下几个。

①功能结构。在软件的各种结构中，功能结构是用户唯一能见到的结构。功能结构可以说是联系用户跟开发者的规格说明，在软件的设计中占有极其重要的地位。在讨论软件的功能结构时，必须明确软件的数据结构。需要检查的项目主要有以下几个。

- 数据结构：包括数据名和定义；构成该数据的数据项；数据与数据间的关系。
- 功能结构：包括功能名和定义；构成该功能的子功能；功能与子功能之间的关系。
- 数据结构和功能结构之间的对应关系：包括数据元素与功能元素之间的对应关系；数据结构与功能结构的一致性。

②功能的通用性。在软件的功能结构中，某些功能有时可以作为通用功能反复出现多次。从功能便于理解、增强软件的通用性及降低开发的工作量等观点出发，希望尽可能多地使功能通用化。检查功能通用性项目包括：抽象数据（包括抽象数据的名称和定义，抽象数据构成元素的定义）；抽象功能结构。

③模块的层次。模块的层次是指程序模块结构。由于模块是功能的具体体现，所以模块层次应当根据功能层次来设计。

④模块结构。上述的模块层次结构是模块的静态结构，现在要检查模块间的动态结构。模块分为处理模块和数据模块两类。模块间的动态结构也与这些模块分类有关。对这样的模块结构进行检查的项目有以下几个。

- 控制流结构：规定了处理模块之间的流程关系。检查处理模块之间的控制转移关系与控制转移形式（调用方式）。
- 数据流结构：规定了数据模块是如何被处理及模块进行加工的流程关系。检查处理模块与数据模块之间的对应关系；处理模块与数据模块之间的存取关系，如建立、删除、查询、修改等。
- 模块结构与功能结构之间的对应关系：主要包括功能结构与控制流结构的对应关系；功能结构与数据流结构的对应关系；每个模块的定义（包括功能、输入与输出数据）。

⑤处理过程的结构。处理过程是最基本的加工逻辑过程。对它的检查项目有：要求模块的功能结构与实现这些功能的处理过程的结构应明确对应；要求控制流应是结构化的；数据的结构与控制流之间的对应关系应是明确的，并且可依这种对应关系来明确数据流程

的关系；用于描述的术语标准化。

（2）与运行环境的接口

运行环境包括硬件、其他软件和用户。与运行环境的接口应设计得较理想，要预见到环境的改变，并且当一旦要变更时，应尽量限定其变更范围和变更所影响的范围。其主要检查项目有以下几个。

● 与硬件的接口：包括与硬件的接口约定，即根据硬件的使用说明等所做出的规定；硬件故障时的处理和超载时的处理。

● 与用户的接口：包括与用户的接口规定；输入数据的结构；输出数据的结构；异常输入时的处理；超载输入时的处理；用户存取资格的检查等。

随着软件运行环境的变更，软件的规格也在跟着不断地变更。运行环境变更时的影响范围需要从以下三个方面来分析。

①与运行环境的接口。

②在每项设计工程规格内的影响。

③在设计工程相互间的影响。

上述①是变更的重要原因，而②是在每个软件结构范围内的影响。例如，若是改变某一功能，则与之相联系的父功能和它的子功能都会受到影响；若要变更某一模块，则调用该模块的其他模块都会受到影响。此外，③是指不同种类的软件结构相互间的影响。例如，当改变某一功能时，就会影响到模块的层次及模块的结构，这些多模块的处理过程都将受到影响。

8.1.6 软件容错技术

提高软件质量和可靠性的技术大致可分为两类：一类是避开错误（fault-avoidance）技术，即在开发的过程中不让差错带入软件的技术；另一类是容错（fault-tolerance）技术，即对某些无法避开的差错，使其影响减至最小的技术。避开错误技术是进行质量管理，实现产品应有质量所必不可少的技术。无论使用多么高明的避开错误技术，也无法做到完美无缺和绝无错误，这就需要采用即使错误发生时也不影响系统的特性的容错技术，或即使错误发生时对用户影响也限制在某些允许的范围内。一些高可靠性、高稳定性的系统，例如飞机导航控制系统、医院疾病诊断系统、银行网络系统等，都非常重视应用容错技术。

1. 容错软件定义

归纳容错软件的定义，有以下4种。

规定功能的软件在一定程度上对自身错误的作用（软件错误）具有屏蔽能力，则称此软件为具有容错功能的软件，即容错软件。

规定功能的软件在一定程度上能从错误状态自动恢复到正常状态，则称之为容错软件。

规定功能的软件在因错误而发生错误时，仍然能在一定程度上完成预期的功能，则把该软件称为容错软件。

规定功能的软件在一定程度上具有容错能力，则称之为容错软件。

2. 容错的一般方法

实现容错技术的主要手段是冗余。冗余是指实现系统规定功能时多余的那部分资源，包括硬件、软件、信息和时间。由于加入了这些资源，有可能使系统的可靠性得到较大的提高。通常，冗余技术分为以下 4 类。

（1）结构冗余

结构冗余是通常用的冗余技术。按其工作方式，可分为静态、动态和混合冗余 3 种。

①静态冗余。常用的有三模冗余 TMR（Triple Module Redundancy）和多模冗余。静态冗余通过表决和比较来屏蔽系统中出现的错误。如三模冗余，是对 3 个功能相同但由不同的人采用不同的方法开发出来的模块的运行结果，通过表决以多数结果作为系统的最终结果。即如果模块中有一个出错，这个错误能够被其他模块的正确结构"屏蔽"。由于无需对错误进行特别的测试，也不必进行模块的切换就能实现容错，故称为静态容错。

②动态冗余。动态冗余的主要方式是多重模块待机储备，当系统检测到某工作模块出现错误时，就用一个备用的模块来顶替它并重新运行。这里须有检测、切换和恢复过程，故称其为动态冗余。每当一个出错模块被其备用模块顶替后，冗余系统相当于进行了一次重构。各备用模块在其待机时，可与主模块一样工作，也可不工作。前者叫做热备份系统，后者叫做冷备份系统。在热备份系统工程备用模块待机过程中其失效率为 0。

③混合冗余。它兼有静态冗余和动态冗余的长处。

（2）信息冗余

为检测或纠正信息在运算中的错误须增加一部分信息，这种现象称为信息冗余。在通信和计算机系统中，信息常以编码的形式出现。采用奇偶码、循环码等冗余码制式就可以发现甚至纠正这些错误。为了达到此目的，这些码（统称误差校正码）的码长远超过不考虑误差校正时的码长，增加了计算量和信道占用的时间。

（3）时间冗余

时间冗余是指以重复执行指令（指令复执）或程序（程序复算）来消除瞬时错误带来的影响。对于重复执行不成功的情况，通常的处理办法是发出中断，输入错误处理程序，或对程序进行复算，或重新组合系统，或放弃程序处理。在程序复算中较常用的方法是程序回滚（Program Rollback）技术。

（4）冗余附加技术

冗余附加技术是指为实现上述冗余技术所需的资源和技术，包括程序、指令、数据、存放和调动它们的空间和通道等。在没有容错要求的系统中，它们是不需要的；但在容错系统中，它们是必不可少的。

在屏蔽硬件错误的冗错技术中，冗余附加技术包括以下几个。

①关键程序和数据的冗余存储和调用。

②检测、表决、切换、重构、纠错和复算的实现。

由于硬件出错对软件可能带来破坏作用，例如导致进程混乱或数据丢失等。因此，对它们做预防性的冗余存储是十分必要的。

在屏蔽软件错误的冗错系统中，冗余附加件的构成包括以下几个。

①冗余备份程序的存储及调用。

②实现错误检测和错误恢复的程序。

③实现容错软件所需的固化程序。

容错消耗了资源，但换来对系统正确运行的保护。这与那种由于设计不当而造成资源浪费的冗余不同。

3. 容错软件的设计过程

容错系统的设计过程包括以下设计步骤。

（1）按设计任务要求进行常规设计，尽量保证设计的正确。

按常规设计得到非容错结构，它是容错系统构成的基础。在结构冗余中，不论是主模块还是备用模块的设计和实现，都要在费用许可的条件下，尽可能提高可靠性。

（2）对可能出现的错误分类，确定实现容错的范围。

对可能发生的错误进行正确的判断和分类。例如，对于硬件的瞬时错误，可以采用指令复执和程序复算；对于永久错误，则需要采用备份替换或者系统重构。对于软件来说，只有最大限度地弄清错误发生和暴露的规律，才能正确地判断和分类，实现成功的容错。

（3）按照"成本—效率"最优原则，选用某种冗余手段（结构、信息、时间）来实现对各类错误的屏蔽。

（4）分析或验证上述冗余结构的容错效果。如果效果没有达到预期的程度，则应重新进行冗余结构设计。如此反复，直到有一个满意的结果为止。

8.2 软件工程管理的内容

软件工程管理的具体内容包括对开发人员、组织机构、用户、文档资料等方面的管理。

8.2.1 开发人员

软件开发人员一般分为：项目负责人、系统分析员、高级程序员、初级程序员、资料员和其他辅助人员。根据项目的规模大小，有可能一人身兼数职，但职责必须明确。不同职责的人，要求的素质不同。如项目负责人需要有组织能力、判断能力和对重大问题能做出决策的能力；系统分析员需要有概括能力、分析能力和社交活动能力；程序员需要有熟练的编程能力等。人员要少而精，选人要慎重。软件生存期各个阶段的活动既要有分工又要互相联系。因此，要求选择各类人员既能胜任工作，又要能相互很好地配合，没有一个和谐的工作环境很难完成一个复杂的软件项目。

8.2.2 组织机构

组织机构不等于开发人员的简单集合。这里的组织机构要求好的组织结构，合理的人员分工，有效的通信。软件开发的组织机构没有统一的模式。下面简单介绍主程序员组织、专家组织、民主组织三种组织机构。

（1）主程序员组织机构。它主要由一位高级工程师（主程序员）主持计划、协调和复审全部技术活动；一位辅助工程师协助主程序员工作，在必要时代替主程序员工作；若干名技术人员负责分析和开发活动；可以有一位或几位专家和一位资料员协助软件开发机构的工作。资料员非常重要，负责保管和维护所有的软件文档资料，帮助收集软件的数据，并在研究、分析、评价文档资料的准备方面进行协助工作。主程序员的制度突出了主程序员的领导，责任集中在少数人身上，有利于提高软件质量。

（2）专家组织机构。它是由若干专家组成一个开发机构，强调每个专家的才能，充分发挥每个专家的作用。这种组织机构虽然能发挥所有工作人员的积极性，但有可能出现协调上的困难。

（3）民主组织机构。民主组织由从事各方面工作的人员轮流担任组长。这种组织机构易调动积极性和个人的创造性，但由于过多地进行组长信息"转移"，不符合软件工程化的方向。

8.2.3　用户

软件是为用户而开发的，在开发过程中自始至终必须得到用户的密切合作和支持。作为项目负责人，要特别注意与用户保持联系，掌握用户的心理和动态，防止来自用户的各种干扰和阻力。其干扰和阻力主要有以下几个。

（1）不积极配合。当用户对采用先进技术有怀疑，或担心失去自己现有的工作时，可能有抵触情绪，因此在行动上表现为消极、漠不关心，有时不配合。在需求阶段，做好这部分人的工作是很重要的，只有通过他们中的业务骨干，才能真正了解到用户的要求。

（2）求快求全。如对使用计算机持积极态度的用户，他们中一部分人急切希望马上就能上计算机。要他们认识到：开发一个软件项目不是一朝一夕就能完成的，软件工程不是靠人海战术就能加快的工程；同时还要他们认识到：计算机并不是万能的，有些杂乱无章的、随机的、没有规律的事物，计算机是无法处理的。另外，即使计算机能够处理的事情，系统也不能一下子包罗万象。

（3）功能变化。在软件开发过程中，用户可能会不断提出新的要求和修改以前提出的要求。从软件工程的角度，不希望有这种变化。但实际上，不允许用户提出变动的要求是不可能的。因为一方面每个人对新事物有一个认识过程，不可能一下子提出全面的、正确的要求；另一方面还要考虑到与用户的关系。对来自用户的这种变化要正确对待，要向用户解释软件工程的规律，并在可能的条件下部分或有条件地满足用户的合理要求。

8.2.4　控制

控制包括进度控制、人员控制、经费控制和质量控制。为保证软件开发按预定的计划进行，对开发过程要实施以计划为基础。由于软件产品的特殊性和软件工程的不成熟，制定软件进度计划比较困难。通常把一个大的开发任务分为若干期工程，例如，分一期工程、二期工程等。然后再制定各项工程的具体计划，这样才能保证计划实际可行，便于控制。在制定计划进度时要适当留有余地。

8.2.5　文档资料

软件工程管理很大程度上是通过对文档资料管理来实现的。因此，要把开发过程中的一切初步设计、中间过程、最后结果建立成一套完整的文档资料。文档标准化是文档管理的重要方面。

8.3　软件项目计划

8.3.1　软件项目计划的概念

在软件项目管理过程中一个关键的活动是制定项目计划，它是软件开发工作的第一步。项目计划的目标是为项目负责人提供一个框架，使之能合理地估算软件项目开发所需资源、经费和开发进度，并控制软件项目开发过程按此计划进行。软件项目计划是由系统分析员与用户共同经过"可靠性可行性研究与计划"阶段后制定的。所以软件项目计划是可行性研究阶段的结果产品。但由于可行性研究是在高层次进行系统分析，未能考虑软件系统开发的细节情况，因此软件项目计划一般在需求分析阶段完成后才定稿的。

在做计划时，必须就需要的人力、项目持续时间及成本作出估算。这种估算大多是参考以前的花费做的。软件项目计划包括两个任务：研究与估算。即通过研究确定该软件项目的主要功能、性能和系统界面。估算是在软件项目开发前，估算项目开发所需的经费、所要使用的资源以及开发进度。

在做软件项目估算时往往存在某些不确定性，使得软件项目管理人员无法正常进行管理而导致迟迟不能完成。现在所使用的技术是时间和工作量估算。因为估算是所有其他项目计划活动的基石，且项目计划又为软件工程过程提供了工作方向，所以不能没有计划就开始着手开发，否则将会陷入盲目性。

8.3.2　软件项目计划的内容

软件项目计划的内容如下。

（1）范围

范围是对该软件项目的综合描述，定义其所要做的工作以及性能限制，它包括以下内容。

- 项目目标：说明项目的目标与要求。
- 主要功能：给出该软件的重要功能描述。该描述只涉及高层及较高层的系统逻辑模型。
- 性能限制：描述总的性能特征及其他约束条件（如主存、数据库、通信速率和负荷限制等）。
- 系统接口：描述与此项目有关的其他系统成分及其关系。
- 特殊要求：指对可靠性、实时性等方面的特殊要求。
- 开发概述：概括说明软件开始过程各阶段的工作，重点集中于需求定义、设计和维护。

（2）资源

- 人员资源：要求的人员数（系统分析员、高级程序员、程序员、操作员、资料员和测试员）；各类人员工作的时间阶段。人员参加程度如图8-4所示。

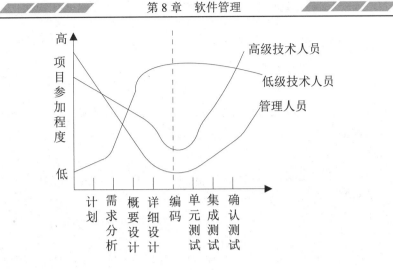

图 8-4　人员参加程度曲线图

● 硬件资源：指软件项目开发所需的硬件支持和测试设备。

● 软件资源：指软件项目开发所需的支持软件和应用软件，如各种开发和测试的软件工具包，操作系统和数据库软件等。

（3）进度安排

进度安排的好坏往往会影响整个项目的按期完成，因此这一环十分重要。制定软件进度与其他工程没有很大的区别，其主要的方法有以下几个。

● 工程网络图。

● Gantt 图。

● 任务资源表。

（4）成本估算

为使开发项目能在规定的时间内完成，且不超过预算，成本估算是很重要的。软件成本估算是一门不成熟的技术，可以参考国外已有的技术。

（5）培训计划

为用户各级人员制定培训计划。

8.3.3　制定软件工程规范

对软件工程管理来说，软件工程规范的制定和实施是不可少的，它与软件项目计划一样重要。软件工程规范可选用现成的各种规范，也可自己制定。目前软件工程规范可分为三级：国家标准与国际标准，行业标准与工业部门标准，企业级标准与开发小组级标准。

8.3.4　软件开发成本估算

为了使开发项目能够在规定的时间内完成，而且不超过预算，成本预算和管理控制是关键。对于一个大型的软件项目，由于项目的复杂性，开发成本的估算不是一件简单的事，要进行一系列的估算处理。一个项目是否开发，从经济上来说是否可行，归根结底是取决于对成本的估算。

1. 成本估算方法

成本估算方法主要有以下几个。

（1）自顶向下估算方法

估算人员参照以前完成的项目所耗费的总成本（或总工作量），来推算将要开发的软件的总成本（或总工作量），然后把它们按阶段、步骤和工作单元进行分配，这种方法称为自顶向下估算方法。

自顶向下估算方法的主要优点是对系统级工作的重视，估算中不会遗漏系统级的诸如集成、用户手册和配置管理之类的事务的成本估算，且估算工作量小、速度快。它的缺点是往往不清楚低级别上的技术性困难问题，而往往这些困难将会使成本上升。

（2）自底向上估算方法

自底向上估算方法是将待开发的软件细分，分别估算每一个子任务所需要的开发工作量，然后将它们加起来，得到软件的总开发量。这种方法的优点是对每一部分的估算工作交给负责该部分工作的人来做，所以估算较为准确。缺点是其估算往往缺少与软件开发有关的系统级工作量，如集成、配置管理、质量管理、项目管理等，所以估算往往偏低。

（3）差别估算方法

差别估算是将开发项目——一个或多个已完成的类似项目进行比较，找出与某个相类似项目的若干不同之处，并估算每个不同之处对成本的影响，导出开发项目的总成本。该方法的优点是可以提高估算的准确度，缺点是不容易明确"差别"的界限。

除以上方法外，还有许多方法，大致分为三类。

（1）专家估算法。依靠一个或多个专家对要求的项目做出估算，其精确性取决于专家对估算项目的定性参数的了解和他们的经验。

（2）类推估算法。它是将估算项目的总体参数与类似项目进行直接比较，相比得到结果。自底向上方法中，类推是在两个具有相似条件的工作单元之间进行。

（3）算式估算法。专家估算法和类推估算法的缺点在于，它们依靠带有一定盲目和主观的猜测对项目进行估算。算式估算法则是企图避免主观因素的影响。用于估算的方法有两种基本类型：由理论导出和由经验得出。

2. 成本估算模型

下面介绍几种成本估算模型，若需要详细了解，请参看有关资料。

（1）COCOMO 估算模型

结构性成本模型 COCOMO（Constructive Cost Mode）是最精确、最易于使用的成本估算方法之一。该模型分为：基本 COCOMO 模型，是一个静态单变量模型，是对整个软件系统进行估算；中级 COCOMO 模型，是一个静态多变量模型，它将软件系统模型分为系统和部件两个层次，系统是由部件构成的，它把软件开发所需人力（成本）看作是程序大小和一系列"成本驱动属性"的函数，用于部件级的估算，更精确些；详细 COCOMO 模型，将软件系统模型分为系统、子系统和模块 3 个层次，它除包括中级模型中所考虑的因素外，还考虑了需求分析、软件设计等每一步的成本驱动属性的影响。

①基本 COCOMO 模型估算公式。

$$E=a_b \cdot (KLOC) \cdot exp(b_b)$$
$$D=c_b \cdot (E) \cdot exp(d_b)$$

式中 E 为开发所需的人力（人／月）。D 为所需的开发时间（月）。KLOC 为估计提交的代码行。a_b、b_b、c_b 和 d_b 是指不同软件开发方式的值，如表 8-1 所示。

由以上公式可以导出生产率和所需人员数的公式：

生产率＝（KLOC）／E（代码行／人月）

人员数=E/D

有机方式意指在本机内部的开发环境中的小规模产品。嵌入式计算机开发环境往往受到严格限制，例如时间与空间的限制，因此对同样的软件规模，其开发难度要大些，估算工作量要大得多，生产率将低得多。半有机方式介于有机方式和嵌入方式之间。

②中级 COCOMO 模型。中级 COCOMO 模型先产生一个与基本 COCOMO 模型一样形式的估算公式，然后考虑 15 个"成本驱动属性"对它进行打分，而定出"乘法因子"，对公式进行修正。15 个成本驱动属性分成 4 组：

- 产品属性：所需软件可靠性；数据库大小；产品复杂性。
- 计算机属性：执行时间方面的限制；主存限制；虚拟机的易变性；计算机周期时间。
- 人员属性：分析员能力；应用领域中的实践经验；程序员能力；虚拟机使用经验；程序语言使用经验。
- 项目属性：现代程序设计方法；软件工具的使用；所需的开发进度。

其估算公式为：$E=a_i(KLOC)exp(b_i) \times$ 乘法因子，a_i、b_i 值如表 8-2 所示。

表 8-1 基本 COCOMO 模型

方式	a_b	b_b	c_b	d_b
有机	2.4	1.05	2.5	0.38
半有机	3.0	1.12	2.5	0.35
嵌入	3.6	1.2	2.5	0.32

表 8-2 中级 COCOMO 模型

方式	a_b	b_b
有机	3.2	1.05
半有机	3.0	1.12
嵌入	2.8	1.2

（2）Putnam 模型

这是 1978 年 Putnam 提出的模型，是一种动态多变量模型。它假定在软件的整个生存期中，工作量有特定的分布。这种模型依据在一些大型项目（总工作量达到或超过 30 个人年）中收集到的工作量分布情况推导出来，但也可以应用在一些较小的项目中。

Putnam 模型可以导出一个"软件方程"如下：

$$L=Ck \cdot K^{\frac{1}{3}} \cdot td^{\frac{4}{3}}$$

"软件方程"把已交付的源代码行数同工作量、开发时间联系起来。其中，td 是开发持续时间（以年计）；K 是软件开发与维护在内的整个生存期所花费的工作量（以人年计）；L 是源代码行数（以 LOC 计）；Ck 是技术状态常数，它反映出"妨碍程序员进展的限制"，并因开发环境而异，其典型值的选取如表 8-3 所示。

表 8-3　技术状态常数 Ck 的取值

Ck 的取值	开发环境	开发环境举例
2000	差	没有系统的开发方法，缺乏文档和复审，以批处理方式进行
8000	好	有合适的系统开发方法，有充分的文档和复审，以交互执行方式进行
11000	优	有自动开发工具和技术

8.3.5　风险分析

每当建立一个计算机应用系统程序时，总是存在某些不确定性。如是否能准确地理解用户的要求，在项目结束之前要求的功能能否实现，是否存在目前仍未发现的技术难题，是否会因某些变更造成项目严重错误等。

风险分析对于软件项目管理是决定性的，然而现在还是有许多项目不考虑风险就着手进行。Tom Gilb 在他的有关软件工程管理的书中写道："如果谁不主动地攻击（项目和技术）风险，它们就会主动地攻击谁"。风险分析实际上就是贯穿在软件工程中的一系列风险管理步骤，其中包括风险识别、风险估计、风险管理策略、风险解决和风险监督，它能让人们去主动"攻击"风险。

8.3.6　软件项目进度安排

每一个软件项目都要求制定一个进度安排，但不是所有的进度都得一样安排。对于进度安排，需要考虑的是：预先对进度如何计划，工作怎样就位，如何识别定义好的任务，管理人员对结束时间如何掌握，如何识别和控制关键路径以确保结束，对进展如何度量，以及如何建立分割任务的里程碑。软件项目的进度安排与任何一个工程项目的进度安排没有实质上的不同。首先识别一组项目任务，建立任务之间的相互关联，然后估算各个任务的工作量，分配人力和其他资源，指定进度时序。

1. 软件开发任务的并行性

若软件项目有多人参加时，多个开发者的活动将并行进行，典型软件开发任务的网络如图 8-5 所示。

从图 8-5 中可以看出，在需求分析完成并进行复审后，概要设计和制定测试计划可以并行进行；各模块的详细设计、编码与单元测试可以并行进行等。由于软件工程活动的并行性，并行任务是异步进行的，因此为保证开发任务的顺利进行，制定开发进度计划和制定任务之间的依赖关系是十分重要的。项目经理必须了解处于关键路径上的任务进展的情况，如果这些任务能及时完成，则整个项目就可以按计划完成。

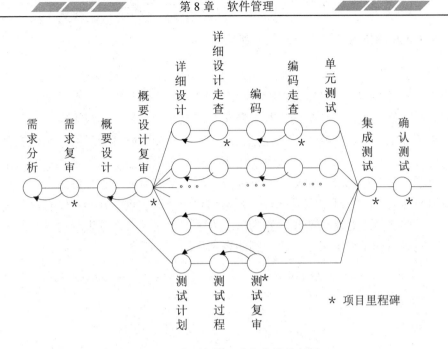

图 8-5　典型软件开发任务的并行图

2. Gantt 图

Gantt 图常用水平线段来描述，把任务分解成子任务，以及每个子任务的进度安排。该图表示方法简单易懂，一目了然，动态反映软件开发进度情况，是进度计划和进度管理的有力工具，在子任务之间依赖关系不复杂的情况下常使用此种方法。Gantt 图示例如图 8-6 所示。

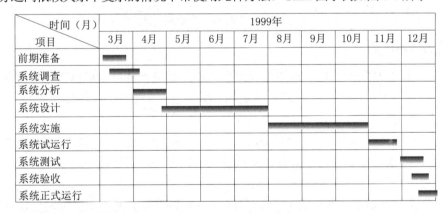

图 8-6　Gantt 图示例

由图 8-6 可以看出：

①表示任务分解成子任务的情况。

②表示每个子任务的开始时间和完成时间，线段的长度表示子任务完成所需要的时间。

③表示子任务之间的并行和串行关系。

Gantt 图只能表示任务之间的并行与串行的关系，难以反映多个任务之间存在的复杂关系，不能直观表示任务之间相互的依赖制约关系，以及哪些任务是关键子任务等信息，因此仅仅用 Gantt 图作为进度的安排是不够的。

3. 工程网络图

工程网络图是一种有向图，该图中用圆表示事件（事件表示一项子任务的开始与结束），有向弧或箭头表示子任务的进行。箭头上的数字称为权，该权表示此子任务的持续时间，箭头下面括号中的数字表示该任务的机动时间，图中的圆表示某个子任务开始或结束事件的时间点。圆的左边部分中数字表示事件号，右上部分中的数字表示前一子任务结束或后一个子任务开始的最早时刻，右下部分中的数字表示前一子任务结束或后一子任务开始的最迟时刻。对工程网络图只有一个开始点和一个终止点，开始点没有流入箭头，称为入度为零。终止点没有流出箭头，称为出度为零。中间的事件圆表示它之前的子任务已经完成，在它之后的子任务可以开始。圆的表示如图 8-7 所示。

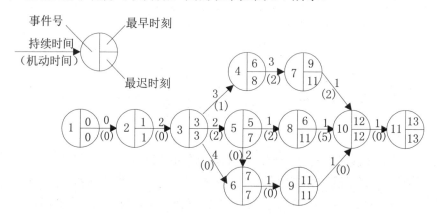

图 8-7　工程网络图示例

8.3.7　软件质量保证

软件质量保证是软件工程管理的重要内容，软件质量保证应做好以下几方面的工作。

（1）采用技术手段和工具。质量保证活动要贯穿开发过程的始终，必须采用技术手段和工具，尤其是使用软件开发环境来进行软件开发。

（2）组织正式技术评审。在软件开发的每一个阶段结束时，都要组织正式的技术评审。国家标准要求单位必须采用审查、文档评审、设计评审、审计和测试等具体手段来保证质量。

（3）加强软件测试。软件测试是质量保证的重要手段，因为测试可发现软件中大多数潜在的错误。

（4）推行软件工程规范（标准）。用户可以自己制定软件工程规范（标准），但标准一旦确认就应贯彻执行。

（5）对软件的变更进行控制。软件的修改和变更常常会引起潜伏的错误，因此必须严格控制软件的修改和变更。

（6）对软件质量进行度量。即对软件质量进行跟踪，及时记录和报告软件质量情况。

8.4　软件工程标准化与软件文档

8.4.1　什么是软件工程标准化

随着软件工程学的发展，人们对计算机软件的认识逐渐深入。软件工作的范围从只是使用程序设计语言编写程序，扩展到整个软件生存期。诸如可行性分析、需求分析、设计、实现、测试、运行和维护，直到软件淘汰（为新的软件所取代）。同时还有许多技术管理工作（如过程管理、产品管理、资源管理），以及确认与验证工作（如评审和审计、产品分析、测试等）是跨软件生存期各个阶段的专门工作。所有这些工作都应当逐步建立起标准或规范来。由于计算机发展迅速，未形成标准之前，在行业中先使用一些约定，然后逐渐形成标准。

另一方面，软件工程标准的类型也是多方面的。它可能包括过程标准（如方法、技术、度量等）、产品标准（如需求、设计、部件、描述、计划报告等）、专业标准（如职务、道德准则、认证、特许、课程等），以及记法标准（如术语、表示法、语言等）。下面根据中国国家标准 GB/T15538-1995《软件工程标准分类法》给出软件工程标准的分类。

软件工程的标准主要有以下 3 个。

（1）FIPS135 是美国国家标准局发布的《软件文档管理指南》（National Bureau of Standards，Guideline for Software Documentation Management，FIPS PUB135,June 1984）。

（2）NSAC—39 是美国核子安全分析中心发布的《安全参数显示系统的验证与确认》（Nuclear Safety Analysis Center，Verification and Validation for Safety Parameter Display Systems，NASC—39,December 1981）。

（3）ISO5807 是国际标准化组织公布（现已成为中国的国家标准）的《信息处理——数据流程图、程序流程图、程序网络图和系统资源图的文件编制符号及约定》。

这个图表不仅表明了软件工程标准的范围和如何对标准分类，还对标准的开发具有指导作用。已经制定的标准都可在表中找到相应的位置，它可启发人们去制定新的标准。

8.4.2　软件工程标准化的意义

积极推行软件工程标准化，其道理是显而易见的。仅就一个软件开发项目来说，有许多不同层次、不同分工的人员相互配合，在开发项目的各个部分以及各开发阶段之间也都存在着许多联系和衔接问题。如何把这些错综复杂的关系协调好，需要有一系列统一的约束和规定。在软件开发项目取得阶段成果或最后完成时，需要进行阶段评审和验收测试。投入运行的软件，其维护工作中遇到的问题又与开发工作有着密切的关系。软件的管理工作渗透到软件生存期的每一个环节。所有这些都要求提供统一的行动规范和衡量准则，使得各种工作都能有章可循。

8.4.3　软件工程标准的层次

根据制定的机构与适用的范围，软件工程标准分国际标准、国家标准、行业标准、企业规范及项目（课题）规范五个等级。

（1）国际标准

国际标准是由国际标准化组织（International Standards Organization，ISO）制定和公布，供世界各国参考的标准。该组织有很大的代表性和权威性，所公布的标准也有很大权威性。ISO9000 是质量管理和质量保证标准。

（2）国家标准

国家标准是由政府或国家级的机构制定或批准，适合于全国范围的标准。主要有以下几个。

①GB。中华人民共和国国家技术监督局是中国的最高标准化机构，它所公布实施的标准简称为"国标"。如软件开发规范 GB8566-1995，计算机软件需求说明编制指南 GB9385-1988，计算机软件测试文件编制规范 GB9386-1988 等。

②ANSI（American National Standards Institute），美国国家标准协会。这是美国一些民间标准化组织的领导机构，具有一定的权威性。

③BS（British Standard），英国国家标准。

④DIN，德国标准协会。

⑤JIS（Japanese Industrial Standard），日本工业标准。

（3）行业标准

行业标准是由行业机构、学术团体或国防机构制定的适合某个行业的标准。主要有以下几个。

①IEEE（Institute of Electrical and Electronics Engineers），美国电气与电子工程师学会。

②GJB，中华人民共和国国家军用标准。

③DOD-STD（Department Of Defense-STanDards），美国国防部标准。

④MIL-S（MILitary-Standard），美国军用标准。

（4）企业规范

企业规范是由大型企业或公司所制定的适用于本部门的规范。

（5）项目（课题）规范

它是由某一项目组织制定为该项目专用的软件工程规范。

8.4.4 文档的作用与分类

（1）文档的作用

文档是指某种数据媒体和其中所记录的数据。在软件工程中，文档用来表示对需求、过程或结果进行描述、定义、规定、报告或认证的任何书面或图示的信息。它们描述和规定了软件设计和实现的细节，说明使用软件的操作命令。文档也是软件产品的一部分，没有文档的软件就不成为软件。软件文档的编制在软件开发工作中占有突出的地位和相当大的工作量。高质量文档对于转让、变更、修改、扩充和发挥软件产品的效益有着重要的意义。

因此软件文档的作用是：提高软件开发过程的能见度；提高开发效率；作为开发人员阶段工作成果和结束标志；记录开发过程的有关信息便于使用与维护；提供软件运行、维护和培训有关资料；便于用户了解软件功能、性能。

（2）文档的分类

软件开发项目生存期各阶段应包括的文档以及与各类人员的关系如表 8-4 所示。

表 8-4 文档以及各类人员的关系

人员 文档	管理 人员	开发 人员	维护 人员	用户
可行性研究报告	√	√		
项目开发计划	√	√		
软件需求说明书		√		
数据要求说明书		√		
测试计划		√		
概要设计说明书		√	√	
详细设计说明书		√	√	
用户手册				√
操作手册				√
测试分析报告		√	√	
开发进度月报	√			
项目开发总结	√			
程序维护手册（维护修改建议）	√		√	

8.5　软件能力成熟度模型

8.5.1　CMM 基本概念

能力成熟度模型（Capability Maturity Model，CMM）是改进软件过程的一种策略，与实际使用的过程模型无关。1987 年由美国卡内基·梅隆大学软件工程研究院（Software Engineering Institue，SEI）提出了软件机构的能力成熟度模型 CMM，并于 1991、1993 年进行两次修改。

（1）组织

组织与组不同，组织与单位也不一样。

CMM 中的"组织"或"软件组织"，是指软件企业（或软件公司）自己，或者企业内部的一个软件研发部门。但是该组织内部应有若干个项目和一个软件工程管理部门。如公司的研发中心、软件中心、软件事业部，均可称为"组织"或"软件组织"。

CMM 的实施评估不在整个软件企业的所有部门进行，而只需在软件企业中的某个软件组织范围内进行。例如，对它的软件研发中心实施评估。因此，说某家软件公司通过了 CMM 二级（简写为 CMM2）评估，不是指该公司的所有部门都通过了 CMM 二级评估，而是指该公司的软件研发部门通过了 CMM 二级评估。例如，它的软件研发中心通过了 CMM 二级评估，而它的某个管理部门或客户服务中心就可能没有通过 CMM 二级评估，也没有必要通过 CMM 二级评估，这样的部门只需取得 ISO 9000 认证就可以了。

（2）软件过程

这里的软件过程，既指软件开发过程，又指软件管理过程。一般来讲，过程是指为了实现某一目标而采取的一系列步骤。一个软件过程是指人们从开发到维护软件相关产品所采取的一系列活动。其中，软件相关产品包括项目计划、设计文档、源代码、测试报告和用户指南等。软件产品的质量主要取决于产品开发和维护的软件过程质量。一个有效的、可视的软件过程能够将人力资源、物理设备和实施方法结合成为一个有机的整体，并为软件工程师和高级管理者提供实际项目的状态和性能，从而可以监督和控制软件过程的进行。

（3）软件产品和软件工作产品

在软件开发过程中，上一道工作程序的输出，就是下一道工作程序的输入。在 CMM 中，每一道工作程序的输出均称为软件工作产品，里程碑上的软件工作产品一般称为基线，如用户需求报告、概要设计说明书、详细设计说明书、源代码、测试报告、用户指南等。评审报告、跟踪记录等软件管理文档，也是软件工作产品。

软件承包方最终交付给客户方的软件工作产品，称为软件产品。在 UML 中，将软件工作产品称为"制品"，其中管理文档叫管理制品，技术文档叫技术制品。

（4）软件过程能力与性能

软件过程能力是软件过程本身具有的按预定计划生产产品的固有能力。一个组织的软件过程能力，为组织提供了预测软件项目开发的数据基础。

软件过程性能是软件过程执行的实际结果。一个项目的软件过程性能决定于内部子过程的执行状态，只有每个子过程的性能得到改善，相应的成本、进度、功能和质量等性能目标才能得到控制。由于特定项目的属性和环境限制，项目的实际性能并不能充分反映组织的软件过程与能力。成熟的软件过程，可弱化和预见不可控制的过程因素（如客户需求变化或技术变革等）。

（5）软件过程成熟度及其 5 个等级

软件过程成熟度是指一个软件过程被明确定义、管理、度量和控制的有效程度。成熟意味着软件过程能力持续改善的过程，成熟度代表软件过程能力改善的潜力。过程的改善不能跳跃式进行。成熟度等级用来描述某一成熟度等级上的组织特征，每一等级都为下一等级奠定基础，过程的潜力只有在一定的基础之上才能够被充分发挥。例如，一般看来，规划一个工程过程要比规划管理过程更加重要。实际上如果没有管理过程的规划，工程过程很容易成为进度和成本的牺牲品。另外，成熟度级别的改善需要强有力的管理支持，它包括软件管理者和软件开发者基本工作方式的改变。组织成员依据建立的软件过程标准，执行并改进软件过程。一旦来自组织和管理上的障碍被清除后，有关技术和过程的改善进程就能迅速推进。

CMM 模型将软件组织的管理水平划分为 1~5 的 5 个级别，共计 18 个关键过程域 KPA、52 个具体目标、316 个关键实践 KP。对于每个 KPA，都用 5 个共同属性（政策、资源、活动、测量、验证）来描述它。对于每个共同属性，又用一系列的关键实践 KP 来说明。任何没有实施 CMM 评估的软件组织，不管其管理水平如何低下，均属于 CMM 一级的水平。

成熟度等级是软件过程改善中妥善定义的平台。SW-CMM 的 5 个成熟度等级分别为：初始级（CMM1）、可重复级（CMM2）、已定义级（CMM3）、已管理级（CMM4）和优化级（CMM5）。CMM 各个等级的描述如表 8-5 所示。

表 8-5　CMM 5 个等级的描述

等级	成熟度名称	级别描述	级别特点
1	初始级（Initial）	在初始级,组织一般不具备稳定的软件开发与维护环境。项目成功与否在很大程度上取决于是否有杰出的项目经理和经验丰富的开发团队。此时,项目经常超出预算和不能按期完成,组织的软件过程能力不可预测	组织内部是人治,是英雄创造历史
2	可重复级（Repeatable）	在可重复级,组织建立了管理软件项目的方针,以及贯彻执行这些方针的措施。组织基于在类似项目上的经验,能对新项目进行开发和管理,并且项目过程处于项目管理系统的有效控制之下。可重复级的特点是,项目组已经到了项目经验的可重复使用,项目组在 CMM2 规定的 6 个 KPA 上的经验已文档化,因而可重复使用	项目管理级,在组织内部重复使用项目管理的成功经验
3	已定义级（Defined）	在已定义级,组织形成了管理软件开发和维护活动的组织标准软件过程,包括软件工程过程和软件管理过程。项目依据标准,定义了自己的软件过程,并且能进行管理和控制。组织的软件过程能力已描述为标准的和一致的,过程是稳定的和可重复的,并且高度可视	组织级管理,在组织内部已经达到了法律化管理,由项目级管理发展到组织级管理,13 个 KPA 已制度化和法律化,组织级法律框架健全,工程过程和管理过程已文档化,软件过程数据库已开始建立
4	已管理级（Managed）	在已管理级,组织对软件产品和过程都设置有质量目标。项目通过把过程性能的变化限制在可接受的范围内,实现对产品和过程的控制。组织的软件过程能力可描述为可预测的,软件产品具有可预测的高质量	定量管理或数据管理,在组织内部已经达到了量化管理,实现了定量的数据级管理,产品和项目级管理的经验已定量化,组织级过程管理已标准化和定量化,软件过程数据库已发挥量化管理的作用
5	优化级（Optimizing）	在优化级,组织通过预防缺陷、技术创新和更改过程等多种方式,不断提高项目的过程性能,以持续改善组织软件过程能力。组织的软件过程能力可描述为持续改善的	组织已经达到了循环优化和与时俱进

表 8-6 从另外一个角度描述了 SW-CMM 不同成熟度等级过程的可视性和过程能力。可视性是指软件过程的透明性，即过程操作的可见可知程度。过程能力是通过软件过程，实现预期目标的把握度。

表 8-6　5 个等级的可视性与过程能力比较

等级	成熟度	可视性	过程能力
1	初始级	非常有限的可视性	一般达不到进度和成本的目标
2	可重复级	里程碑上具有管理可视性	基于项目管理的经验，开发计划比较现实可行
3	已定义级	项目已定义的软件过程活动具有可视性	基于已定义的软件过程，组织将持续地改善过程能力
4	已管理级	定量地控制软件过程	基于对过程和产品的度量，组织将进一步地改善过程能力
5	优化级	不断地改善软件过程	组织将持续地优化过程能力

（6）关键过程域 KPA

所谓关键过程域 KPA（Key Process Areas），是指相互关联的若干个软件实践活动和相关设施的集合。从 CMM1 到 CMM5 对应的 KPA 个数及管理特点，如表 8-7 所示。

表 8-7　5 个等级的 KPA 个数及其管理特点

CMM 的级别	KPA 数目	管理特点
CMM1 （一级） Initial （初始级）	0 个	无序的管理：人治，个人英雄主义，开发文档不规范，管理文档是空白
CMM2 （二级） Repeatable （可重复级）	需求管理 RM（Requirements Management） 软件项目策划 SPP（Software Project Planning） 软件项目跟踪和监控 SPTO（Software Project Tracking and Oversight） 软件子合同管理 SSM（Software Subcontract Management） 软件质量保证 SQA（Software Quality Assurance） 软件配置管理 SCM（Software Configuration Management）	项目级管理：项目组过程管理中的 6 个 KPA 经验已文档化，可重复使用
CMM3 （三级） Defined （已定义级）	组织过程焦点 OPF（Organization Process Focus） 组织过程定义 OPD（Organization Process Definition） 培训大纲 TP（Training Program） 集成软件管理 ISM（Integrated Software Management） 软件产品工程 SPE（Software Product Engineering） 组间协同 IC（Intergroup Coordination） 同行评审 PR（Peer Review）	组织级管理：项目组过程管理的 7 个 KPA 经验已制度化，组织级法律框架健全，工程过程和管理过程已文档化

（续表）

CMM 的级别	KPA 数目	管理特点
CMM4 （四级） Managed （已管理级）	过程定量管理 QPM（Quantitative Process Management） 软件质量管理 SQM（Software Quality Management）	数据级管理：产品和项目级管理的经验已定量化，组织级过程管理已标准化和定量化
CMM5 （五级） Optimizing （优化级）	缺陷预防 DP（Defect Prevention） 技术革新管理 TCM（Technology Change Management） 过程更动管理 PCM（Process Change Management）	优化级管理：组织对过程管理的改进、产品缺陷的预防已循环优化和与时俱进

表 8-7 表明，每一成熟度等级由若干个关键过程域构成。关键过程域指明组织改善软件过程能力应关注的区域，并指出为了达到某个成熟度等级所要着手解决的问题。达到一个成熟度等级，必须实现该等级上的全部关键过程域。每个关键过程域包含了一系列的相关活动，当这些活动全部完成时，就能够达到一组评价过程能力的成熟度目标。要实现一个关键过程域，就必须达到该关键过程域的所有目标。

（7）关键实践 KP

所谓关键实践 KP（Key Practices），是指对相应 KPA 的实施起关键作用的政策、资源、活动、测量、验证。KP 只描述"做什么"，不描述"怎么做"。目前，CMM 共有 52 个具体目标，316 个关键实践 KP，它们分布在 CMM2 至 CMM5 的各个 KPA 中。虽然每个 KPA 中的 KP 个数不能任意减少，但是每个 KP 中的具体内容可以裁剪，做到实事求是，不要太多、太烦琐。

关键实践是在基础设施或能力中，对关键过程域的实施和规范化起重大作用的部分。每个关键过程域都有若干个关键实践，实施这些关键实践就实现了关键过程域的目标。关键实践用 5 个共同特性（Common Features）加以组织：执行约定、执行能力、执行活动、测量和分析、验证实施。这 5 个共同特性又翻译为政策、资源、活动、测量、验证。也就是说，关键实践分布在 5 个共同特性之中。每个共同特性中的每一项操作程序均是一个关键实践。

①执行约定（Commitment to Perform，CO）：企业为了保证过程建立和继续有效必须采取的行动。执行约定一般包括建立组织方针和获得高级管理者的支持。

②执行能力（Ability to Perform，AB）：组织和实施软件过程的先决条件。执行能力一般包括提供资源、分派职责和人员培训。

③执行的活动（Activities Performed，AC）：指实施关键过程域所必需的角色和规程。执行的活动一般包括制定计划和规程、执行活动、跟踪与监督，并在必要时采取纠正措施。

④测量和分析（Measurement and Analysis，MA）：对过程进行测量和对测量结果进行分析。测量和分析一般包括为确定执行活动的状态和有效性所采用的测量的例子。

⑤验证实施（Verifying Implementation，VI）：保证按照已建立的过程执行活动的步骤。验证一般包括高级管理者、项目经理和软件质量保证部门对过程活动和产品的评审和审计。

（8）目标

目标概括某个关键过程域中的所有关键实践应该达到的总体要求，可用来确定一个组织或一个项目是否已有效地实现关键过程域。目标表明每个关键过程域的范围、边界和意图。目标用于检验关键实践的实施情况，确定关键实践的替代方法是否满足关键过程域的意图等。如果一个级别的所有目标都已实现，则表明这个组织已经达到了这个级别，可以进行下一个级别的软件过程改善。

（9）体系结构

SW-CMM 的体系结构（内部结构）既简单，又复杂。说它简单，是因为目前它由 5个级别、18 个关键过程域、52 个目标、5 个共同特性、316 个关键实践所组成，如图 8-8所示。

| 5个级别 | 18个KPA | 52个目标 | 5个共同特性 | 316个KP |

图 8-8　SW-CMM 的内部结构

由于关键过程域 KPA 是 CMM 的中心内容，一个 KPA 由多个目标和 5 个共同特性组成，每个共同特性中又包含多个关键实践 KP，所以 KP 有下标 i，j，k，l，m。可以用图8-9 来表述 KPA 与目标、共同特性、关键实践之间的关系。

图 8-9　SW-CMM 的目标、共同特性、关键实践的关系

说 KPA 复杂的第一个原因，是因为它的内部结构很难用一张图来说清楚，往往需要用多张图、从多个不同的方面去描述它。说它复杂的第二个原因，是因为软件组织实施 KPA时，其文档体系结构比较复杂，读者可根据需要去参阅其他资料。

（10）成熟度提问单

成熟度提问单是 SW-CMM 中的另外一个问题。成熟度提问单就是一大堆关于 CMM某个级别是否成熟的问题。这些问题的具体内容是什么？它是谁向谁提问题呢？提问题的目的和作用是什么？具体内容请参考其他资料。

软件企业的过程能力成熟度模型 SW-CMM 的作用，体现在软件组织的能力评估和过程改进两个方面。第一个作用，是软件组织的能力评估，软件组织是被评估者，主任评估师及其领导的 ATM 小组是评估者。应该是评估者提问，被评估者回答，按照回答的情况评估者给被评估者打分，再综合其他考核与检查，最终确定该软件组织在 CMM 的某个级别上的评估是否通过。第二个作用，是软件组织的过程改进，过程改进是一个自我评估、自我约束、苦练内功的过程，是一个内部预评估（模拟评估）的过程，提问者与被提问者都是软件组织内部的人。当然，软件组织内部的人也可以分两组，一小组是"内部评估员"，另一大组是评估对象，由前者提问，后者回答。提问单的具体内容是 CMM 各个级别上的部分提问单中的问题。

8.5.2　CMM 软件过程资源

（1）软件过程资源定义

软件组织在进行软件过程改善（Software Process Improvement，SPI）时，其核心工作之一就是建立和维护组织的软件过程资源。所谓软件过程资源，就是组织在进行软件过程改善中通过积累而得到的，用于指导软件项目过程的文档和数据等重要信息。

任何一个组织都可以将在软件过程定义和维护方面有用的实体作为过程资源的组成部分。软件过程资源能够为软件项目在制定、裁剪、维护和实施软件过程时，提供全面的决策指导。

总体上，组织的软件过程资源包括以下 5 个方面的内容。

①组织批准的软件生存周期。

②组织的标准软件过程。

③裁剪指南。

④组织的软件过程数据库。

⑤组织的与软件过程有关的文档库。

一般情况下，只有达到了 CMM3 成熟度的组织，才会建立包括上述 5 个方面内容的、完整的软件过程资源。由于 CMM2 仅关注项目级的一些管理过程，因此通常在 CMM2 上，组织只实现了对特定类型项目的管理控制，如实现了同类项目的可重复性。在持续的软件过程改善工作中，组织会基于 CMM3 的要求对特定项目的软件过程进一步升华，针对组织的所有项目，建立一个共同的软件过程，并逐步建立其他的软件过程资源。

组织能够以多种方式来组织软件过程资源，具体方式取决于组织建立其标准软件过程的方法。例如，软件生存周期的描述可以是组织标准软件过程的一个组成部分。此外，软件过程有关文档库中的一些部分，也可以存放在组织的软件过程数据库中。一般是将软件生存周期的描述和裁剪指南，作为组织标准软件过程的组成部分，对组织的程序文件进行统一管理。

（2）软件生存周期

软件生存周期是从某软件产品开始研发到软件不再使用为止的时间间隔。软件生存周期一般包括：需求阶段、概念阶段、设计阶段、实现阶段、测试阶段、运行和维护阶段，有时还包括退役阶段。

选择一个适当的软件生存周期，对项目来说至关重要。在项目策划的初期，就应该确定项目所采用的软件生存周期，统筹规划项目的整体开发流程。为了做好这项工作，组织需要预先识别并总结出可供项目选择的软件生存周期，同时，还需要提供指导原则（这部分通常在裁剪指南中），帮助项目选择适当的软件生存周期。

一个组织通常为多个客户生产软件，而客户的需求也是多样化的。一种软件生存周期往往不能适合所有客户的情况，因此组织可以规定多种软件生存周期供项目使用。这些软件生存周期一般从软件工程文献中获得，并加以修改，使之适合于组织的具体情况。在制定由项目定义的软件过程时，这些软件生存周期可以和组织标准软件过程结合在一起使用。

在组织的程序文件中，详细描述了每个软件的生存周期，包括原理、优缺点、适合哪些类型的项目等，通过这些描述可以帮助项目人员，很好地理解和运用组织已批准的软件生存周期。另外，在实际工作中，基于特定项目的经验积累和总结可能需要形成新的软件生存周期，此时可依照一定的流程，将其定义和描述的软件生存周期加入到组织的软件过程资源中。

（3）标准软件过程和裁剪指南

组织标准软件过程是组织中所有软件开发和维护项目共用的软件过程，是项目定义软件过程的基础。它保证组织过程活动的连续性，是组织软件过程的测量和长期改进的依据。裁剪指南用来指导项目对组织标准软件过程进行裁剪，以形成适合项目特征的定义软件过程。

下面是几个有关的基本概念。

①组织标准软件过程。组织标准软件过程是基本过程的可操作的定义。在组织中，基本过程指导建立一个针对所有软件项目的共用的软件过程。该软件过程描述每个项目的软件过程预计包含的基本软件过程元素。

②软件过程元素。软件过程元素是指描述一个软件过程的构成元素。每个过程元素包括一组合理定义的、有限制的、紧密相关的作业（例如，软件估计元素、软件设计元素等）。过程元素的描述可以是待填充的样板、待完成的片段、待精炼的抽象、待修改的完整描述，或已使用的无需修改的完整描述。

③项目定义软件过程。项目定义软件过程是对项目所用软件过程的可操作的定义。项目定义软件过程是一个已很好特征化的、可理解的软件过程，用软件标准、规程、工具和方法给出描述。可以通过裁剪组织标准软件过程的方法来制定它，以适合项目的具体特征。

基于上面的定义，可以了解到：组织标准软件过程是由组织内所有项目通用的一些软件过程元素组成的。在具体描述时，可以先依据这些过程元素的特点，按照一定的方式将这些"零散"的过程元素加以组织。

在软件过程改善实践中将可识别的过程元素分成3类，主要内容如下。

①生存周期主要过程组：包括供应过程、开发过程、维护过程。

②生存周期支持过程组：包括配置管理、文档编制、问题解决、质量保证、同行评审、组间协同。

③生存周期组织过程组：包括管理、基础设施、软件过程改善、培训。

要清晰地描述组织的标准软件过程，仅仅将过程元素分组还不够，还需要描述这些过程元素之间的联系，即软件过程体系结构。

软件过程体系结构是对组织标准软件过程的高层次（即概括的）描述。它描述组织标准软件过程中软件过程元素的排序、界面、相互依赖关系及其他关系。

组织标准软件过程是在通用层次上进行描述的，因此一个具体项目可能无法直接使用它。裁剪指南的目的就是为根据具体项目裁剪组织标准软件过程提供帮助。

裁剪指南可在以下方面指导软件项目：

- 从组织批准使用的软件生存周期中挑选出一个加以利用。
- 剪裁和细化组织标准软件过程和所选择的软件生存周期，使其适合项目的具体特征。

这些指南和准则能够确保所有软件项目的策划、实施、测量、分析和改进项目定义软件过程时有一个共同基础。总结实践经验可知，制定一个有效的裁剪指南需要从以下几个方面进行考虑：

- 裁剪基于项目特征。项目特征是裁剪工作的出发点，包括项目规模（如大、中、小等）、项目类型（如新开发、维护等），以及技术难度、产品类型、项目周期等要素。
- 明确可裁剪的对象。可裁剪对象确定了裁剪的范围。可裁剪对象不仅仅限于过程元素和活动，还包括参照标准、方法和工具、输出产品及模板等。
- 确定裁剪所考虑的要素。裁剪要素界定了裁剪的方向和尺度。例如，对于某个裁剪对象，其范围、频度等都是裁剪要素。如对于有开发经验的小项目，可以适当减少技术方面评审的频度。
- 裁剪的决定基于风险考虑。基于风险可检验裁剪的适当性。对过程或活动的利用或放弃，需要通过分析其所带来的风险和影响再做决定。

（4）软件过程数据库

软件过程数据库是软件企业实施 CMM 的巨大收获和财富。组织的软件过程数据库是收集了有关软件过程和它所生成的软件工作产品的相关数据后建立起来的数据库。软件过程数据库包含或引用估计和实际度量数据。如，生产率数据，工作量、规模、成本、进度、关键计算机资源（估计值与测量值），同行评审的数据，需求数与变更数，测试范围和效率等。此外，它还包括组织的过程改善数据，为理解过程数据并评估其合理性和适用性的信息和数据也包含在数据库内。该数据库中的表名及其字段名等内容的设计，由软件组织自己确定。

设计软件过程数据库有两个关键点：一是明确组织的度量指标，即哪些数据有用，如何体现和利用；二是建立一个方便有效的度量流程，特别建议数据的收集和录入工作，要尽量考虑和已有的日常工作相结合。例如，通过日常的报告（日报、周报等）收集实际的度量数据，定期形成分析报告。对于希望录入到组织的过程数据库中的项目信息，可在项目结束时进行总结，在经过一定的评审后，由相关负责人更新组织的过程数据库。

过程数据库的一些主要应用如下。

①项目组可参照相关的历史数据来指导项目的策划和估计工作。

②项目组可参照相关的历史数据来指导项目的监控工作。

③用于评估组织的软件过程改善实施情况。

④协助内部组织估计未来的工作，提出改善建议等。

（5）软件过程有关文档库

建立与组织软件过程有关的文档库（以下简称文档库），主要出于两方面的考虑：一是存储对组织内的项目可能有用的过程文档，特别是与组织标准软件过程相关的文档；二是在组织范围内共享所存储的文档信息。该库中包含一些实例文档和文档片段，它们对未来项目在对组织标准软件过程裁剪时可能有用。由于能提供成功项目的例子作为起步点，该库可以帮助组织减小启动一个新项目所要求的工作量，因而该库是组织的一个重要资源。

在组织的文档库中，通常包括组织的程序文件和项目过程文档的优秀实例，还可以包括一些技术资料等。组织需要预先定义好文档库的内容结构，并在录入文档时，建立其索引和简要说明，指导后续项目进行参照和使用。对于项目过程文档的收集，可在项目结束时推荐优秀文档，例如，项目计划、里程碑评审报告等，经过审核后由相关负责人放入组织的文档库中。

建立健全的组织文档库，是组织软件过程改善工作的一个重要组成部分。在组织标准软件过程中，包括许多输出产品的模板，如何正确有效地使用这些模板，就成为推广工作的一个难点。除了培训和咨询工作外，如果能够提供一些优秀实例，供项目人员参考，就能达到事半功倍的效果。另外，还可以利用文档库存放组织的各种技术文档，积累组织的技术资源。

软件过程资源可以看作是软件组织的软件过程改善过程中产生的有价值实体的集合，这些资源横跨各项目过程，形成了软件组织持续的过程改善的源泉。

本节所述软件过程资源的全部内容，应包含在软件组织的《软件工程标准手册》中，该手册是实施 CMM 的一部基本法，是一个纲领性文件。

习题 8

一、填空题

1. 目前软件工程规范可分为三级：＿＿＿＿＿＿、＿＿＿＿＿＿和＿＿＿＿＿＿。

2. 软件开发人员一般分为：＿＿＿＿＿＿、系统分析员、高级程序员、初级程序员、资料员和其他辅助人员。

3. ＿＿＿＿＿＿的制度突出了主程序员的管理，责任集中在少数人身上，有利于提高软件质量。

4. 成本估算是在软件项目开发前，估算项目开发所需的＿＿＿＿＿＿。

5. 差别估算的优点是可以提高＿＿＿＿＿＿，缺点是不容易明确"差别"的界限。

二、选择题

1. 软件工程管理是对软件项目的开发管理，即对整个软件＿＿＿＿＿＿的一切活动的管理。

    A. 软件项目   B. 生存期

    C. 软件开发计划   D. 软件开发

2. 在软件项目管理过程中一个关键的活动是＿＿＿＿＿，它是软件开发工作的第一步。

  A. 编写规格说明书   B. 制定测试计划

  C. 编写需求说明书   D. 制定项目计划

3. 单元测试是发现＿＿＿＿＿＿错误，确认测试是发现＿＿＿＿错误，系统测试是发现＿＿＿＿错误。

  A. 接口   B. 编码上的错误

  C. 性能、质量不合要求   D. 功能错误

  E. 需求错误   F. 设计错误

4. 版本管理是对系统不同的版本进行＿＿＿＿＿的进程。

  A. 标识与跟踪   B. 项目计划

  C. 工程管理   D. 工程网络图

5. 一个项目是否开发，从经济上来说是否可行，归根结底是取决于对＿＿＿＿＿＿。

  A. 成本的估算   B. 项目计算

  C. 过程管理   D. 工程管理

6. 自顶向下估算方法的主要优点是对＿＿＿＿＿工作的重视，所以估算中不会遗漏系统级的成本估算，估算工作量小、速度快。它的缺点是往往不清楚＿＿＿＿＿上的技术性困难问题，而往往这些困难将会使成本上升。

  A. 成本估算   B. 系统级

  C. 低级别   D. 工程管理

7. 自底向上估算的优点是对每一部分的估算工作交给负责该部分工作的人来做，所以估算＿＿＿＿＿。其缺点是其估算往往缺少与软件开发有关的系统级工作量，所以估算＿＿＿＿＿。

  A. 往往偏低   B. 不太准确

  C. 往往偏高   D. 较为准确

8. COCOMO 估算模型是＿＿＿＿＿。

  A. 模块性成本模型   B. 结构性成本模型

  C. 动态单变量模型   D. 动态多变量模型

9. 基线是软件生存期中各开发阶段的一个特定点，它可作为一个检查点，当采用的基线发生错误时，我们可以返回到最近的最恰当的＿＿＿＿＿。

  A. 配置项   B. 程序

  C. 基线   D. 过程

10. ＿＿＿＿＿是软件产品的重要组成部分，它在产品的开发过程起着重要的作用。

  A. 需求说明   B. 概要说明

  C. 软件文档   D. 测试大纲

11. ＿＿＿＿＿是开发人员为用户准备的有关该软件使用、操作、维护的资料。

  A. 开发文档   B. 管理文档

  C. 用户文档   D. 软件文档

12．软件文档是软件工程实施中的重要成分，它不仅是软件开发各阶段的重要依据，而且会影响软件的_____。

    A．可理解性   B．可维护性

    C．可扩展性   D．可移植性

三、简答题

1．软件工程管理包括哪些内容？

2．软件项目计划中包括哪些内容？

3．什么是软件配置管理？什么是基线？

4．软件工程标准化的意义是什么？

第9章 UML 建模

◇教学目标
1. 理解：UML 的特点、动态建模、静态建模。
2. 了解：统一建模。

9.1 UML 概述

9.1.1 UML 的产生与发展

1994 年 10 月，美国的 Grady Booch 和 Rumbaugh 首先把 Booch 和 OMT-2 方法结合在一起，并在 1995 年 10 月发布了 UM 0.8。这时面向对象软件工程的创始人 Ivar Jacobson 也加盟到这一工作中。经过三人的努力，于 1996 年 6 月和 10 月分别发布了 UML 0.9 和 UML 0.91，同时将 UM 改名为 UML。UML 的开发得到了许多公司的响应和支持，他们参与了 UML 的开发和完善工作，这对 UML 1.0 和 UML 1.1 的发布起到了重要的促进作用。

1997 年 11 月 17 日，对象管理组织（OMG）正式采纳 UML 为基于面向对象技术的标准建模语言。2017 年，发布了 UML 2.5.1。

9.1.2 UML 的主要内容

UML 作为一种语言，它的定义也同样包括语法和语义两个部分。语法定义了各种 UML 符号、元素、框图及其使用方法。语义描述基于 UML 的元模型的定义。语义所描述的元模型是构造 UML 模型的基本元素，包括面向对象和构件等概念，它使 UML 在语义和语法上取得了一致，从而避免了由于建模方法的不同而产生的影响。

UML 提供了两大类，共 9 种图形支持建模。其分类和各个图形的作用，如表 9-1 所示。

表 9-1 UML 图形及其作用

类别	图形名称	作用
静态建模	用例图	描述系统实现的功能
	类图	描述系统的表态结构
	对象图	描述系统在某时刻的静态结构
	构件图	描述实现系统组成构件上的关系
	配置图	描述系统运行环境的配置情况
动态建模	顺序图	描述系统某些元素在时间上的交互
	协作图	描述系统某些元素之间的协作关系
	状态图	描述某个用例的工作流
	活动图	描述某个类的动态行为

9.1.3　UML 的主要特点

UML 的主要特点如下。

1．统一的建模语言

UML 语言汲取了面向对象及一些非面向对象方法的思想。它使用统一的元素及其表示符号，为用户提供无二义性的设计模型交流方法。

2．支持面向对象

UML 支持面向对象思想的主要概念，提供了能够简洁明了地表示这些概念及其关系的图形元素。

3．支持可视化建模

UML 是一种图形化语言，它自然地支持可视化建模。此外，UML 还支持扩展机制，用户可以通过它自定义建模元素的各种属性。

4．强大的表达能力

UML 在演进的过程中提出了一些新的概念，例如模板、进程和线程、并发和模式等。这些概念有效地支持了各种抽象领域和系统内核机制的建模。UML 强大的表达能力使它可以对各种类型的软件系统建模，甚至商业领域的业务过程。

9.2　静态建模

UML 的静态建模机制包括用例图、类图、对象图、构件图和配置图，使用它们建立系统的静态结构。

9.2.1　用例图

用例图用于建模系统所要实现的功能。它包括角色、用例、系统边界、角色与用例之间和用例与用例之间的关联。

角色指的是与系统有交互行为的类（注意不是具体的对象），它可以是人、外部系统和时间等。用例是系统要执行的动作序列，用来描述系统的功能。它通常由角色驱动，并把执行的结果反馈给角色。

关联表示的是角色与用例之间的驱动与反馈关系，也可以表示用例间的包含与扩展关系。图 9-1 形象地表达了用例图元素之间的关系。图中类似稻草人的图标表示的是角色，椭圆表示用例，箭头表示关联。

从系统管理员指向库存管理员的空心箭头，表示他们之间存在的继承关系。即系统管理员除了拥有库存管理员的权限外，还管理着其他人使用系统的权限。

用例图是系统需求分析的重要工具。在绘制用例图之前，分析人员首先识别出系统中的角色，进而识别出用例。

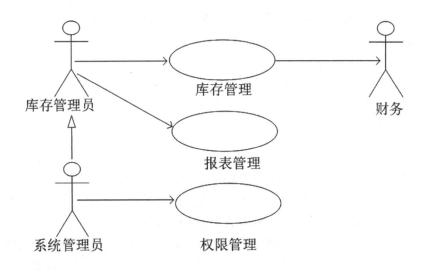

图 9-1　库存管理系统的概要用例图

9.2.2　类图和对象图

类是面向对象技术的重要概念，它抽象地概括具有同样属性和行为的所有对象的共性。也就是说，类是抽象的，而对象是具体的，是类的某个实例。

类图反映了系统中对象之间的抽象关系，如关联、聚合和泛化等关系。在建模时，首先识别系统所包含的类，然后建立类图。

1．类的表示

类用如图 9-2 所示的图标表示。图标分为 3 个部分，分别是类名、属性和操作。图 9-2 中显示的是学生类，它的属性有：学号、姓名、性别和年龄。操作有：入学、学习和毕业。图 9-3 表示的是学生类的一个实例，即对象。由图 9-3 可见操作在对象中不能被实例化。

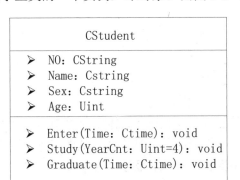

图 9-2　类示意图　　　　　图 9-3　对象示意图

2．类之间的关系

类之间的关系主要有关联、泛化和聚合等。其中关联又可以分为普通关联、限制关联、多重关联、递归关联、在序关联、或关联等。

类图和对象图之间的关系就像类与对象间的关系一样，是抽象与具体的关系。对象图是类图中的类在某时刻全部实例化的快照框图。

3. 类图

建模一个系统的类图，需要从系统的各个用例中识别类、类属性和类操作，并经过分析、抽象后才能得到。

9.2.3 包

在分析设计一个大型系统时，可能会出现上百个甚至更多的类。可以将这些类画在一张很大的图纸上，但是当面对数目众多又关系复杂的类图时，往往不知所措，无从下手。因此如何有效地管理这些类，成为分析人员要解决的重要问题。

在 UML 中，将一些元素组成语义上相关组的划分机制称为包。利用包机制来管理大量的元素（这些元素并不单纯指类）。包中所有的元素都是包的内容。通常可以把系统划分为不同的主题层或子系统，属于同一个主题层的元素放在一个包中，主题层之间的依赖关系表现为包的依赖关系。

如图 9-4 是一个典型的面向对象的应用系统，可以将其划分为 3 个主题层：界面层、应用逻辑层和对象持久化层。界面层包中放置窗体或者表单类，应用逻辑层包中放置系统业务对象类、对象持久化层包中放置负责对象的具体化和非具体化的类。包之间的依赖关系用带箭头的虚线表示。这样一来，整个系统的类，按照表现主题的不同，由不同的包负责管理。层次清晰，简单明了。

图 9-4　包图示意

9.2.4 构件图

构件图是用来建立系统实际结构的模型，由最终组成系统的各种构件组成，并表示这些构件之间的依赖关系。构件之间的依赖关系用带箭头的虚线表示。这里所说的构件可以是组件，例如进程内组件（.dll）、进程外组件（.exe）、C++中的头文件（.h）、实现文件（.cpp）、Activex、Applet 和可执行程序等。

在 UML 中，不同的构件表示的图标各不相同，具体可参考《UML 用户手册》。图 9-5 中显示的是某系统的构件图，它由 4 个可执行文件组成。从图 9-5 中可以看出，子系统 SysMgr、ChkCtr 和 IntAccnt 的运行要依赖于应用服务器 AppServer。

建模系统的构件图有以下 3 方面实际意义。

（1）可作为编译系统构件顺序的示意图。由构件图可以看出，编译的顺序应该是从依赖性弱的构件到依赖性强的构件。

（2）构件的利用。对于那些依赖性较弱的构件，如图 9-5 中的 AppServer，被利用的意义和可行性较大。

（3）维护对系统影响的评估。在系统维护时，若修改的构件，如图 9-5 中的 AppServer，为多个构件的实现所引用，那么这种维护对系统的影响较大，应该预先评估维护的影响面，再考虑实施。

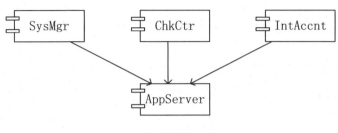

图 9-5　构件图示意

9.2.5　配置图

配置图用于整个系统的物理配置建模，比如系统在网络上的布局、组件在网络上的位置、网络性能和并发用户数目等情况，一个系统只有一个配置图。

在 UML 中，配置图包含 3 个元素：处理器、设备和连接。处理器指的是具有计算功能的硬件，在处理器中可以运行各种程序或进程，如工作站或各种服务器。设备指的是不具备计算能力的硬件，例如 Modem、打印机或各种终端。连接指的是处理器之间、设备之间或处理器和设备之间的物理上的实际连接。

图 9-6 是一个典型的基于 3 层架构的财务系统的物理配置图。从图中可以看出，系统主要由数据库服务器、应用服务器和各应用客户端组成。它们之间用网线连接，系统配置在小型局域网上。应用服务器在系统中除了在数据库服务器和客户端之间起到了承上启下的作用外，还提供打印服务。

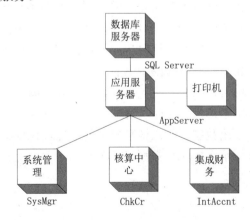

图 9-6　典型 3 层系统的配置图

9.3　动态建模

UML 的动态建模机制包括交互图、状态图和活动图。其中，交互图可以按表现用例特性的不同，分为顺序图和协作图。利用它们建立系统的动态结构模型。

9.3.1　顺序图

顺序图是用来描述用例中对象之间的动态交换关系，着重体现对象间交互时的时间顺序关系。

顺序图中的对象表示如图 9-7 所示。对象用矩形框表示，Object 表示对象的名称，Class 表示对象所属的类名。在顺序图中，可以只表示对象名而省略所属类名，也可以只表示所属类名而省略对象名。

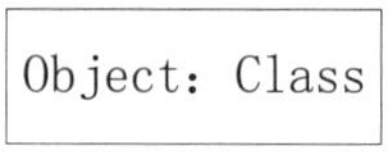

```
Object：Class
```

图 9-7　顺序图中的对象表示

顺序图可视作包含二维坐标的图形。它在水平方向列出参加交互的对象，垂直方向表示对象间交互的时间先后顺序，图中每个对象下方的垂直虚线表示相应对象的生命期。若对象未被撤消，则生命线可以自上而下延伸；若对象被撤消，则它的生命线终止。在 UML 中，用符号"×"表示对象的撤消，即生命期的结束。

对象间通过消息进行交互，消息用带有箭头的直线表示。箭头表示消息的传递方向，在箭头上方表示消息的签名。还可以在消息的前面标注数字，以便更好地表示消息出现的时间顺序。

9.3.2　协作图

和顺序图一样，协作图同样表示对象之间的动态交互关系，强调的是对象间的协作关系。当对象间的交互比较简单时，顺序图可以很好地从时间上表示出交互关系。当交互情况复杂时，顺序图将变得庞大而凌乱。这时应用协作图可以很好地解决这个问题。

在协作图中，对象的表示与在顺序图中的表示类似，但对象可以任意排列，一个对象在消息的交互中被创建，也可以在交互中被删除。有交互关系的对象之间用直线连接。在对象的连接线上用箭头标志消息流，并标以消息签名，如图 9-8 所示。与顺序图不同的是，在协作图的消息签名前必须用数字标示出消息出现的顺序，以便标明消息在时间上的先后顺序。在协作图中还可以标示数据流。数据流表示一个对象向另一对象发出消息后，另一个对象返回的信息。

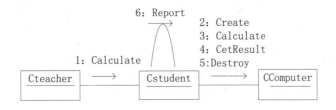

图 9-8　对应的协作图

9.3.3　状态图

　　状态图用来描述建模系统中的某个类对象、子系统或整个系统在其生命周期内出现的状态、状态的迁移和迁移条件。

　　一个对象在某个时刻所处的状态是由该对象的属性值所决定的。当然决定对象状态的属性应该是问题域所关心的属性。对象由一种状态迁移到另一种状态，通常是由于受到了外部的刺激或自身性质的改变所引起的。导致对象状态变迁的原因即迁移条件。

　　在 UML 中，用倒角矩形表示对象所处的状态。根据需要还可以在矩形中加入某对象处在该状态时所从事的活动。对象开始和终止状态用图 9-9 所示的图标表示。其中，开始状态在状态图中是必须有的，而且是唯一的。终止状态是可选的，也可以没有。

图 9-9　开始状态和终止状态的表示

9.3.4　活动图

　　活动图也用于描述用例。在基于 UML 的系统分析中，对用例的描述是一项重要的任务。描述用例可以使用文字形式。但它有许多的缺点，比如难以描述系统中的并发活动和跨用例的任务，而活动图可以很好地解决这些问题。

　　活动是活动图的核心概念。在 UML 中，用圆角矩形表示活动。用黑色实心圆和"牛眼"分别表示活动的开始和终止。活动之间带箭头的直线表示从一个活动到另一个活动的转移，可在直线上标注活动转移的条件。图 9-10 是一个销售系统中订单处理的活动图，图中的菱形表示决策点。

　　活动图的一个重要作用是描述系统中的并发活动。并发活动指的是两个或多个活动的完成在时间上不存在依赖关系，可以同时进行。在 UML 中，用同步控制条表示建模活动的并发性质。同步控制条成对出现，一条表示分支，另一条表示汇聚。在作图时，同步控制条分为水平同步控制条和垂直同步控制条，它们在意义上完全相同。

　　图 9-11 是生产一辆自行车的简化活动图。从图中可以看出生产自行车的骨架、轮子和链条的活动可以同时进行，所以对它们实施同步控制。

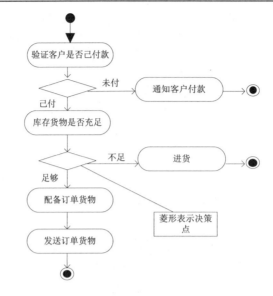

图 9-10　订单处理的活动图

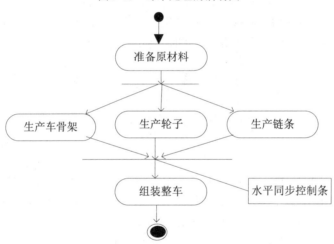

图 9-11　生产自行车的简化活动图

如图 9-12 所示的是销售管理系统中客户对产品不满意申请退款的活动图。客户收到不满意的或有缺陷的产品后，若要求退款，他首先书写一份退款申请材料，并寄给客户服务代表。

客户服务代表检查退款申请材料，若缺少材料，则书写一封拒绝信给客户，否定该申请；若材料齐全，则在确认退款申请的同时，要求会计开具退款支票。最后通知客户申请已批准。

在活动图中，还可以使用泳道、对象和对象流。泳道可将活动图的逻辑描述与顺序图、协作图的描述结合起来，不仅表示出活动的变化，还描述了完成各个活动的类。值得一提的是，在实际的系统分析时，有些活动很难被准确归类到某个对象或类中。

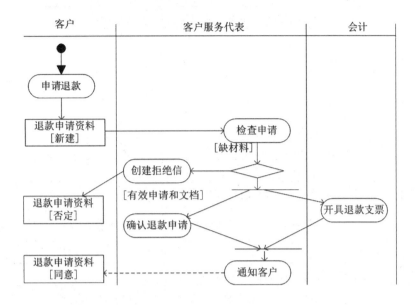

图 9-12　处理客户退款申请的活动图

图 9-12 不仅对退款申请业务中出现的各个活动进行了建模,并且按其执行者的不同(客户、客户服务代表和会计)由泳道归类。而客户提交的退款申请材料对象在不同的业务阶段的状态由对象(直角矩形)和对象流(带箭头的虚线)表示。

9.4　统一建模过程

UML 对软件开发过程中各个阶段产品的表示方法和意义进行了标准化,但它并不是针对某个标准的开发过程。尽管如此,Rational 公司(现已被 IBM 公司收购)为用户提供了基于 UML 的软件开发过程,称作 RUP(Rational Unified Process),通常称为统一建模过程。

RUP 是一种基于用例驱动的,以系统架构为中心的迭代与增量开发软件的过程。它包括 4 个阶段:初始、细化、构造和移交阶段。每个阶段又包含若干次迭代;而每次迭代都按照一个核心工作流进行。核心工作流包含 5 个活动:需求、分析、设计、实现和测试。RUP 各阶段的主要任务如表 9-2 所示。

表 9-2　RUP 各阶段的主要任务

阶段	主要任务
初始	(1)了解系统的需求,确定系统边界、识别主要角色并描述高层用例
	(2)划分系统模块(子系统),规划系统的体系结构
	(3)进行项目的经济、技术和控制的可行性分析
	(4)制定出项目开发计划
细化	(1)识别并确定系统的角色和用例
	(2)分析用例的处理流程和其中复杂对象的状态,形成系统的概念模型和体系结构

（3）分析项目的可能风险，并制定应付策略和构造阶段的计划

（续表）

阶段	主要任务
构造	（1）进行系统用例的分析设计（应用各种 UML 框图）、编码和测试工作，并编制相应文档；形成系统构件图，配置系统运行环境
	（2）注意保证代码和模型的一致性
移交	（1）完成软件产品的开发，并配合用户进行验收测试
	（2）编制用户使用手册，制定培训计划

核心工作流的 5 个活动及其工作如表 9-3 所示。

表 9-3　核心工作流的 5 个活动及其工作表

活动	主要任务
需求	搞清系统要实现的功能，即系统要"做什么"，并界定系统的范围
分析	进行需求的格式化描述，形成需求规格说明（主要是用例图及说明）
设计	用系统架构来实现需求，解决系统如何工作
实现	用具体的程序设计语言，实现系统
测试	配置测试环境、制定测试用例，验证系统是否满足功能和性能等要求

习题 9

一、填空题

1. UML 动态建模图包括_____、_____、_____、_____。

2. UML 静态建模图包括_____、_____、_____、_____、_____。

二、选择题

1. 类图反映了系统中对象之间的抽象关系，不包括_____。

A. 关联　　　　　　　　B. 聚合

C. 泛化　　　　　　　　D. 内聚

2. 下列叙述不正确的是_____。

A. Grady Booch 和 Rumbaugh 首先发布了 UML

B. UML 不是一种语言

C. UML 支持面向对象的思想

D. 在 UML 中提出了进程、线程、并发等概念

三、简答题

1. UML 的主要特点是什么？

2. 类之间的关系有哪些？

附录 1　计算机软件开发文档编写指南

　　为使读者具体了解怎样编写文档，这里列出了 13 种文档的内容要求及其简要说明。这些文档包括：可行性研究报告、项目开发计划、需求规格说明书、概要设计说明书、详细设计说明书、用户操作手册、测试计划、测试报告、开发进度月报、项目开发总结报告、程序维护手册、软件问题报告和软件修改报告。各文档内容大纲由带编号的标题构成，标题后方括号内为其说明。这里给出一个统一的封面格式：

文 档 编 号：_____

版 本 号：_____

文 档 名 称：_____

项 目 名 称：_____

项 目 负 责 人：_____

编写_____　　_____年_____月_____日

校对_____　　_____年_____月_____日

审核_____　　_____年_____月_____日

批准_____　　_____年_____月_____日

开 发 单 位_____

操作手册

1 引言

1.1 编写目的

说明编写这份操作手册的目的，指出预期的读者。

1.2 前景

说明：

a．这份操作手册所描述的软件系统的名称；

b．该软件项目的任务提出者、开发者、用户（或首批用户）及安装该软件的计算中心。

1.3 定义

列出本文件中用到的专门术语的定义和外文首字母组词的原词组。

1.4 参考资料

列出有用的参考资料，如：

a．本项目的经核准的计划任务书或合同、上级机关的批文；

b．属于本项目的其他已发表的文件；

c．本文件中各处引用的文件、资料，包括所列出的这些文件资料的标题、文件编号、发表日期和出版单位，说明能够得到这些文件资料的来源。

2 软件征述

2.1 软件的结构

结合软件系统所具有的功能（包括输入、处理和输出），提供该软件的总体结构图表。

2.2 程序表

列出本系统内每个程序的标识符、编号和助记名。

2.3 文卷表

列出将由本系统引用、建立或更新的每个永久性文卷，说明它们各自的标识符、编号、助记名、存储媒体和存储要求。

3　安装与初始化

一步一步地说明为使用本软件而需要进行的安装与初始化过程，包括程序的存载形式，安装与初始化过程中的全部操作命令，系统对这些命令的反应与答复，表征安装工作完成的测试实例等。如果有的话，还应说明安装过程中所需用到的专用软件。

4　运行说明

所谓一个运行是指提供一个启动控制信息后，直到计算机系统等待另一个启动控制信息时为止的计算机系统执行的全部过程。

4.1　运行表

列出每种可能的运行，摘要说明每个运行的目的，指出每个运行各自所执行的程序。

4.2　运行步骤

说明从一个运行转向另一个运行以完成整个系统运行的步骤。

4.3　运行1（标识符）说明

把运行1的有关信息，以对操作人员为最方便最有用的形式加以说明。

4.3.1　运行控制

列出"为本运行所需要"的运行流向控制的说明。

4.3.2　操作信息

给出为操作中心的操作人员和管理人员所需要的信息，如：

a.　运行目的；

b.　操作要求；

c.　启动方法，如应请启动（由所遇到的请求信息启动）、预定时间启动等；

d.　预计的运行时间和解题时间；

e.　操作命令；

f.　与运行有联系的其他事项。

4.3.3　输入—输出文卷

提供被本运行建立、更新或访问的数据文卷的有关信息，如：

a.　文卷的标识符或标号；

b.　记录媒体；

c.　存留的目录表；

d.　文卷的支配如确定保留或废弃的准则、是否要分配给其他接受者、占用硬设备的优先级以及保密控制等有关规定。

4.3.4　输出文段

提供本软件输出的每一个用于提示、说明或应答的文段（包括"菜单"）的有关信息，如：

a.　文段的标识符；

b.　输出媒体（屏幕显示、打印……）；

c.　文字容量；

d.　分发对象；

e.　保密要求。

4.3.5　输出文段的复制

对由计算机产生，而后需用其他方法复制的那些文段提供有关信息，如：

a.　文段的标识符；

b.　复制的技术手段；

c.　纸张或其他媒体的规格；

d.　装订要求；

e.　分发对象；

f.　复制份数。

4.3.6　恢复过程

说明本运行故障后的恢复过程。

4.4　运行 2（标识符）说明

用与本手册 4.3 条相类似的方式介绍另一个运行的有关信息。

5　非常规过程

提供有关应急操作或非常规操作的必要信息，如出错处理操作、向后备系统的切换操作以及其他必须向程序维护人员交待的事项和步骤。

6　远程操作

如果本软件能够通过远程终端控制运行，则在本章说明通过远程终端运行本软件的操作过程。

测试分析报告

1　引言

1.1　编写目的

说明这份测试分析报告的具体编写目的，指出预期的阅读范围。

1.2　背景

说明：

a.　被测试软件系统的名称；

b.　该软件的任务提出者、开发者、用户及安装此软件的计算中心，指出测试环境与实际运行环境之间可能存在的差异以及这些差异对测试结果的影响。

1.3　定义

列出本文件中用到的专门术语的定义和外文首字母组词的原词组。

1.4　参考资料

列出要用到的参考资料，如：

a.　本项目的经核准的计划任务书或合同、上级机关的批文；

b.　属于本项目的其他已发表的文件；

c.　本文件中各处引用的文件、资料，包括所要用到的软件开发标准。列出这些文件的标题、文件编号、发表日期和出版单位，说明能够得到这些文件资料的来源。

2　测试概要

用表格的形式列出每一项测试的标识符及其测试内容，并指明实际进行的测试工作内容与测试计划中预先设计的内容之间的差别，说明作出这种改变的原因。

3　测试结果及发现

3.1　测试 1（标识符）

把本项测试中实际得到的动态输出（包括内部生成数据输出）结果同对于动态输出的要求进行比较，陈述其中的各项发现。

3.2　测试 2（标识符）

用类似本报告 3.1 条的方式给出第 2 项及其后各项测试内容的测试结果和发现。

4 对软件功能的结论

4.1 功能 1（标识符）

4.1.1 能力

简述该项功能，说明为满足此项功能而设计的软件能力以及经过一项或多项测试已证实的能力。

4.1.2 限制

说明测试数据值的范围（包括动态数据和静态数据），列出就这项功能而言，测试期间在该软件中查出的缺陷、局限性。

4.2 功能 2（标识符）

用类似本报告 4.1 的方式给出第 2 项及其后各项功能的测试结论。
……

5 分析摘要

5.1 能力

陈述经测试证实了的本软件的能力。如果所进行的测试是为了验证一项或几项特定性能要求的实现，应提供这方面的测试结果与要求之间的比较，并确定测试环境与实际运行环境之间可能存在的差异，对能力的测试所带来的影响。

5.2 缺陷和限制

陈述经测试证实的软件缺陷和限制，说明每项缺陷和限制对软件性能的影响，并说明全部测得的性能缺陷的累积影响和总影响。

5.3 建议

对每项缺陷提出改进建议，如：
a. 各项修改可采用的修改方法；
b. 各项修改的紧迫程度；
c. 各项修改预计的工作量；
d. 各项修改的负责人。

5.4 评价

说明该项软件的开发是否已达到预定目标，能否交付使用。

6 测试资源消耗

总结测试工作的资源消耗数据，如工作人员的水平级别数量、机时消耗等。

测试计划

1　引言

1.1　编写目的

本测试计划的具体编写目的，指出预期的读者范围。

1.2　背景

说明：

a. 测试计划所从属的软件系统的名称；

b. 该开发项目的历史，列出用户和执行此项目测试的计算中心，说明在开始执行本测试计划之前必须完成的各项工作。

1.3　定义

列出本文件中用到的专门术语的定义和外文首字母组词的原词组。

1.4　参考资料

列出要用到的参考资料，如：

a. 本项目的经核准的计划任务书或合同、上级机关的批文；

b. 属于本项目的其他已发表的文件；

c. 本文件中各处引用的文件、资料，包括所要用到的软件开发标准。列出这些文件的标题、文件编号、发表日期和出版单位，说明能够得到这些文件资料的来源。

2　计划

2.1　软件说明

提供一份图表，并逐项说明被测软件的功能、输入和输出等质量指标，作为叙述测试计划的提纲。

2.2　测试内容

列出组装测试和确认测试中的每一项测试内容的名称标识符、这些测试的进度安排以及这些测试的内容和目的，例如模块功能测试、接口正确性测试、数据文卷存取的测试、运行时间的测试、设计约束和极限的测试等。

2.3　测试 1（标识符）

给出这项测试内容的参与单位及被测试的部位。

2.3.1 进度安排

给出对这项测试的进度安排，包括进行测试的日期和工作内容（如熟悉环境、培训、准备输入数据等）。

2.3.2 条件

陈述本项测试工作对资源的要求，包括：

a. 所用到的设备类型、数量和预定使用时间；

b. 列出将被用来支持本项测试过程而本身又并不是被测软件的组成部分的软件，如测试驱动程序、测试监控程序、仿真程序、桩模块等等；

c. 列出在测试工作期间预期可由用户和开发任务组提供的工作人员的人数。技术水平及有关的预备知识，包括一些特殊要求，如倒班操作和数据录入人员。

2.3.3 测试资料

列出本项测试所需的资料，如：

a. 有关本项任务的文件；

b. 被测试程序及其所在的媒体；

c. 测试的输入和输出举例；

d. 有关控制此项测试的方法、过程的图表。

2.3.4 测试培训

说明或引用资料说明为被测软件的使用提供培训的计划。规定培训的内容、受训的人员及从事培训的工作人员。

2.4 测试2（标识符）

用与本测试计划 2.3 条相类似的方式说明用于另一项及其后各项测试内容的测试工作计划。

3 测试设计说明

3.1 测试1（标识符）

说明对第一项测试内容的测试设计考虑。

3.1.1 控制

说明本测试的控制方式，如输入是人工、半自动或自动引入，控制操作的顺序以及结果的记录方法。

3.1.2 输入

说明本项测试中所使用的输入数据及选择这些输入数据的策略。

3.1.3 输出

说明预期的输出数据，如测试结果及可能产生的中间结果或运行信息。

3.1.4　过程

说明完成此项测试的一个个步骤和控制命令，包括测试的准备、初始化、中间步聚和运行结束方式。

3.2　测试 2（标识符）

用与本测试计划 3.1 条相类似的方式说明第 2 项及其后各项测试工作的设计考虑。

4　评价准则

4.1　范围

说明所选择的测试用例能够检查的范围及其局限性。

4.2　数据整理

陈述为了把测试数据加工成便于评价的适当形式，使得测试结果可以同已知结果进行比较而要用到的转换处理技术，如手工方式或自动方式；如果是用自动方式整理数据，还要说明为进行处理而要用到的硬件、软件资源。

4.3　尺度

说明用来判断测试工作是否能通过的评价尺度，如合理的输出结果的类型、测试输出结果与预期输出之间的容许偏离范围、允许中断或停机的最大次数。

概要设计说明书

1　引言

1.1　编写目的

说明编写这份概要设计说明书的目的，指出预期的读者。

1.2　背景

说明：

a. 待开发软件系统的名称；

b. 列出此项目的任务提出者、开发者、用户以及将运行该软件的计算站（中心）。

1.3　定义

列出本文件中用到的专门术语的定义和外文首字母组词的原词组。

1.4　参考资料

列出有关的参考文件，如：

a. 本项目的经核准的计划任务书或合同，上级机关的批文；

b. 属于本项目的其他已发表文件；

c. 本文件中各处引用的文件、资料，包括所要用到的软件开发标准。列出这些文件的标题、文件编号、发表日期和出版单位，说明能够得到这些文件资料的来源。

2　总体设计

2.1　需求规定

说明对本系统的主要的输入输出项目、处理的功能性能要求，详细的说明可参见附录 3。

2.2　运行环境

简要地说明对本系统的运行环境（包括硬件环境和支持环境）的规定，详细说明参见附录 3。

2.3　基本设计概念和处理流程

说明本系统的基本设计概念和处理流程，尽量使用图表的形式。

2.4　结构

用一览表及框图的形式说明本系统的系统元素（各层模块、子程序、公用程序等）的划分，扼要说明每个系统元素的标识符和功能，分层次地给出各元素之间的控制与被控制关系。

2.5　功能需求与程序的关系

本条用一张如下的矩阵图说明各项功能需求的实现同各块程序的分配关系：

	程序 1	程序 2	……	程序 n
功能需求 1	√			
功能需求 2		√		
……				
功能需求 n		√		√

2.6　人工处理过程

说明在本软件系统的工作过程中不得不包含的人工处理过程（如果有的话）。

2.7　尚未解决的问题

说明在概要设计过程中尚未解决而设计者认为在系统完成之前必须解决的各个问题。

3　接口设计

3.1　用户接口

说明将向用户提供的命令和它们的语法结构，以及软件的回答信息。

3.2　外部接口

说明本系统同外界的所有接口的安排，包括软件与硬件之间的接口、本系统与各支持软件之间的接口关系。

3.3　内部接口

说明本系统之内的各个系统元素之间的接口的安排。

4　运行设计

4.1　运行模块组合

说明对系统施加不同的外界运行控制时所引起的各种不同的运行模块组合，说明每种运行所历经的内部模块和支持软件。

4.2　运行控制

说明每一种外界的运行控制的方式方法和操作步骤。

4.3 运行时间

说明每种运行模块组合将占用各种资源的时间。

5 系统数据结构设计

5.1 逻辑结构设计要点

给出本系统内所使用的每个数据结构的名称、标识符以及它们之中每个数据项、记录、文卷和系的标识、定义、长度及它们之间的层次的或表格的相互关系。

5.2 物理结构设计要点

给出本系统内所使用的每个数据结构中的每个数据项的存储要求、访问方法、存取单位、存取的物理关系（索引、设备、存储区域）、设计考虑和保密条件。

5.3 数据结构与程序的关系

说明各个数据结构与访问这些数据结构的形式。

6 系统出错处理设计

6.1 出错信息

用一览表的方式说明每种可能的出错或故障情况出现时，系统输出信息的形式、含义及处理方法。

6.2 补救措施

说明故障出现后可能采取的变通措施，包括：

a. 后备技术说明准备采用的后备技术，当原始系统数据万一丢失时启用的副本的建立和启动的技术，例如周期性地把磁盘信息记录到磁带上去就是对于磁盘媒体的一种后备技术；

b. 降效技术说明准备采用的后备技术，使用另一个效率稍低的系统或方法来求得所需结果的某些部分，例如一个自动系统的降效技术可以是手工操作和数据的人工记录；

c. 恢复及再启动技术说明将使用的恢复再启动技术，使软件从故障点恢复执行或使软件从头开始重新运行的方法。

6.3 系统维护设计

说明为了系统维护的方便而在程序内部设计中作出的安排，包括在程序中专门安排用于系统的检查与维护的检测点和专用模块。各个程序之间的对应关系，可采用矩阵图的形式。

开发进度月报

1 标题

开发中的软件系统的名称和标识符

分项目名称和标识符

分项目负责人签名

本期月报编写人签名

本期月报的编号及所报告的年月

2 工程进度与状态

2.1 进度

列出本月内进行的各项主要活动，并且说明本月内遇到的重要事件，这里所说的重要事件是指一个开发阶段（即软件生存周期内各个阶段中的某一个，例如需求分析阶段）的开始或结束，要说明阶段名称及开始（或结束）的日期。

2.2 状态

说明本月的实际工作进度与计划相比，是提前了、按期完成了、或是推迟了。如果与计划不一致，说明原因及准备采取的措施。

3 资额耗用与状态

3.1 资额耗用

主要说明本月份内耗用的工时与机时。

3.1.1 工时

分为三类：

a. 管理用工时，包括在项目管理（制定计划、布置工作、收集数据、检查汇报工作等）方面耗用的工时；

b. 服务工时，包括为支持项目开发所必需的服务工作及非直接的开发工作所耗用的工时；

c. 开发用工时，要分各个开发阶段填写。

3.1.2 机时

说明本月内耗用的机时，以小时为单位，说明计算机系统的型号。

3.2 状态

说明本月内实际耗用的资源与计划相比，是超出了、相一致、还是不到计划数。如果与计划不一致，说明原因及准备采取的措施。

4 经费支出与状态

4.1 经费支出

4.1.1 支持性费用

列出本月内支出的支持性费用，一般可按如下七类列出，并给出本月支持费用的总和：

a. 房租或房屋折旧费；

b. 工资、奖金、补贴；

c. 培训费，包括给教师的酬金及教室租金；

d. 资料费，包括复印及购买参考资料的费用；

e. 会议费，召集有关业务会议的费用；

f. 旅差费；

g. 其他费用。

4.1.2 设备购置费

列出本月内支出的设备购置费，一般可分如下三类：

a. 购买软件的名称与金额；

b. 购买硬设备的名称、型号、数量及金额；

c. 已有硬设备的折旧费。

4.2 状态

说明本月内实际支出的经费与计划相比较，是超过了、相符合、还是不到计划数。如果与计划不一致，说明原因及准备采取的措施。

5 下个月的工作计划

6 建议

本月遇到的重要问题和应引起重视的问题以及因此产生的建议。

可行性研究报告

1　引言

1.1　编写目的

说明编写本可行性研究报告的目的，指出预期的读者。

1.2　背景

说明：

a. 所建议开发的软件系统的名称；

b. 本项目的任务提出者、开发者、用户及实现该软件的计算中心或计算机网络；

c. 该软件系统同其他系统或其他机构的基本的相互来往关系。

1.3　定义

列出本文件中用到的专门术语的定义和外文首字母组词的原词组。

1.4　参考资料

列出用得着的参考资料，如：

a. 本项目的经核准的计划任务书或合同、上级机关的批文；

b. 属于本项目的其他已发表的文件；

c. 本文件中各处引用的文件、资料，包括所需用到的软件开发标准。

列出这些文件资料的标题、文件编号、发表日期和出版单位，说明能够得到这些文件资料的来源。

2　可行性研究的前提

说明对所建议的开发项目进行可行性研究的前提，如要求、目标、假定、限制等。

2.1　要求

说明对所建议开发的软件的基本要求，如：

a. 功能；

b. 性能；

c. 输出，如报告、文件或数据，对每项输出要说明其特征，如用途、产生频度、接口以及分发对象；

d. 输入，说明系统的输入，包括数据的来源、类型、数量、数据的组织以及提供的频度；

e. 处理流程和数据流程，用图表的方式表示出最基本的数据流程和处理流程，并辅之以叙述；

f. 在安全与保密方面的要求；

g. 同本系统相连接的其他系统；

h. 完成期限。

2.2 目标

说明所建议系统的主要开发目标，如：

a. 人力与设备费用的减少；

b. 处理速度的提高；

c. 控制精度或生产能力的提高；

d. 管理信息服务的改进；

e. 自动决策系统的改进；

f. 人员利用率的改进。

2.3 条件、假定和限制

说明对这项开发中给出的条件、假定和所受到的限制，如：

a. 所建议系统的运行寿命的最小值；

b. 进行系统方案选择比较的时间；

c. 经费、投资方面的来源和限制；

d. 法律和政策方面的限制；

e. 硬件、软件、运行环境和开发环境方面的条件和限制；

f. 可利用的信息和资源；

g. 系统投入使用的最晚时间。

2.4 进行可行性研究的方法

说明这项可行性研究将是如何进行的，所建议的系统将是如何评价的。摘要说明所使用的基本方法和策略，如调查、加权、确定模型、建立基准点或仿真等。

2.5 评价尺度

说明对系统进行评价时所使用的主要尺度，如费用的多少、各项功能的优先次序、开发时间的长短及使用中的难易程度。

3 对现有系统的分析

这里的现有系统是指当前实际使用的系统，这个系统可能是计算机系统，也可能是一个机械系统甚至是一个人工系统。

分析现有系统的目的是为了进一步阐明建议中的开发新系统或修改现有系统的必要性。

3.1　处理流程和数据流程

说明现有系统的基本的处理流程和数据流程。此流程可用图表即流程图的形式表示，并加以叙述。

3.2　工作负荷

列出现有系统所承担的工作及工作量。

3.3　费用开支

列出由于运行现有系统所引起的费用开支，如人力、设备、空间、支持性服务、材料等项开支以及开支总额。

3.4　人员

列出为了现有系统的运行和维护所需要的人员的专业技术类别和数量。

3.5　设备

列出现有系统所使用的各种设备。

3.6　局限性

列出本系统的主要的局限性，例如处理时间赶不上需要，响应不及时，数据存储能力不足，处理功能不够等。并且要说明，为什么对现有系统的改进性维护已经不能解决问题。

4　所建议的系统

本章将用来说明所建议系统的目标和要求将如何被满足。

4.1　对所建议系统的说明

概括地说明所建议系统，并说明在第 2 章中列出的那些要求将如何得到满足，说明所使用的基本方法及理论根据。

4.2　处理流程和数据流程

给出所建议系统的处理流程和数据流程。

4.3　改进之处

按 2.2 条中列出的目标，逐项说明所建议系统相对于现存系统具有的改进。

4.4　影响

说明在建立所建议系统时，预期将带来的影响，包括……

4.4.1 对设备的影响

说明新提出的设备要求及对现存系统中尚可使用的设备须作出的修改。

4.4.2 对软件的影响

说明为了使现存的应用软件和支持软件能够同所建议系统相适应，而需要对这些软件所进行的修改和补充。

4.4.3 对用户单位机构的影响

说明为了建立和运行所建议系统，对用户单位机构、人员的数量和技术水平等方面的全部要求。

4.4.4 对系统运行过程的影响

说明所建议系统对运行过程的影响，如：

a. 用户的操作规程；
b. 运行中心的操作规程；
c. 运行中心与用户之间的关系；
d. 源数据的处理；
e. 数据进入系统的过程；
f. 对数据保存的要求，对数据存储、恢复的处理；
g. 输出报告的处理过程、存储媒体和调度方法；
h. 系统失效的后果及恢复的处理办法。

4.4.5 对开发的影响

说明对开发的影响，如：

a. 为了支持所建议系统的开发，用户需进行的工作；
b. 为了建立一个数据库所要求的数据资源；
c. 为了开发和测验所建议系统而需要的计算机资源；
d. 所涉及的保密与安全问题。

4.4.6 对地点和设施的影响

说明对建筑物改造的要求及对环境设施的要求。

4.4.7 对经费开支的影响

扼要说明为了所建议系统的开发、设计和维持运行而需要的各项经费开支。

4.5 局限性

说明所建议系统尚存在的局限性以及这些问题未能消除的原因。

4.6 技术条件方面的可行性

本节应说明技术条件方面的可行性，如：

a. 在当前的限制条件下，该系统的功能目标能否达到；
b. 利用现有的技术，该系统的功能能否实现；

c. 对开发人员的数量和质量的要求并说明这些要求能否满足；

d. 在规定的期限内，本系统的开发能否完成。

5 可选择的其他系统方案

扼要说明曾考虑过的每一种可选择的系统方案，包括需开发的和可从国内国外直接购买的。如果没有供选择的系统方案可考虑，则说明这一点。

5.1 可选择的系统方案 1

参照第 4 章的提纲，说明可选择的系统方案 1，并说明它未被选中的理由。

5.2 可选择的系统方案 2

按类似 5.1 条的方式说明第 2 个乃至第 n 个可选择的系统方案。

......

6 投资及效益分析

6.1 支出

对于所选择的方案，说明所需的费用。如果已有一个现存系统，则包括该系统继续运行期间所需的费用。

6.1.1 基本建设投资

包括采购、开发和安装下列各项所需的费用，如：

a. 房屋和设施；

b. ADP 设备；

c. 数据通信设备；

d. 环境保护设备；

e. 安全与保密设备；

f. ADP 操作系统和应用的软件；

g. 数据库管理软件。

6.1.2 其他一次性支出

包括下列各项所需的费用，如：

a. 研究（需求的研究和设计的研究）；

b. 开发计划与测量基准的研究；

c. 数据库的建立；

d. ADP 软件的转换；

e. 检查费用和技术管理性费用；

f. 培训费、旅差费以及开发安装人员所需要的一次性支出；

g. 人员的退休及调动费用等。

6.1.3 非一次性支出

列出在该系统生命期内按月或按季或按年支出的用于运行和维护的费用，包括：

a. 设备的租金和维护费用；

b. 软件的租金和维护费用；

c. 数据通信方面的租金和维护费用；

d. 人员的工资、奖金；

e. 房屋、空间的使用开支；

f. 公用设施方面的开支；

g. 保密安全方面的开支；

h. 其他经常性的支出等。

6.2 收益

对于所选择的方案，说明能够带来的收益，这里所说的收益，表现为开支费用的减少或避免、差错的减少、灵活性的增加、动作速度的提高和管理计划方面的改进等，包括……

6.2.1 一次性收益

说明能够用人民币数目表示的一次性收益，可按数据处理、用户、管理和支持等项分类叙述，如：

a. 开支的缩减，包括改进了的系统的运行所引起的开支缩减，如资源要求的减少，运行效率的改进，数据进入、存储和恢复技术的改进，系统性能的可监控，软件的转换和优化，数据压缩技术的采用，处理的集中化／分布化等；

b. 价值的增升，包括由于一个应用系统的使用价值的增升所引起的收益，如资源利用的改进，管理和运行效率的改进以及出错率的减少等；

c. 其他，如从多余设备出售回收的收入等。

6.2.2 非一次性收益

说明在整个系统生命期内由于运行所建议系统而导致的按月的、按年的能用人民币数目表示的收益，包括开支的减少和避免。

6.2.3 不可定量的收益

逐项列出无法直接用人民币表示的收益，如服务的改进，由操作失误引起的风险的减少，信息掌握情况的改进，组织机构给外界形象的改善等。有些不可捉摸的收益只能大概估计或进行极值估计（按最好和最差情况估计）。

6.3 收益／投资比

求出整个系统生命期的收益／投资比值。

6.4 投资回收周期

求出收益的累计数开始超过支出的累计数的时间。

6.5　敏感性分析

所谓敏感性分析是指一些关键性因素，如系统生命期长度、系统的工作负荷量、工作负荷的类型与这些不同类型之间的合理搭配、处理速度要求、设备和软件的配置等变化时，对开支和收益的影响最灵敏的范围的估计。在敏感性分析的基础上做出的选择当然会比单一选择的结果要好一些。

7　社会因素方面的可行性

本章用来说明对社会因素方面的可行性分析的结果，包括……

7.1　法律方面的可行性

法律方面的可行性问题很多，如合同责任、侵犯专利权、侵犯版权等方面的陷阱，软件人员通常是不熟悉的，有可能陷入，务必要注意研究。

7.2　使用方面的可行性

例如从用户单位的行政管理、工作制度等方面来看，是否能够使用该软件系统；从用户单位的工作人员的素质来看，是否能满足使用该软件系统的要求等等，都是要考虑的。

8　结论

在进行可行性研究报告的编制时，必须有一个研究的结论。结论可以是：
a. 可以立即开始进行；
b. 需要推迟到某些条件（例如资金、人力、设备等）落实之后才能开始进行；
c. 需要对开发目标进行某些修改之后才能开始进行；
d. 不能进行或不必进行（例如因技术不成熟、经济上不合算等）。

软件需求说明书

1 引言

1.1 编写目的

说明编写这份软件需求说明书的目的，指出预期的读者。

1.2 背景

说明：

    a. 待开发的软件系统的名称；

    b. 本项目的任务提出者、开发者、用户及实现该软件的计算中心或计算机网络；

    c. 该软件系统同其他系统或其他机构的基本的相互来往关系。

1.3 定义

列出本文件中用到的专门术语的定义和外文首字母组词的原词组。

1.4 参考资料

列出用得着的参考资料，如：

    a. 本项目的经核准的计划任务书或合同、上级机关的批文；

    b. 属于本项目的其他已发表的文件；

    c. 本文件中各处引用的文件、资料，包括所要用到的软件开发标准。列出这些文件资料的标题、文件编号、发表日期和出版单位，说明能够得到这些文件资料的来源。

2 任务概述

2.1 目标

叙述该项软件开发的意图、应用目标、作用范围以及其他应向读者说明的有关该软件开发的背景材料。解释被开发软件与其他有关软件之间的关系。如果本软件产品是一项独立的软件，而且全部内容自含，则说明这一点。如果所定义的产品是一个更大的系统的一个组成部分，则应说明本产品与该系统中其他各组成部分之间的关系，为此可使用一张方框图来说明该系统的组成和本产品同其他各部分的联系和接口。

2.2 用户的特点

列出本软件的最终用户的特点，充分说明操作人员、维护人员的教育水平和技术专长，以及本软件的预期使用频度。这些是软件设计工作的重要约束。

2.3 假定和约束

列出进行本软件开发工作的假定和约束，例如经费限制、开发期限等。

3 需求规定

3.1 对功能的规定

用列表的方式（例如 IPO 表即输入、处理、输出表的形式），逐项定量和定性地叙述对软件所提出的功能要求，说明输入什么量、经怎样的处理、得到什么输出，说明软件应支持的终端数和应支持的并行操作的用户数。

3.2 对性能的规定

3.2.1 精度

说明对该软件的输入、输出数据精度的要求，可能包括传输过程中的精度。

3.2.2 时间特性要求

说明对于该软件的时间特性要求，如对：

a. 响应时间；

b. 更新处理时间；

c. 数据的转换和传送时间；

d. 解题时间等的要求。

3.2.3 灵活性

说明对该软件的灵活性的要求，即当需求发生某些变化时，该软件对这些变化的适应能力，如：

a. 操作方式上的变化；

b. 运行环境的变化；

c. 同其他软件的接口的变化；

d. 精度和有效时限的变化；

e. 计划的变化或改进；

f. 对于为了提供这些灵活性而进行的专门设计的部分应该加以标明。

3.3 输入输出要求

解释各输入输出数据类型，并逐项说明其媒体、格式、数值范围、精度等。对软件的数据输出及必须标明的控制输出量进行解释并举例，包括对硬拷贝报告（正常结果输出、状态输出及异常输出）以及图形或显示报告的描述。

3.4 数据管理能力要求

说明需要管理的文卷和记录的个数、表和文卷的大小规模，要按可预见的增长对数据及其分量的存储要求作出估算。

3.5 故障处理要求

列出可能的软件、硬件故障以及对各项性能而言所产生的后果和对故障处理的要求。

3.6 其他专门要求

如用户单位对安全保密的要求，对使用方便的要求，对可维护性、可补充性、易读性、可靠性、运行环境可转换性的特殊要求等。

4 运行环境规定

4.1 设备

列出运行该软件所需要的硬设备，说明其中的新型设备及其专门功能，包括：

a. 处理器型号及内存容量；

b. 外存容量、联机或脱机、媒体及其存储格式、设备的型号及数量；

c. 输入及输出设备的型号和数量，联机或脱机；

d. 数据通信设备的型号和数量；

e. 功能键及其他专用硬件。

4.2 支持软件

列出支持软件，包括要用到的操作系统、编译（或汇编）程序、测试支持软件等。

4.3 接口

说明该软件同其他软件之间的接口、数据通信协议等。

4.4 控制

说明控制该软件的运行的方法和控制信号，并说明这些控制信号的来源。

数据库设计说明书

1　引言

1.1　编写目的

说明编写这份数据库设计说明书的目的，指出预期的读者。

1.2　背景

说明：

a. 说明待开发的数据库的名称和使用此数据库的软件系统的名称；

b. 列出该软件系统开发项目的任务提出者、用户以及将安装该软件和这个数据库的计算站（中心）。

1.3　定义

列出本文件中用到的专门术语的定义、外文首字母组词的原词组。

1.4　参考资料

列出有关的参考资料：

a. 本项目的经核准的计划任务书或合同、上级机关批文；

b. 属于本项目的其他已发表的文件；

c. 本文件中各处引用到的文件资料，包括所要用到的软件开发标准。列出这些文件的标题、文件编号、发表日期和出版单位，说明能够取得这些文件的来源。

2　外部设计

2.1　标识符和状态

联系用途，详细说明用于唯一地标识该数据库的代码、名称或标识符，附加的描述性信息亦要给出。如果该数据库属于尚在实验中、尚在测试中或是暂时使用的，则要说明这一特点及其有效时间范围。

2.2　使用它的程序

列出将要使用或访问此数据库的所有应用程序，对于这些应用程序的每一个，给出它的名称和版本号。

2.3　约定

陈述一个程序员或一个系统分析员为了能使用此数据库而需要了解的建立标号、标识的约定，例如用于标识数据库的不同版本的约定和用于标识库内各个文卷、记录、数据项的命名约定等。

2.4　专门指导

向准备从事此数据库的生成、测试、维护人员提供专门的指导，例如将被送入数据库的数据的格式和标准、送入数据库的操作规程和步骤，用于产生、修改、更新或使用这些数据文卷的操作指导。如果这些指导的内容篇幅很长，列出可参阅的文件资料的名称和章条。

2.5　支持软件

简单介绍同此数据库直接有关的支持软件，如数据库管理系统、存储定位程序和用于装入、生成、修改、更新数据库的程序等。说明这些软件的名称、版本号和主要功能特性，如所用数据模型的类型、允许的数据容量等。列出这些支持软件的技术文件的标题、编号及来源。

3　结构设计

3.1　概念结构设计

说明本数据库将反映的现实世界中的实体、属性和它们之间的关系等的原始数据形式，包括各数据项、记录、系、文卷的标识符、定义、类型、度量单位和值域，建立本数据库的每一幅用户视图。

3.2　逻辑结构设计

说明把上述原始数据进行分解、合并后重新组织起来的数据库全局逻辑结构，包括所确定的关键字和属性、重新确定的记录结构和文卷结构、所建立的各个文卷之间的相互关系，形成本数据库的数据库管理员视图。

3.3　物理结构设计

建立系统程序员视图，包括：
a．数据在内存中的安排，包括对索引区、缓冲区的设计；
b．所使用的外存设备及外存空间的组织，包括索引区、数据块的组织与划分；
c．访问数据的方式方法。

4　运用设计

4.1　数据字典设计

对数据库设计中涉及到的各种项目，如数据项、记录、系、文卷、模式、子模式等一般要建立起数据字典，以说明它们的标识符、同义名及有关信息。在本节中要说明对此数据字典设计的基本考虑。

4.2　安全保密设计

说明在数据库的设计中，将如何通过区分不同的访问者、不同的访问类型和不同的数据对象，进行分别对待而获得的数据库安全保密的设计考虑。

详细设计说明书

1 引言

1.1 编写目的

说明编写这份详细设计说明书的目的，指出预期的读者。

1.2 背景

说明：

a. 待开发软件系统的名称；

b. 本项目的任务提出者、开发者、用户和运行该程序系统的计算中心。

1.3 定义

列出本文件中用到的专门术语的定义和外文首字母组词的原词组。

1.4 参考资料

列出有关的参考资料，如：

a. 本项目的经核准的计划任务书或合同、上级机关的批文；

b. 属于本项目的其他已发表的文件；

c. 本文件中各处引用到的文件资料，包括所要用到的软件开发标准。列出这些文件的标题、文件编号、发表日期和出版单位，说明能够取得这些文件的来源。

2 程序系统的结构

用一系列图表列出本程序系统内的每个程序（包括每个模块和子程序）的名称、标识符和它们之间的层次结构关系。

3 程序1（标识符）设计说明

从本章开始，逐个地给出各个层次中的每个程序的设计考虑。以下给出的提纲是针对一般情况的。对于一个具体的模块，尤其是层次比较低的模块或子程序，其很多条目的内容往往与它所隶属的上一层模块的对应条目的内容相同，在这种情况下，只要简单地说明这一点即可。

3.1 程序描述

给出对该程序的简要描述，主要说明安排设计本程序的目的意义，并且，还要说明本程序的特点（如是常驻内存还是非常驻，是否为子程序，是可重入的还是不可重入的，有无覆盖要求，是顺序处理还是并发处理等）。

3.2　功能

说明该程序应具有的功能，可采用 IPO 图（即输入—处理—输出图）的形式。

3.3　性能

说明对该程序的全部性能要求，包括对精度、灵活性和时间特性的要求。

3.4　输入项

给出对每一个输入项的特性，包括名称、标识、数据的类型和格式、数据值的有效范围、输入的方式。数量和频度、输入媒体、输入数据的来源和安全保密条件等等。

3.5　输出项

给出对每一个输出项的特性，包括名称、标识、数据的类型和格式，数据值的有效范围，输出的形式、数量和频度，输出媒体、对输出图形及符号的说明、安全保密条件等等。

3.6　算法

详细说明本程序所选用的算法，具体的计算公式和计算步骤。

3.7　流程逻辑

用图表（例如流程图、判定表等）辅以必要的说明来表示本程序的逻辑流程。

3.8　接口

用图的形式说明本程序所隶属的上一层模块及隶属于本程序的下一层模块、子程序，说明参数赋值和调用方式，说明与本程序相直接关联的数据结构（数据库、数据文卷）。

3.9　存储分配

根据需要，说明本程序的存储分配。

3.10　注释设计

说明准备在本程序中安排的注释，如：
a．加在模块首部的注释；
b．加在各分支点处的注释；
c．对各变量的功能、范围、缺省条件等所加的注释；
d．对使用的逻辑所加的注释等等。

3.11　限制条件

说明本程序运行中所受到的限制条件。

3.12　测试计划

说明对本程序进行单体测试的计划，包括对测试的技术要求、输入数据、预期结果、进度安排、人员职责、设备条件驱动程序及桩模块等的规定。

3.13 尚未解决的问题

说明在本程序的设计中尚未解决而设计者认为在软件完成之前应解决的问题。

4 程序 2（标识符）设计说明

用类似 F．3 的方式，说明第 2 个程序乃至第 N 个程序的设计考虑。

项目开发计划

1　引言

1.1　编写目的

说明：编写这份软件项目开发计划的目的，并指出预期的读者。

1.2　背景

说明：
a.　待开发的软件系统的名称；
b.　本项目的任务提出者、开发者、用户及实现该软件的计算中心或计算机网络；
c.　该软件系统同其他系统或其他机构的基本的相互来往关系。

1.3　定义

列出本文件中用到的专门术语的定义和外文的首字母组词的原词组。

1.4　参考资料

列出用得着的参考资料，如：
a.　本项目的经核准的计划任务书和合同、上级机关的批文；
b.　属于本项目的其他已发表的文件；
c.　本文件中各处引用的文件、资料，包括所要用到的软件开发标准。列出这些文件资料的标题、文件编号、发表日期和出版单位，说明能够得到这些文件资料的来源。

2　项目概述

2.1　工作内容

简要地说明在本项目的开发中须进行的各项主要工作。

2.2　主要参加人员

扼要说明参加本项目开发的主要人员的情况，包括他们的技术水平。

2.3　产品

2.3.1　程序

列出须移交给用户的程序的名称、所用的编程语言及存储程序的媒体形式，并通过引用相关文件，逐项说明其功能和能力。

2.3.2　文件

列出须移交用户的每种文件的名称及内容要点。

2.3.3 服务

列出需向用户提供的各项服务，如培训安装、维护和运行支持等，应逐项规定开始日期、所提供支持的级别和服务的期限。

2.3.4 非移交的产品

说明开发集体应向本单位交出但不必向用户移交的产品（文件甚至某些程序）。

2.4 验收标准

对于上述这些应交出的产品和服务，逐项说明或引用资料说明验收标准。

2.5 完成项目的最迟期限

2.6 本计划的批准者和批准日期

3 实施计划

3.1 工作任务的分解与人员分工

对于项目开发中需要完成的各项工作，从需求分析、设计、实现、测试直到维护，包括文件的编制、审批、打印、分发工作，用户培训工作，软件安装工作等，按层次进行分解，指明每项任务的负责人和参加人员。

3.2 接口人员

说明负责接口工作的人员及他们的职责，包括：
a. 负责本项目同用户的接口人员；
b. 负责本项目同本单位各管理机构，如合同计划管理部门、财务部门、质量管理部门等的接口人员；
c. 负责本项目同各份合同负责单位的接口人员等。

3.3 进度

对于需求分析、设计、编码实现、测试、移交、培训和安装等工作，给出每项工作任务的预定开始日期、完成日期及所需资源，规定各项工作任务完成的先后顺序以及表征每项工作任务完成的标志性事件（即所谓"里程碑）。

3.4 预算

逐项列出本开发项目所需要的劳务（包括人员的数量和时间）以及经费的预算（包括办公费、差旅费、机时费、资料费、通信设备和专用设备的租金等）和来源。

3.5 关键问题

逐项列出能够影响整个项目成败的关键问题、技术难点和风险，指出这些问题对项目的影响。

4   支持条件

说明为支持本项目的开发所需要的各种条件和设施。

4.1   计算机系统支持

逐项列出开发中和运行时所需的计算机系统支持，包括计算机、外围设备、通信设备、模拟器、编译（或汇编）程序、操作系统、数据管理程序包、数据存储能力和测试支持能力等，逐项给出有关到货日期、使用时间的要求。

4.2   需由用户承担的工作

逐项列出需要用户承担的工作和完成期限。包括需由用户提供的条件及提供时间。

4.3   由外单位提供的条件

逐项列出需要外单位分合同承包者承担的工作和完成的时间，包括需要由外单位提供的条件和提供的时间。

5   专题计划要点

说明本项目开发中需制定的各个专题计划（如分合同计划、开发人员培训计划、测试计划、安全保密计划、质量保证计划、配置管理计划、用户培训计划、系统安装计划等）的要点。

项目开发总结报告

1 引言

1.1 编写目的

说明编写这份项目开发总结报告的目的，指出预期的读者范围。

1.2 背景

说明：

a．本项目的名称和所开发出来的软件系统的名称；

b．此软件的任务提出者、开发者、用户及安装此软件的计算中心。

1.3 定义

列出本文件中用到的专门术语的定义和外文首字母组词的原词组。

1.4 参考资料

列出要用到的参考资料，如：

a．本项目的已核准的计划任务书或合同、上级机关的批文；

b．属于本项目的其他已发表的文件；

c．本文件中各处所引用的文件、资料，包括所要用到的软件开发标准。列出这些文件的标题、文件编号、发表日期和出版单位，说明能够得到这些文件资料的来源。

2 实际开发结果

2.1 产品

说明最终制成的产品，包括：

a．程序系统中各个程序的名字，它们之间的层次关系，以千字节为单位的各个程序的程序量、存储媒体的形式和数量；

b．程序系统共有哪几个版本，各自的版本号及它们之间的区别；

c．每个文件的名称；

d．所建立的每个数据库。如果开发中制定过配置管理计划，要同这个计划相比较。

2.2 主要功能和性能

逐项列出本软件产品所实际具有的主要功能和性能，对照可行性研究报告、项目开发计划、功能需求说明书的有关内容，说明原定的开发目标是达到了、未完全达到、或超过了。

2.3　基本流程

用图给出本程序系统的实际的基本的处理流程。

2.4　进度

列出原定计划进度与实际进度的对比，明确说明，实际进度是提前了、还是延迟了，分析主要原因。

2.5　费用

列出原定计划费用与实际支出费用的对比，包括：

a.　工时，以人月为单位，并按不同级别统计；

b.　计算机的使用时间，区别 CPU 时间及其他设备时间；

c.　物料消耗、出差费等其他支出。

明确说明，经费是超出了、还是节余了，分析其主要原因。

3　开发工作评价

3.1　对生产效率的评价

给出实际生产效率，包括：

a.　程序的平均生产效率，即每人月生产的行数；

b.　文件的平均生产效率，即每人月生产的千字数。

并列出原订计划数作为对比。

3.2　对产品质量的评价

说明在测试中检查出来的程序编制中的错误发生率，即每千条指令（或语句）中的错误指令数（或语句数）。如果开发中制定过质量保证计划或配置管理计划，要同这些计划相比较。

3.3　对技术方法的评价

给出对在开发中所使用的技术、方法、工具、手段的评价。

3.4　出错原因的分析

给出对于开发中出现的错误的原因分析。

4　经验与教训

列出从这项开发工作中所得到的最主要的经验与教训，及对今后的项目开发工作的建议。

用户手册

1 引言

1.1 编写目的

说明编写这份用户手册的目的，指出预期的读者。

1.2 背景

说明：

a. 这份用户手册所描述的软件系统的名称；

b. 该软件项目的任务提出者、开发者、用户（或首批用户）及安装此软件的计算中心。

1.3 定义

列出本文件中用到的专门术语的定义和外文首字母组词的原词组。

1.4 参考资料

列出有用的参考资料，如：

a. 项目的经核准的计划任务书或合同、上级机关的批文；

b. 属于本项目的其他已发表文件；

c. 本文件中各处引用的文件、资料，包括所要用到的软件开发标准。列出这些文件资料的标题、文件编号、发表日期和出版单位，说明能够取得这些文件资料的来源。

2 用途

2.1 功能

结合本软件的开发目的逐项地说明本软件所具有各项功能以及它们的极限范围。

2.2 性能

2.2.1 精度

逐项说明对各项输入数据的精度要求和本软件输出数据达到的精度，包括传输中的精度要求。

2.2.2 时间特性

定量地说明本软件的时间特性，如响应时间，更新处理时间，数据传输、转换时间，计算时间等。

2.2.3　灵活性

说明本软件所具有的灵活性，即当用户需求（如对操作方式、运行环境、结果精度、时间特性等的要求）有某些变化时，本软件的适应能力。

2.3　安全保密

说明本软件在安全、保密方面的设计考虑和实际达到的能力。

3　运行环境

3.1　硬设备

列出为运行本软件所要求的硬设备的最小配置，如：

a.　处理机的型号、内存容量；

b.　所要求的外存储器、媒体、记录格式、设备的型号和台数、联机 / 脱机；

c.　I／O 设备（联机或脱机）；

d.　数据传输设备和转换设备的型号、台数。

3.2　支持软件

说明为运行本软件所需要的支持软件，如：

a.　操作系统的名称、版本号；

b.　程序语言的编译 / 汇编系统的名称和版本号；

c.　数据库管理系统的名称和版本号；

d.　其他支持软件。

3.3　数据结构

列出为支持本软件的运行所需要的数据库或数据文卷。

4　使用过程

在本章，首先用图表的形式说明软件的功能同系统的输入源机构、输出接收机构之间的关系。

4.1　安装与初始化

一步一步地说明为使用本软件而需进行的安装与初始化过程，包括程序的存储形式、安装与初始化过程中的全部操作命令、系统对这些命令的反应与答复。表征安装工作完成的测试实例等。如果有的话，还应说明安装过程中所需用到的专用软件。

4.2　输入

规定输入数据和参量的准备要求。

4.2.1 输入数据的现实背景

说明输入数据的现实背景，主要包括：

a. 情况——例如人员变动、库存缺货；
b. 情况出现的频度——例如是周期性的、随机的、一项操作状态的函数；
c. 情况来源——例如人事部门、仓库管理部门；
d. 输入媒体——例如键盘、穿孔卡片、磁带；
e. 限制——出于安全、保密考虑而对访问这些输入数据所加的限制；
f. 质量管理——例如对输入数据合理性的检验以及当输入数据有错误时应采取的措施，如建立出错情况的记录等；
g. 支配——例如如何确定输入数据是保留还是废弃，是否要分配给其他的接受者等。

4.2.2 输入格式

说明对初始输入数据和参量的格式要求，包括语法规则和有关约定，如：

a. 长度——例如字符数 / 行，字符数 / 项；
b. 格式基准——例如以左面的边沿为基准；
c. 标号——例如标记或标识符；
d. 顺序——例如各个数据项的次序及位置；
e. 标点——例如用来表示行、数据组等的开始或结束而使用的空格、斜线、星号、字符组等；
f. 词汇表——给出允许使用的字符组合的列表，禁止使用 * 的字符组合的列表等；
g. 省略和重复——给出用来表示输入元素可省略或重复的表示方式；
h. 控制——给出用来表示输入开始或结束的控制信息。

4.2.3 输入举例

为每个完整的输入形式提供样本，包括：

a. 控制或首部——例如用来表示输入的种类和类型的信息，标识符输入日期，正文起点和对所用编码的规定；
b. 主体——输入数据的主体，包括数据文卷的输入表述部分；
c. 尾部——用来表示输入结束的控制信息，累计字符总数等；
d. 省略——指出哪些输入数据是可省略的；
e. 重复——指出哪些输入数据是重复的。

4.3 输出对每项输出作出说明

4.3.1 输出数据的现实背景

说明输出数据的现实背景，主要是：

a. 使用——这些输出数据是给谁的，用来干什么；
b. 使用频度——例如每周的、定期的或备查阅的；
c. 媒体——打印、CRI 显示、磁带、卡片、磁盘；
d. 质量管理——例如关于合理性检验、出错纠正的规定；

e. 支配——例如如何确定输出数据是保留还是废弃，是否要分配给其他接受者等。

4.3.2 输出格式

给出对每一类输出信息的解释，主要是：

a. 首部——如输出数据的标识符，输出日期和输出编号；

b. 主体——输出信息的主体，包括分栏标题；

c. 尾部——包括累计总数，结束标记。

4.3.3 输出举例

为每种输出类型提供例子。对例子中的每一项，说明：

a. 定义——每项输出信息的意义和用途；

b. 来源——是从特定的输入中抽出、从数据库文卷中取出、或从软件的计算过程中得到；

c. 特性——输出的值域、计量单位、在什么情况下可缺省等。

4.4 文卷查询

这一条的编写针对具有查询能力的软件，内容包括：同数据库查询有关的初始化、准备、及处理所需要的详细规定，说明查询的能力、方式，所使用的命令和所要求的控制规定。

4.5 出错处理和恢复

列出由软件产生的出错编码或条件以及应由用户承担的修改纠正工作。指出为了确保再启动和恢复的能力，用户必须遵循的处理过程。

4.6 终端操作

当软件是在多终端系统上工作时，应编写本条，以说明终端的配置安排、连接步骤、数据和参数输入步骤以及控制规定。说明通过终端操作进行查询、检索、修改数据文卷的能力、语言、过程以及辅助性程序等。

需求说明

XX 公司工资管理系统

1　引言

XX 公司是一家以计算机系统集成为主要业务的公司，为了便于处理工资，特组织人员编写 XX 公司工资管理系统。该系统作为全公司的管理信息系统的一个子系统。

2　工资管理系统分析

（1）业务调查

当前，公司的每月工资核算分 3 个阶段：一是做好原始凭证的记录工作；二是根据原始凭证和一些工资标准资料计算应付月工资；三是进行工资分配。

①工资核算的原始凭证

工资费用的原始凭证包括：考勤记录、出差记录、业绩记录。

考勤记录反映职工出勤和缺勤的情况，缺勤分为两种情况：事假、病假，有缺勤的职工按后面的计算公式扣工资；考勤由人事部门执行，最后由人事部主管签字。出差记录反映职工出差的情况，其出差补贴反应在工资记录上；出差记录需要人事部主管和部门主管共同签字。业绩记录分成 6 种情况：特奖、优、良、平均奖、差、零奖金，由部门主管指定，每月填写一次，反应在工资记录上，不需要人事部主管签字；部门主管和公司高级管理人员的业绩记录由总经理指定，总经理的业绩记录不在本系统的范围之内。

②工资的计算与结算

正确的工资计算是工资结算和工资分配的基础。在月末由人事部门核算上述的考勤记录、出差记录和业绩记录，并参考工资标准等有关资料（包括工资标准、业绩标准、出差标准），计算所有职工的工资。

职工的基本档案资料包括：员工编号、姓名、部门、职务。

职工每月工资结算明细表包括如下内容：姓名、基本工资、岗位津贴、生活津贴、奖金、出差补贴、缺勤扣款、应付工资、医疗保险、所得税代缴、实发工资。

公司每月工资结算汇总表是指按照部门来汇总，包括如下内容：部门、基本工资、岗位津贴、生活津贴、奖金、出差补贴、缺勤扣款、医疗保险、应付工资、所得税代缴、实发工资。公司每月工资结算汇总由财务部执行。

日工资标准 =（月基本工资+岗位津贴）/22

缺勤扣款 = 事假天数*日工资标准 + 病假天数*日工资标准*扣款率（0.7）

出差补贴 =（伙食补贴+交通补贴+住宿补贴）*出差天数

月应付工资 = 月基本工资+岗位津贴+生活津贴+奖金+出差补贴-缺勤扣款

所得税代缴 ＝ （月应付工资-5000）*税率-速算扣除数

月实发工资 ＝ 月应付工资-医疗保险-所得税代缴

③工资费用的汇总与分配

财务部门根据前面的内容进行工资费用的汇总与分配。

（2）数据分析

工资管理系统的数据分析包括数据流程图和数据字典，前者描述系统中的处理过程和数据流动，后者定义系统的元素。

XX 公司由 7 个部门组成：人事部、财务部、研发部、工程一部、工程二部、技术支持部、外协部。每一部门设一个部门主管，其他职务包括：总经理、副总经理、员工。提示：可再增加一部门为"管理"，总经理、副总经理属于"管理"部门。

数据流程图（…参见后文）

数据字典（…参见后文）

（3）功能要求

系统要求具有多级安全权限功能，共分成 9 种用户：超级管理员、人事主管、财务主管、研发部主管、工程一部主管、工程二部主管、技术支持部主管、外协部主管、客户。下面列出各种用户拥有的权限和义务。

提示：安全权限功能反映的是数据流程图中各个进程（处理框）的执行机构，不要将权限作为数据流，也不要将下面的修改密码、系统初始化、资料备份作为进程画进数据流程图。另外，在本系统中超级管理员可等同于总经理。

超级管理员：

- 修改各种用户的密码，系统初始化，资料备份。
- 填写部门主管和公司高级管理人员的业绩记录单。

人事主管：

- 修改职工基本档案资料，包括：员工编号、姓名、部门、职务。
- 修改职工工资资料，包括：基本工资、岗位津贴、生活津贴、医疗保险。
- 填写职工考勤表。
- 审核各部门提交的职工出差记录。
- 填写出差记录补贴标准（包括伙食补贴、交通补贴、住宿补贴），提示按部门和职务来设定该标准。
- 填写业绩记录对应奖金标准，部门之间的标准不同。（不同职务是否有差别呢？）
- 核算考勤记录、出差记录和业绩记录，并参考工资标准等有关资料，计算所有职工的工资。

所有部门：

- 填写本部门的职工出差记录。
- 填写本部门的职工业绩记录。

财务部：

- 工资费用的汇总与分配。
- 公司每月工资结算汇总。

- 职工每月工资明细的审核和发放。

客户：

- 查阅某人某月的工资明细。

提示：职工每月工资明细和部门每月工资汇总，打印出来提交给财务部。

升级要求：

- 所有的查询能够用 Web 页实现。
- 各种记录能够并发处理。
- 编写电子文档，包括：安装手册、操作手册、常见问题解答。
- 提供安装程序。

存储过程是利用 SQL Server 提供的 Transact-SQL 语言所撰写的程序，是一个难点，下面列出实例中需要用到的存储过程，可直接引用。CreateMonthTable 使用两个参数，自动创建每个月必需的表模式，包括：职工业绩记录表、职工考勤记录表、职工出差记录表、职工工资明细表、部门汇总的工资明细表。（代码略）

ERwin 用来建立实体-关系（E-R）模型，是关系数据库应用开发的优秀 CASE 工具。ERwin 可以实现将已建好的 E-R 模型到数据库物理设计的转换，即可在多种数据库服务器上自动生成库结构，提高了数据库的开发效率。ERwin 在近几年同样也为 UML 的发展贡献了强大的力量。作为以系统建模为主的工具，ERwin 在最新版本中也增强了其"一站式"系统建模的功能。

与 ERwin 齐名的第三方数据库设计工具还有 Rational 公司的 Rational Rose 和 Microsoft 公司的 Visio。Rational Rose 与 ERwin 类似，而 Visio 则以其方便的办公图表绘制著称。

ERwin 可以方便地构造实体和联系，表达实体间的各种约束关系，并根据模板创建相应的存储过程、包、触发器、角色等，还可编写相应的 PB 扩展属性，如编辑样式、显示风格、有效性验证规则等。

ERwin 可以实现将已建好的 E-R 模型到数据库物理设计的转换，即可在多种数据库服务器（如 Oracle，SQL Server，Watcom 等）上自动生成库结构，提高了数据库的开发效率。

ERwin 可以进行逆向工程、能够自动生成文档、支持与数据库同步、支持团队式开发，所支持的数据库多达 20 多种。ERwin 数据库设计工具可以用于设计生成客户机/ 服务器、Web、Intranet 和数据仓库等应用程序数据库。

ERwin 主要用来建立数据库的概念模型和物理模型。它能用图形化的方式，描述出实体、联系及实体的属性。ERwin 支持 IDEF1X 方法。通过使用 ERwin 建模工具自动生成、更改和分析 IDEF1X 模型，不仅能得到优秀的业务功能和数据需求模型，而且可以实现从 IDEF1X 模型到数据物理设计的转变。

ERwin 工具绘制的 ERwin 模型框图（diagram）主要由 3 种组件块组成：实体、属性和关系，正好对应于 IDEF1X 模型的 3 种主要成分。可以把框图看成是表达业务语句的图形语言。而 ERwin 模型框图所在的主题区域（Subject Area）相应于 IDEF1X 的视图，其重点在整个数据模型中的某个计划或企业内部的某一范围间实体的关联。一个 IDEF1X 的模型包括一个或多个视图，而 ERwin 中的主域区（Main Subject Areas）组合了各个主题区域，覆盖了数据建模的整个范围，也即 IDEF1X 模型的整个范围。

ERwin 工具绘制的模型对应于逻辑模型和物理模型两种。在逻辑模型中，IDEF1X 工具箱可以方便地用图形化地方式构建和绘制实体联系及实体的属性。在物理模型中，ERwin可以定义对应的表、列，并可针对各种数据库管理系统自动转换为适当的类型。

这里提供一个拷贝，ERwin 最后生成的如下的 SQL 文件。

创建表中字段的限制条件

CREATE RULE AttendDayCheck   AS @col BETWEEN 0 AND 31

CREATE RULE DepartmentCheck   AS @col IN ('财务部', '工程一部', '人事部', '研发部', '工程二部', '管理层', '技术支持部', '外协部')

CREATE RULE DutyDepartmentCheck   AS @col BETWEEN 1 AND 8

CREATE RULE GradeTypeCheck AS @col IN ('special', 'excel', 'bewign', 'normal', 'bad', 'zero')

CREATE RULE HeadshipCheck AS @col IN ('Presid', 'Charge', 'Clerk', 'VicePr')

CREATE RULE MonthCheck   AS @col BETWEEN 1 AND 12

其他略

数据流图和数据字典是需求分析的重要部分，数据流图设计要点如下：

（1）保持父图与子图的平衡：父图中某加工的输入输出数据流必须与它的子图的输入输出数据流在数量和名字上相同。

（2）若一个文件首次出现时只与一个加工有关，那么这个文件应该作为这个加工的内部文件而不必画出。

（3）一个加工所有数据流中的数据必须能从该加工的输入数据流中直接获得（或通过该加工就能产生）。

（4）每个加工必须既有输入数据流，又有输出数据流。

数据字典是有关信息的集合。就像汉语字典和英语词典等供信息查询一样，数据字典的作用是在软件分析和设计过程中为有关人员提供关于数据描述信息的查询，以保持数据的一致性。同时，数据字典也是进行数据库开发的重要基础。在设计阶段，如果在字典中追加使用数据的程序模块等信息，则有助于估计改变一个数据所产生的影响。

这里详细列出 JTK 工资管理系统的数据流图和数据字典，供参考。

1 层图

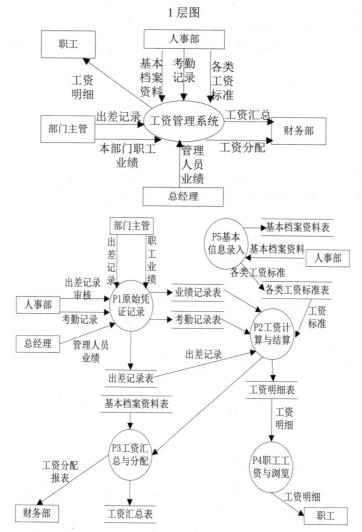

注：工资汇总报表指按部门统计和全公司的总计。

工资分配报表与工资明细（略）

计算所得税、医疗保险分解（略）

数据字典

编号：1

名称：业绩记录表

简要说明：每月执行一次，由各部门主管填写本部门员工的业绩；部门主管和公司高级管理人员则由总经理指定。

包含的数据结构：员工编号、 姓名、业绩情况

业绩记录{特奖、优、良、平均奖、差、零奖金}

```
编号：2
名称：出差记录表
简要说明：各部门职工的出差记录由部门主管确定，并经人事部门签字审核，每
月填写一次。
包含数据结构：员工编号、姓名、出差天数
```

其他略

文档

文档是指某种数据媒体和其中所记录的数据。在软件工程项目中，文档记录了软件开发过程中的有关信息，提高了软件过程的可视性，从而便于协调以后的软件开发、使用和维护，容易实现软件工程项目的管理；同时，由于文档作为软件开发人员在一定阶段工作成果和结束的标志，对文档的审查可以使软件开发人员在开发早期发现错误和不一致性，有利于及时纠正错误，减少返工，提高软件开发效率。除此之外，文档为开发人员、管理人员以及用户等之间的协作和交流奠定了基础。

由于软件文档在软件的开发和使用过程中具有重要的地位和作用，因而对其应该有严格的要求，主要有以下几个方面：

（1）及时性；

（2）完整性；

（3）使用性；

（4）规范性。

按照文档产生和使用的范围不同，软件文档可以分成 3 类，即技术文档、管理文档和用户文档。其中，技术文档和管理文档又统称为系统文档。

任何软件文档的编写过程都可分为 4 个步骤：准备工作、确定写作内容、编写定稿和更新完善。

像 JTK 这种小规模软件，应该包括如下软件文档：

- 项目开发计划；
- 软件需求说明书；
- 软件设计说明书；
- 用户手册；
- 测试分析报告；
- 开发进度季报；
- 项目开发总结；
- 程序维护手册。

软件工程的整个过程，我们特别要强调文档的编写。需求说明书最后部分的补充内容中有一段，编写电子文档，包括安装手册、操作手册、常见问题解答。一般要求分析和设计部分的文档要齐全，程序中要有比较详细的代码解释，特别是每一个模块的功能介绍，参数的含义，如何使用参数，变量说明等等。

下面是一个使用 ADO 生成报表的模块,提供了文档，给学生参考。

```
'********************************************************
'此模块功能:
'    月末时，生成业绩记录、考勤记录、出差记录、工资结算明细
'                工资汇总等表
'********************************************************

Option Explicit

Dim pAdoObject As New ADODB.Connection

Dim pAdoCommand As New ADODB.Command

'Dim pAdoRecordset As New ADODB.Recordset
'产生所有的表
Public Sub ADOGenAllWarrant（year As Integer, month As Integer）

        ADOConnectToDatabase

        ADOMonthTable year, month

        ADOCloseDatabase

End Sub
'生成月记录表，输入参数为 year 年和 month 月
Sub ADOMonthTable（year As Integer, month As Integer）

        Dim strTable As String

        Dim pAdoParameter As New ADODB.Parameter

        Dim pParaOut As New ADODB.Parameter

        On Error Resume Next

        strTable = GetTableStr（year, month）
        '注意：过程 CreateMonthTable 内定义了两个参数，一个输入，一个输出。

        pAdoCommand.CommandType = adCmdStoredProc

        pAdoCommand.CommandText = "CreateMonthTable"

        Set pAdoParameter = pAdoCommand.CreateParameter（"@strDate", adVarChar, adParamInput, 6）

        pAdoParameter.Value = strTable

        pAdoCommand.Parameters.Append pAdoParameter

        Set pParaOut = pAdoCommand.CreateParameter（"@HaveError", adInteger, adParamOutput）

        pAdoCommand.Parameters.Append pParaOut

        pAdoCommand.Execute

End Sub
'连接到数据库
Sub ADOConnectToDatabase（）

        On Error Resume Next

        pAdoObject.ConnectionString = strConnectSqlserver

        pAdoObject.Open
```

```
        Set pAdoCommand.ActiveConnection = pAdoObject
End Sub
'关闭数据库
Sub ADOCloseDatabase（）
        On Error Resume Next
        pAdoObject.Close
        '清零
        Set pAdoObject = Nothing
        Set pAdoCommand = Nothing
End Sub
```

参考文献

[1] 成奋华. 现代软件工程[M]. 长沙：中南大学出版社，2004.

[2] Peter Coad and Edward Yourdon.Object-Oriented Design [M]. New York: Prentice-Hall,1991.

[3] Rumbaugh Jet al.Object-Oriented Modeling and Design[M]. New York: Prentice-Hall,1991.

[4] BOGGS W.UML 与 Rational Rose 2002 从入门到精通[M]. 邱仲潘，等译. 北京：电子工业出版社，2002.

[5] 朱三元，钱乐秋，宿为民. 软件工程技术概论[M]. 北京：科学出版社，2002.

[6] Kan S H 软件质量工程的度量与模型 [M]. 王振宇，陈利，余扬，等译. 北京：机械工业出版社，2003.

[7] 张虹. 软件工程与软件开发工具[M]. 北京：清华大学出版社，2004.

[8] 张友生. 软件体系结构[M]. 北京：清华大学出版社，2004.

[9]方少卿. 实用软件工程项目化教程[M]. 北京：中国铁道出版社，2020.

[10]许家珆. 软件工程：方法与实践[M]. 北京：电子工业出版社，2019.

[11]梁洁，金兰. 软件工程实用案例教程[M].3 版. 北京：清华大学出版社，2019.

[12]余久久. 软件工程简明教程[M]. 北京：清华大学出版社，2015.

[13]刘昕. 软件工程导论[M]. 武汉：华中科技大学出版社，2020.

习题参考答案

第1章

一、填空题

1. 综合性交叉　　理论和原理　　高效建造软件系统的技术与管理方式
2. 相对独立　　相同

二、选择题

1. B　　2. C　　3. C　　4. C
5. B　　6. D　　7. D　　8. C
9. D

三、简答题（略）

第2章

一、填空题

1. 功能需求　　2. 需求规格说明书　　3. 分解
4. DFD　　DD　　5. 数据流
6. 1　　1　　7. 数据流　数据存储　数据项　加工　　8. E-R

二、选择题

1. C　　2. A　　3. B　　4. D　　5. B
6. D　　7. A　　8. D　　9. A　　10. D　　11. C

三、简答题（略）

第3章

一、填空题

1. 概要设计说明书　　2. 模块
3. 深度　　宽度　　扇入　　扇出
4. 数据耦合　　5. 公共耦合　　6. 通信内聚
7. 处理说明　　接口说明　　8. 三种基本控制　　9. 层次线
10. 清晰易读　　11. 逻辑结构设计　物理结构设计

二、选择题

1. B　　2. C　　3. A　　4. D

5. C   6. D   7. B   8. A

9.D   10. B,C   11. B   12. A

13. B   14. D   15. B   16. AB

三、简答题（略）

第 4 章

一、填空题

1. 心理特性　　工程特性　　技术特性
2. 项目的应用领域　　软件开发的方法　　软件执行环境
算法与数据结构的复杂性　　软件开发人员的知识

二、选择题

1.B　2. A　3.D　4. D　5. C　　6. D

三、简答题（略）

第 5 章

一、填空题

1. 发现错误　　静态　　　2.黑盒　　白盒
3. 循环次数　　4. 等价类划分　　边界值分析　　错误推测　　因果图
5.尽量多的　　只覆盖一个
6. 一次性　　渐增式　　自顶向下　　自底向上　　深度优先　　分层
7. 驱动　　桩

二、选择题

1. B   2. C   3. D   4. A   5. C

6. B   7. B   8. D   9. B   10. D

11. A   12. A   13. D   14. C   15. B

16. A

三、简答题（略）

第 6 章

一、填空题

1. 最长　　　　最多　　　2. 错误　　　测试　　　维护
3. 非结构化

二、选择题

1. D   2. B   3. B   4. C   5. A

6. C   7. A   8. D

三、简答题（略）

第 7 章

一、填空

1. 数据值   2. 行为   数据   操作

3. 类   对象   4. 状态   数据结构

5. 操作   对象   6. 一般具体   整体部分

7. 继承性   8. 子类   操作

二、选择

1. B   2. D   3. C   4. C   5. D

6. C   7. C   8. A   9. B   10. B

11. A   12. C   13. C   14. C   15. A

三、简答题（略）

第 8 章

一、填空题

1. 国家标准与国际标准   行业标准与工业标准   企业级标准与开发小组级标准

2. 项目负责人   3. 主程序员组织机构

4. 经费、资源以及开发进度   5. 估算的准确度

二、选择题

1. B   2. D   3. B、D、C   4. A

5. B   6. D、A   7. D、A   8. B

9. C   10. C   11. C   12. B

三、简答题（略）

第 9 章

一、填空题

1. 顺序图   协作图   状态图   活动图

2. 用例图   类图   对象图   构件图   配置图

二、选择题

    1. D   2. A

三、简答题（略）